工业实时操作系统关键技术研究与应用

邓昌义　潘　妍　李明时　马振涛
张　渊　孟　嫣　冯璐铭　编著

電子工業出版社
Publishing House of Electronics Industry
北京 · BEIJING

内 容 简 介

本书以工业实时操作系统为研究对象，内容主要围绕工业实时操作系统的核心技术展开，深入探讨了工业实时操作系统关键技术及发展趋势分析、安全现状分析、低功耗调度算法、可靠性协同优化调度算法、多核处理器低功耗调度算法、低功耗数据清洗算法、边缘计算检测算法、基于云边协同的工业实时操作系统任务卸载方法、工业生产线三维检测与交互算法，以及面向工业实时操作系统的人工智能芯片测评技术，为读者提供全面的视角和深入的理解。通过阅读本书，读者可以掌握工业实时操作系统的核心技术，了解其在工业领域的应用和发展动态，为相关研究和实践提供有价值的指导。

图书在版编目（CIP）数据

工业实时操作系统关键技术研究与应用 / 邓昌义等编著. — 北京 ： 电子工业出版社，2024. 7. — ISBN 978-7-121-48464-3

Ⅰ. TP316.2；F403

中国国家版本馆 CIP 数据核字第 20240EY649 号

责任编辑：朱雨萌
印　　刷：北京捷迅佳彩印刷有限公司
装　　订：北京捷迅佳彩印刷有限公司
出版发行：电子工业出版社
　　　　　北京市海淀区万寿路173信箱　邮编：100036
开　　本：720×1 000　1/16　印张：14.25　字数：228千字　彩插：2
版　　次：2024年7月第1版
印　　次：2024年7月第1次印刷
定　　价：89.00元

凡所购买电子工业出版社图书有缺损问题，请向购买书店调换。若书店售缺，请与本社发行部联系，联系及邮购电话：（010）88254888，88258888。

质量投诉请发邮件至 zlts@phei.com.cn，盗版侵权举报请发邮件至 dbqq@phei.com.cn。

本书咨询联系方式：zhuyumeng@phei.com.cn。

前言 1

随着科技的不断进步和工业的快速发展，工业实时操作系统作为支撑现代工业自动化的核心技术之一，其重要性和紧迫性日益凸显。本书致力于深入探讨工业实时操作系统的关键技术，旨在为相关领域的研究人员、工程师和技术人员提供全面、系统的理论指导和实践参考。工业实时操作系统作为一种特殊的操作系统，其核心特性在于对实时性、可靠性和安全性的要求极高。它能够确保在复杂的工业环境中，让各类设备和系统按照预定的时间要求，准确、快速地响应和处理各种事件，从而保障工业生产的连续性和稳定性。因此，对工业实时操作系统的关键技术研究具有重要的理论和实践意义。

本书内容涵盖工业实时操作系统的基本概念、核心原理、设计优化、实时调度、安全性保障等多个方面。通过对这些关键技术的深入剖析和探讨，我们期望能够帮助读者更好地理解工业实时操作系统的本质和内涵，掌握其核心技术和方法，推动其在工业领域的广泛应用和发展。在编写本书的过程中，我们参考了大量国内外相关文献和资料，结合工业实时操作系统的实际应用场景和发展趋势，力求做到内容全面、系统、深入。同时，我们也注重理论与实践的结合，通过应用案例、实验验证等方式，让读者更好地理解和掌握相关技术的实际应用。

衷心希望本书能够为工业实时操作系统的研究与应用提供有益的参考和借鉴，为推动我国工业自动化技术的发展和进步贡献一份力量。同时，我们也期待与广大读者和同行进行深入的交流和探讨，共同推动工业实时操作系统关键技术的创新与发展。

编著者

2024 年 3 月

前言 2

工业实时操作系统是面向工业应用的实时操作系统，广泛应用于工业自动化、军事、电力、新能源等工业领域关键场景中，对操作系统实时性、并行性、可靠性、功耗等方面的要求较为严苛，其处理器芯片的更新换代周期通常为几年到几十年。在工业产品或工业制造流程中，实时操作系统通常以嵌入式形态作为装备或生产系统的“大脑”，对提高装备与生产过程的智能化，满足工业生产对于高效、可靠、实时、绿色等方面的要求具有显著作用。在实际应用过程中，工业实时操作系统并非作为单一封闭软件工作，而是与硬件、协议、应用软件等广泛连接和协同，形成纵横连通的生态网络。

本书以工业实时操作系统为研究对象，分析了工业实时操作系统关键技术及发展趋势与安全现状，提出了工业实时操作系统的低功耗调度算法、面向工业实时操作系统的可靠性协同优化调度算法、工业实时操作系统多核处理器低功耗调度算法、工业实时操作系统低功耗数据清洗算法、面向工业实时操作系统的边缘计算检测算法，以及基于云边协同的工业实时操作系统任务卸载方法，此外，进一步提出了工业生产线三维检测与交互算法、面向工业实时操作系统的人工智能芯片测评技术等，并通过实验验证了上述方法的可行性及有效性。本书主要内容包含以下几个方面：

第一，阐述了工业实时操作系统的概念及关键作用，分析了国内外整体市场现状及代表性产品，梳理了工业实时操作系统内核、中间件、辅助设计工具等关键技术及相关现有研究基础，分析了工业操作系统通信协议与应用场景，并进一步指出其轻量化、虚拟化、跨平台移植及网络化等发展趋势，为国产工业实时操作系统加速发展与应用提供参考。

第二，总结梳理了工业实时操作系统的安全现状，分析阐述了典型工业操作系统体系结构、工业实时操作系统安全问题、工业实时操作系统防护要点、工业实时操作系统攻击场景，以及工业操作系统视角下的车联网系统安全性。

第三，基于工业实时操作系统中零星任务调度需求，提出利用空闲时间动态调节零星任务算法。该算法根据零星任务到达时间随机的特点，将处理器速度调节推迟到任务到达那一刻，在任务执行完成后利用任务提前完成剩下的时间调节后续任务执行速度，并且考虑处理器通用模型，既考虑处理器的动态功耗又考虑处理器静态功耗。此外，为了平衡数控系统偶发任务的动态功耗和静态功耗，在低功耗算法中采用动态电压调节技术和关键速度，同时结合动态电源管理技术，进一步降低系统功耗。研究发现，在关键速度和传统 DVS 调度策略之间存在一个平衡因子。为了更好地降低系统功耗，本书提出了一种基于平衡因子的动态偶发任务低能耗调度算法——LP-DSAFST。实验表明，新算法与目前已存在的 DVSST 和 DSTLPSA 算法相比节能效果更好。

第四，基于工业操作系统对功耗和可靠性的需求，通过优化空闲时间分配策略，在保证系统可靠性的前提下最小化系统能耗。本书提出了基于滑动窗口的低功耗调度算法——LPRSW，LPRSW 算法分为 LPRSW-H 算法和 LPRSW-A 算法，前者以最快速度恢复出错任务，后者在恢复出错任务时采用动态电压节技术调节后的速度。在此基础上，本书提出了一种基于滑动窗口的低功耗与可靠性协同优化调度算法——COSALPRSW，该算法用分配全局共享空闲时间给备份任务代替给每个任务都分配一个备份任务的方法，获得了更多空闲时间，以降低系统功耗，同时利用空闲时间的能耗因子将空闲时间合理分配给后续任务，实现可靠性和低功耗之间的协同优化。最后，通过算法的可调度性分析，以及仿真实验对这两种调度算法的可行性、有效性进行了验证。

第五，为了充分利用多核处理器的并行能力，同时在保证工业实时操作系统可靠性的前提下实现系统低功耗，本书提出了一种工业实时操作系统多核处理器低功耗调度算法。首先，提出了非依赖有向无环图算法，将周期性依赖任务转换为基于重定时的一组独立任务，通过任务并发执行和动态电压调节技术降低系统能耗。其次，在确保系统可靠性上，算法包括无错阶段和容错阶段两个阶段。在无错阶段，一个任务的多个副本同时运行，采用投票的办法确定任务是否被正确执行。当执行结果出现不一致时，任务进入容错模式。在容错模式下，剩余副本采用独占处理器的模式以最快速度完成容错。最后，实验表明，该算法在保证工业实时操作系统可靠性的前提下，可以降低系统能耗，相比已有算法不仅具有更高的可靠性，而且能耗更低。

第六，提出工业实时操作系统低功耗数据清洗算法。为了实现可靠、准确的数据采集，同时保证传感器的低能耗和长寿命，本书提出了节能数据清洗算法。数据清洗算法在局部传感器中进行数据清洗，采用动态电压调节和动态电源管理，在不影响系统性能的前提下，在任务调度层级上降低传感器功耗。此外，本书在网络层面提出了一种用于汇聚节点通信的低功耗协议。通过实验验证，证明了所提的算法有效性和科学性。

第七，针对数字孪生模型在工业应用中的计算效率问题，本书构建了一种基于边缘计算的工业控制系统三层架构，提出了一种面向工业实时操作系统的边缘计算检测算法，从边缘数据本身的一元离群点和边缘设备之间的多元参数相关性两个方面检测边缘数据的异常，缩短了映射延迟，减少了云中的高计算工作量。本书通过原型系统和边缘算法实验，验证了所提算法的有效性。

第八，在基于工业实时操作系统的设备应用中，边缘计算仅用于数据融合阶段，这并没有最大限度地发挥云边协同的效用。针对上述问题，本书构建了一种基于云边协同的工业控制系统架构，提出了一种基于云边协同的工业实时操作系统任务卸载方法，利用边缘计算和云计算的互补特性，为现有工业实时操作系统与工业设备融合的服务化转型提供了新的思路和途径。

第九，针对生产线中检测算法与各个生产环节相对独立、缺乏被测物体特征描述与特征匹配约束等问题，本书提出了基于数字孪生技术的三维检测算法，通过建立物理空间与虚拟空间的数字化映射，实现检测算法和设备的匹配，解决传统三维特征匹配方法中出现大量伪对应关系的问题。算法在离线环节建立被测物三维特征描述的孪生模型，是基于 SHOT 特征上的局部投票向量；在线检测环节仅采用一个孪生的三维投票空间，投票选出正确的匹配关系，这也降低了计算复杂度。本书将所提算法在数字孪生生产线中进行实验，通过与传统匹配方法对比，发现新算法在特征点匹配精确性、识别率方面都强于传统方法，在生产线的检测应用领域有积极的意义。

第十，人工智能芯片行业发展尚处于起步阶段，面向工业实时操作系统的人工智能芯片测评研究仍处于探索阶段，国内外均未建立完善的测评体系。针对上述问题，本书介绍了当前人工智能芯片主要的性能衡量和评价指标，总结了现有测评技术的难点，从架构、应用两个层面阐述了国内外测评研究的现状，并对现有方法进行了综合分析，对人工智能芯片测评技术未来的研究趋势进行了展望。

编著者

2024 年 3 月

目录

第 1 章　工业实时操作系统关键技术及发展趋势分析

工业实时操作系统（Real Time Operating System，RTOS）广泛应用于工业自动化、军事、电力、新能源等重要场景中，发挥着中枢神经系统的关键作用，因此，它对操作系统的快速响应能力和高可靠性提出了严格要求。当前，我国各重点工业领域主要应用国外 VxWorks、μC/OS-Ⅱ等产品，国外软件具有较高的成熟度与易用性，广泛应用于工业控制等核心领域，占据较大的市场份额。虽然我国工业实时操作系统产业规模持续提升，但整体水平落后于发达国家，关键领域国产化率较低，缺乏完善的生态系统建设。本章梳理了工业实时操作系统关键技术及发展趋势，为国产实时操作系统加速发展与应用提供了参考。

1.1　相关研究概述

现代工业实时操作系统应重点考虑工业互联网对泛在感知、互联、智能环境下的“人机物”融合发展趋势带来的新挑战。例如，云边端协同环境下的嵌入式软硬件耦合、资源受限、硬件异构、通信方式各异等情况，以及如何实现任务的优化调度和任意迁移等[1]。随着“工业 4.0”和智能制造等的推进，对实时操作系统的深入研究越来越受到国内外科研团队的重视，取得了大量的研究成果。但是从整体上看，国内面向工业实时操作系统领域的研究还处于发展阶段，依然有很多具有挑战性的工作需进一步深入探索。本书围绕工业实时操作系统研究中涉及的关键技术及实际应用等问题，对当前国内外本学科相关研究现状进行了阐述与分析，并进一步统计了当前国内外市场主流的实时操作系统产品。

为确保操作系统内核的安全性和可靠性，华东师范大学的研究团队将形式化方法引入操作系统内核验证中，提出了一种通用性的操作系统内核自动化验证框架[2]，辅助解决软件系统基础组件的安全可靠问题。南京理工大学的研究团队搭建了一种基于 SylixOS 嵌入式实时操作系统的火控系统总体框架[3]，实现了弹道解算和火控命中过程的仿真。基于对飞行器飞行控制软件需求的分析结果，北京航天自动控制研究所的研究团队提出了一种基于战星嵌入式实时操作系统的多核分布式飞行控制软件架构[4]，提高了飞行控制软件的可靠性与安全性。针对目前相控阵天线控制系统在通信方面的高速、高实时、高稳定需求，西安交通大学的研究团队设计了一种基于 RT-Thread 和 Zynq-7000 操作系统的实时控制系统[5]，保证了系统执行处理的实时性和稳定性。针对现有基于 MILS 架构的嵌入式操作系统在出现运行故障后无法有效进行正确、安全迁移等问题，中国航空工业集团公司西安航空计算技术研究所的研究团队提出了一种嵌入式操作系统多级安全域动态管理架构[6]，保证了任务的动态迁移和功能重构。浙江大学的研究团队提出了一种基于人工智能的高可信嵌入式操作系统[7]，在不同任务数量、类别的情况下拥有较高的可信率、精准率及召回率。中国船舶重工集团公司第七一三研究所的研究团队设计了一种基于 VxWorks 的系统控制软件[8]，该软件在稳定性和快速性方面取得了较好的控制效果。南昌大学的研究团队设计了一种基于嵌入式技术的船舶操作系统通用软件架构[9]，实现了恶劣海洋环境下的船舶精确航线控制。

1.2 国内外主要产品

1.2.1 国外主要产品

国外工业实时操作系统相关先进技术及主流产品由美国、英国、德国等国家掌握和主导，产品的成熟度与易用性较高，广泛应用于航天、船舶、能源等核心领域，占据较大的国际市场份额。

其中，美国方面的主要产品包括 Wind River 公司的 VxWorks、Micrium 公司的 μC/OS-Ⅱ、Texas Instruments 公司的 TI-RTOS、Green Hills Software 公司

的 INTEGRITY RTOS 与 μ-velOSity RTOS、Microsoft 公司的 Azure RTOS、Lynx Software 公司的 Lynx OS、DDC-I 公司的 DEOS、Amazon 公司的 Amazon FreeRTOS、MIPS 公司的 MIPS Embedded OS、FSMLabs 公司的 RTLinux 等；英国方面的主要产品包括 RTOS 公司的 FreeRTOS、ARM 公司的 Mbed OS 与 RTX、WITTENSTEIN 公司的 SAFERTOS 等；德国方面的主要产品包括 Segger 公司的 emb OS、SYSGO 公司的 PikeOS、Siemens 公司的 Nucleus RTOS 等。此外，包括瑞典 Enea Data AB 公司的 ENEA OSE、瑞士 SCIOPTA Systems 公司的 SCIOPTA、加拿大 BlackBerry 公司的 QNX Neutrino RTOS、荷兰 NXP 公司的 MQX RTOS、Linux 基金会的 Zephyr、GPL 组织的 μClinux，以及 TizenRT、OpenWrt、DuinOS、Apache NuttX 等在内的实时操作系统产品也有很高的市场占有度。

1.2.2　国内主要产品

近年来，我国工业实时操作系统产业规模持续提升，涌现了很多优秀企业和产品，包括上海睿赛德电子科技有限公司的 RT-thread、华为技术有限公司的 Huawei Lite OS、阿里巴巴集团的 AliOS Things、北京翼辉信息技术有限公司的 Sylix OS、北京东土科技股份有限公司的 Intewell-C、北京科银京成技术有限公司的 Delta OS、科东（广州）软件科技有限公司的 Intewell OS、中航 631 所的 Acore OS 天脉、北京凯思昊鹏软件工程技术有限公司的 Hopen OS、中船 716 所的 JARI-Works、中国电子科技集团公司第三十二研究所的 ReWorks、广州致远电子股份有限公司的 Aworks OS 等代表性产品。其中，RT-thread 和 Huawei Lite OS 入选了全球知名开源软件开发平台和仓库 SourceForge 公布的 2022 年顶级实时操作系统企业榜单。国内外主要工业实时操作系统产品如图 1.1 所示。

从整体上看，国内工业实时操作系统产品的水平依然落后于发达国家，在产品可靠性、三维图形支持能力等方面与国外软件存在差距，同时缺乏完善的软硬件生态系统。当前国内市场依然主要应用美国的 VxWorks、μC/OS-Ⅱ等产品，关键领域国产化率较低。嵌入式实时操作系统在国内的市场占比如图 1.2 所示。

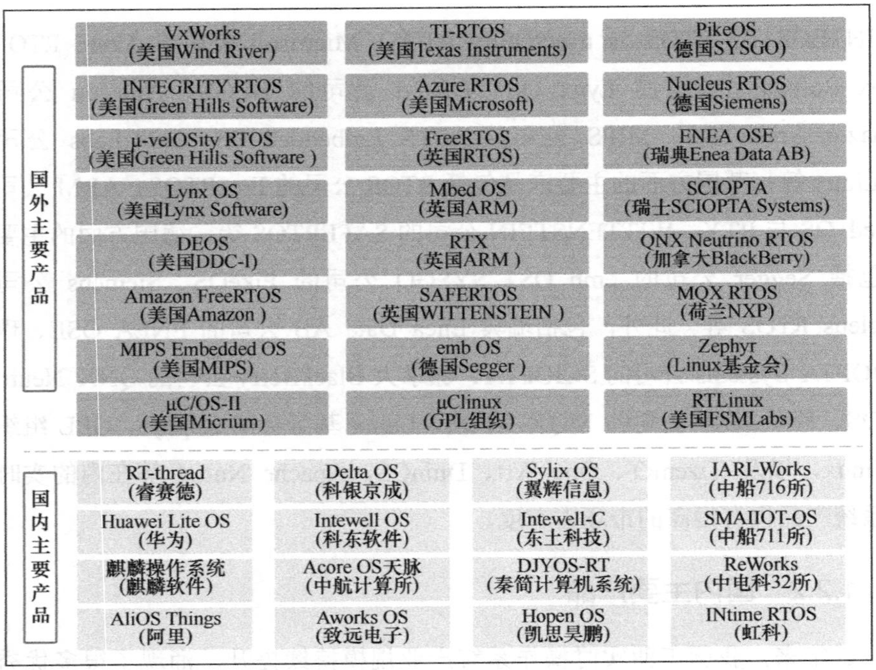
国外主要产品
VxWorks (美国Wind River)
TI-RTOS (美国Texas Instruments)
PikeOS (德国SYSGO)
INTEGRITY RTOS (美国Green Hills Software)
Azure RTOS (美国Microsoft)
Nucleus RTOS (德国Siemens)
μ-velOSity RTOS (美国Green Hills Software)
FreeRTOS (英国RTOS)
ENEA OSE (瑞典Enea Data AB)
Lynx OS (美国Lynx Software)
Mbed OS (英国ARM)
SCIOPTA (瑞士SCIOPTA Systems)
DEOS (美国DDC-I)
RTX (英国ARM)
QNX Neutrino RTOS (加拿大BlackBerry)
Amazon FreeRTOS (美国Amazon)
SAFERTOS (英国WITTENSTEIN)
MQX RTOS (荷兰NXP)
MIPS Embedded OS (美国MIPS)
emb OS (德国Segger)
Zephyr (Linux基金会)
μC/OS-II (美国Micrium)
μClinux (GPL组织)
RTLinux (美国FSMLabs)
国内主要产品
RT-thread (睿赛德)
Delta OS (科银京成)
Sylix OS (翼辉信息)
JARI-Works (中船716所)
Huawei Lite OS (华为)
Intewell OS (科东软件)
Intewell-C (东土科技)
SMAIIOT-OS (中船711所)
麒麟操作系统 (麒麟软件)
Acore OS天脉 (中航计算所)
DJYOS-RT (秦简计算机系统)
ReWorks (中电科32所)
AliOS Things (阿里)
Aworks OS (致远电子)
Hopen OS (凯思昊鹏)
INtime RTOS (虹科)

图 1.1　国内外主要工业实时操作系统产品

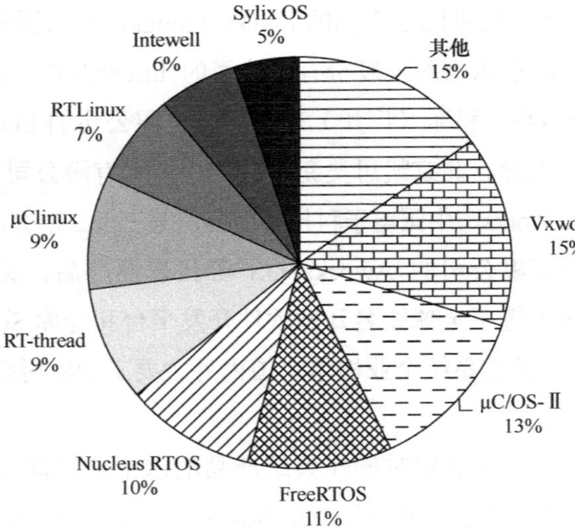
Sylix OS 5%
Intewell 6%
其他 15%
RTLinux 7%
μClinux 9%
Vxworks 15%
RT-thread 9%
μC/OS-Ⅱ 13%
Nucleus RTOS 10%
FreeRTOS 11%

图 1.2　嵌入式实时操作系统在国内的市场占比

数据来源：VDC report/智研咨询等研究报告。

1.3　工业实时操作系统关键技术

工业实时操作系统产品体系主要由内核层、中间件层、辅助设计工具、硬件抽象层几个部分组成，如图 1.3 所示。

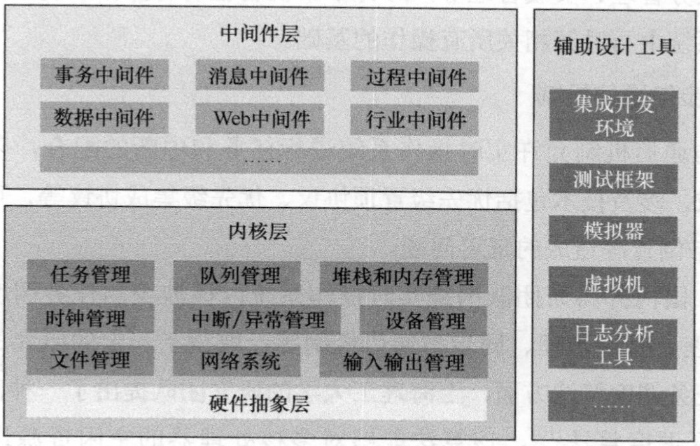

图 1.3　工业实时操作系统软件产品体系

1.3.1　实时操作系统内核

内核提供实时操作系统最基本的功能，是操作系统工作的核心部分。内核基于硬件进行第一层软件扩充，主要实现任务管理、内存管理、文件管理、队列管理、时钟管理等功能。工业实时操作系统对内核有较强的实时性约束，要求其能够快速处理外部请求，并在规定时间内对请求做出响应，涉及包括任务调度算法、中断/异常管理、时钟管理、同步与通信机制等在内的关键技术。

1．任务调度算法

任务调度算法是提升多任务管理实时性的关键，高效的调度算法可使系统在满足高性能、高稳定性的情况下快速完成任务调度和切换。

2．中断/异常管理

中断/异常管理直接影响系统对外部事件的响应及处理速度，以确保具有时间特性的功能得到及时运行。中断/异常管理主要包括面向应用层和面向底层两个处理部分，同时可对用户提供统一的中断处理接口。

3．时钟管理

时钟是实时操作系统的脉搏与心跳，其粒度大小及准确性同时影响任务的响应及时性和整个系统的效率。时钟管理的主要功能包括时间管理、定时管理、进程账务管理、负载管理等，时钟中断机制驱动着操作系统中的时间与定时器，是系统中与时间相关所有操作的基础。

4．同步与通信机制

同步与通信机制允许实时操作系统进行任务和中断的配合，以确保各任务协同完成，涉及技术包括优先级置顶协议、优先级集成协议等，可用于避免优先级反转/倒置等造成的延迟问题。

当前，国内外科研团队围绕实时操作系统内核涉及的任务调度算法、中断/异常管理、时钟管理、同步与通信机制等已取得了一定的研究成果与技术突破。在任务调度算法方面，上海理工大学的研究团队提出了一种混合关键级任务半分区调度算法[10]，该算法能够对多核处理器的空闲资源进行回收计算，在触发高关键级模式的情况下，为被抛弃的低关键级任务分配空闲时间片。此外，该团队还提出了一种嵌入式多核系统中的实时混合任务调度算法[11]，该算法在改进的边界公平实时混合任务算法的基础上，通过引入松弛度参数来优化判定任务优先级的方法，并进一步提出了基于松弛度与启发式策略相结合的启发式算法改进任务的分配策略，有效满足了系统的实时性要求。中国电力科学研究院的研究团队提出了一种基于灰狼优化算法的智能电表嵌入式操作系统任务调度算法[12]，该算法能够完成操作系统的计算任务分配，缩短了调度时间，保证了多任务调度的实时性。河南大学的研究团队提出了一种基于任务执行时间的启发式独立任务调度算法[13]，该算法通过对任务执行时间矩阵的预处理、分解、预调度、调整等，将任务分配至不同的资源，在拥有较低时间复杂度的同时节约了任务的完成时间。

云南大学的研究团队围绕 Forth 实时系统，提出了一种嵌入式多任务操作系统调度算法[14]、一种基于堆栈处理器的抢占式与时间片轮转调度方法[15]，以及一种新的中断任务类型[16]。嵌入式多任务操作系统调度算法[14]采用协同式多任务调度机制，缩短了任务切换时间，提高了在资源有限情况下的任务调度效率；抢占式与时间片轮转调度方法[15]实现了实时多任务的运行，弥补了堆栈处理器在实时多任务操作系统方面的不足；中断任务类型[16]能够处理嵌入式操作系统中的实时突发事件，并基于研究团队进一步提出的任务调度算法来保障系统终端、后台及中断任务的顺利运行。

国防科技大学的研究团队在实时操作系统时钟管理方面取得了一定的突破，提出了一种面向 MCU 的轻量级精确时钟同步协议实现技术[17]，该技术利用共享存储机制减少数据处理过程中的复制，并利用移位操作实现的近似计算处理替换了部分精确计算处理，减少了对计算和存储资源的占用。中国航发控制系统研究所的研究团队在进行时钟同步精度影响因子分析的基础上，提出了一种基于分布式仿真系统的高精度时钟同步方法[18]，该方法包含高精度逻辑时钟构建、网络回路优化、时钟晶振频率在线补偿等，促进了时钟同步在分布式仿真系统中的实际应用。中国科学院微电子研究所的研究团队在操作系统同步与通信机制方面取得了一定的突破，提出了一种基于多核通信接口框架的多核通信机制[19]，该机制分为逻辑层、操作系统移植层、传输层和移植层，满足了嵌入式非对称多核处理器在上层应用移植方面的需求。华东计算技术研究所的研究团队提出了一种嵌入式操作系统确定性核间通信机制[20]，该机制设计了端到端通信延迟的上限，可以满足多核高安全嵌入式操作系统的要求。华北科技学院的研究团队围绕实时操作系统同步与通信机制开展了一系列研究，设计了一种基于 FreeRTOS 操作系统同步与通信机制的浓度监测报警装置[21]，以及一种基于 μC/OS-Ⅲ同步与通信机制的人机交互终端[22]。

目前，大多数实时操作系统内核主要可分为微内核和宏内核两类，微内核一般只包含必要的任务调度、内存管理等核心功能，而外设驱动等服务在其他进程中运行，并可通过裸内核相互传递消息，其主要优势是具备模块化的灵活特性；宏内核设计中的内核和操作进程共享空间，消息在进程间直接传递，具有集成特性，无须额外开销来调解模块之间的调用，具备一定的性能优势。目前广泛应用于各关键工业场景中的 VxWorks 等操作系统产品沿用了宏内核设计，但随着硬件平台资源的有限性越来越受到关注，越来越多的新兴工业实时操作系统产品开始采用微内核架构，以实现其维护简单、修改方便、操作灵活等优势。

1.3.2 中间件层

中间件层位于实时操作系统内核和应用软件之间，用于协调和管理应用程序之间的通信和交互，是否支持丰富的中间件成为影响实时操作系统可扩展性的关键因素。中间件层为应用软件提供数据管理、应用服务、消息传递等功能和服务，具体包括文件系统、网络协议栈、图形用户界面、设备驱动框架等。此外，航空、航天、汽车、电子等行业存在大量行业专用的中间件及标准接口。从代码量看，中间件开发工作远大于实时操作系统内核，中间件层薄弱成为制约我国实时操作系统产品研发应用的主要因素之一。

在中间件相关研究方面，陕西国际商贸学院的研究团队设计了一种基于发布/订阅机制的实时中间件[23]，该中间件具有基于分布式对象的数据同步功能与实时保障机制，以及基于以太网的发布/订阅通信机制，满足了分布式应用中数据分发对实时性方面的要求。复旦大学的研究团队设计了一种数据服务中间件[24]，该中间件引入了虚拟实体和协议适配器，通过对物联网环境感知数据进行建模，消除了数据格式的异构性。天津理工大学的研究团队设计了一种混合计算中间件[25]，该中间件能够将高并发实时处理业务逻辑、批处理业务逻辑和跨层次动态调用有效融合，缩短了开发时间。

在相关产品方面，经历较长时间的发展，Micrium 等商业公司为其内核配套了丰富的中间件，FreeRTOS 等开源项目在其 OpenRTOS 等商业项目发展中也积累了较完备的中间件，能够构建形成相对完整的实时操作系统软件平台。国内 RT-thread 等产品虽然提供 posix 接口、网络协议栈、GUI、设备文件系统、shell、libc 库等中间件，但其中大部分依赖其他开源组件，且缺乏相应的辅助设计和调试工具[26]。

1.3.3 辅助设计工具

成熟完备的辅助设计工具能够显著降低工业实时操作系统的开发难度和成本，提升整体设计开发的技术水平，是打造工业实时操作系统生态的重要基础。辅助设计工具主要包括集成开发环境、模拟器、测试框架等。集成开发环境提供源代码编译器、工程管理工具等模块；模拟器能够模拟软/硬件功能，从而实现嵌入式工业实时操作系统软/硬件协同验证；测试框架能够有效提升开发、执行和报告自动化测试脚本的效率。

在辅助设计工具相关研究方面，武汉理工大学的研究团队提出了一种基于知识图谱的嵌入式操作系统测试用例推荐模型[27]，该模型根据历史用例知识设计本体模型，结合知识推荐建立复用推荐模型，节约了测试成本，具有一定的工程应用价值。上海微小卫星工程中心的研究团队提出了一种嵌入式操作系统自动化测试方法[28]，该方法利用版本管理工具及持续集成工具，实现了脚本自动编译、自动运行并记录测试结果，提升了测试的自动化水平。首都师范大学的研究团队提出了一种面向 ROS 的差分模糊测试方法[29]，该方法能够精准找出 ROS 不同版本功能包中的漏洞。北京计算机技术及应用研究所的研究团队提出了一种基于依赖要素比对的国产操作系统兼容性测试方法[30]，该方法对依赖要素进行了分级，并通过比对两个操作系统依赖要素的一致性获得操作系统兼容性测试结果。

目前，在开发语言方面，国内实时操作系统主要支持 C 和 C++两种语言，相比国外主流产品，国内产品对 Python、JAVA、RUST 等语言的支持较为欠缺。同时，在面向机器人等专用领域，缺乏完备的上层仿真和辅助设计工具，设计和调试时间长、控制算法和控制策略等现有成果难以充分利用等问题仍然存在。结合嵌入式系统的复杂化和规模化趋势，自动的开发配置和测试验证、离线仿真开发等成为重要发展方向，可以有效提高开发效率。

1.4　工业协议

工业实时操作系统是国家基础设施的重要组成部分，广泛应用于能源、制造、交通、军工等行业，是关乎国计民生的重要资源。工业协议是控制系统实现实时数据交换、数据采集、参数配置、状态监控、异常诊断、命令发布和执行等众多功能有机联动的重要纽带。

1.4.1　协议功能

工业协议可分为以下 3 类：

1．控制信息

控制信息在控制器和现场设备之间传输，并且是控制器中控制回路的输入和输出，因此，它对实时性和确定性有很高的要求。

2．诊断信息

诊断信息用来描述系统当前的状态，如通过传感器获得的温度、湿度、电流、电压值等信息，这些信息用于监测厂站的健康状态。在通常情况下，控制系统传输诊断信息的数据量大。相比实时性和确定性，诊断信息的传输更强调速度。

3．安全信息

安全信息用于控制一些关键功能，如安全关闭设备并控制保护电路的运行。传统上，制造单元的安全联锁装置使用可靠的安全继电器进行硬接线，以确保单元内部在有操作员的情况下机器无法运行。但这种接线不容易重新配置，且出现问题时进行故障排查非常困难，通过传输的安全信息，可以更便捷地在各个组件之间进行协调，极大地提高了系统的重新配置和故障排除能力。

1.4.2　协议分类

根据使用的通信技术，协议分为 4 类，如图 1.4 所示，分别为传统控制网络协议、现场总线协议、工业以太网协议和工业无线协议。

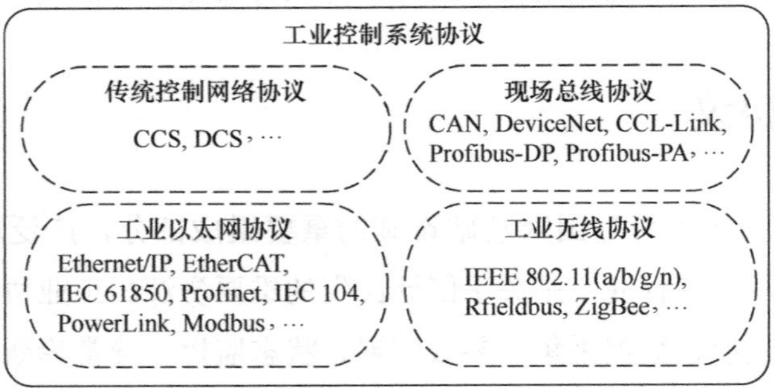

图 1.4　工业控制协议分类

1．传统控制网络协议

传统控制网络协议是一种基于串行通信的协议，这些协议在设计之初主要用于工业控制系统中，以实现控制器与传感器、执行器等设备之间的数据交换。传统控制网络协议具有简单、稳定、可靠的特点，但随着工业自动化技术的发展，其传输速度和带宽限制逐渐显现出来。

2. 现场总线协议

现场总线协议是一种专门为工业现场环境设计的通信协议，它采用数字信号传输方式，具有更快的传输速度和更大的带宽。现场总线协议支持实时数据交换，可以连接多个设备，并具有较好的可靠性和稳定性。

3. 工业以太网协议

工业以太网协议是一种基于以太网通信的协议，它在传统以太网协议的基础上进行了优化和改进，以满足工业自动化控制系统对实时性、可靠性和稳定性的要求。工业以太网协议可以实现高速数据传输和大范围的网络连接，同时具有较好的兼容性和可扩展性。常见的工业以太网协议包括 Ethernet/IP、Profinet 等。

4. 工业无线协议

工业无线协议是一种采用无线通信方式的协议，它可以在工业现场环境中实现设备之间的无线连接和数据交换。工业无线协议具有灵活、便捷、无须布线的特点，可以降低布线成本和故障率。同时，工业无线协议也可以实现实时数据传输和远程监控，为工业自动化控制系统带来更多的便利。常见的工业无线协议包括 Wi-Fi、蓝牙、ZigBee 等。

1.4.3　协议特点

1. 通信场景丰富多样

通信协议广泛应用于关键基础设施领域，如电力、化工、制造、军工、楼宇、交通等。其运行的环境经常遇到如潮湿、灰尘、高温等不利情况。工业控制协议传输的数据能直接影响物理世界，如机械臂运动、控制断路器开合、电机启动、反应液的水位等。通信故障对物理世界可能有严重的影响，如造成生产损失、环境破坏，甚至危及生命。

2. 通信要求实时稳定

通信协议可直接影响物理世界，它对实时性的要求相对较高，如运动控制的响应时间要求的范围在 0.25～1ms，过程控制的响应时间要求的范围在 1～10ms。除此之外，对控制现场设备的工业控制协议一般还要求传输延迟是稳定的，即要求通信延迟的抖动小，因为抖动可能造成系统振荡，产生负面影响。同时，工业控制系统一般还要求周期性地采样系统的状态信息，在这种情况下，设备是长时间“在线”的，数据的交互也是持续的。

3. 通信过程层次复杂

工业实时操作系统融合了 IT 领域和 OT 领域的技术，在通信网络上，这种融合是分层的。现实中的工业控制网络一般分为多层，如普渡模型将工业控制网络分为 6 层。同时，作用于 OT 领域的协议传输的数据包通常较小，尤其在低层次的控制回路中，仅传输单个测量值或数值，通常只有几字节。报文传输的可靠性主要依赖报文中的完整性字段如 CRC 字段、冗余报文机制如 GOOSE、SV 协议等。

1.5 应用场景

1.5.1 造纸行业（流程型）

传统造纸行业受困于销售、生产、采购、财务等环节数据脱节，各部门间无法高效协同，容易形成数据孤岛。面临吨纸成本的统计准确性及实时性较差、纸张质量波动较大、特种产品“插单”频繁等问题。

以工业实时操作系统为工业数字化底座，可以深度拓展生产端工艺管控，用大数据技术加强质量与工艺的关联分析，通过提升控制系统操作水平评价与自动化投用的监管，来提升质量、稳定工艺、优化生产。工业实时操作系统在造纸行业的成功落地应用，可以帮助企业实现生产精细化管控，按母卷系统自动统计浆料、化学品助剂、水电蒸汽耗用，从原来粗犷的月度成本报表转变为日报、周报等，提升吨纸成本数据的及时性与准确性。

1.5.2 炼化行业（流程型）

多数炼化行业已经过不同程度的多次自动化、信息化建设，但在多异构系统下，设备资产信息分散、标准不统一，存在信息孤岛的情况。

工业实时操作系统在炼化行业的应用集成了集控系统相关的异构系统及底层数据，并分层监控各分厂、装置设备的健康状态，逐步实现了设备资产实时数据监控与历史数据备案、设备台账同步管理、设备报警参数动态优化、备资产实时数据远程浏览及作业远程协同，以及设备预测性维护等智能管控功能。

1.5.3 日化行业（离散型）

对传统日化企业，其产、供、销的各个环节还是完全依赖“线下手工管理+自动化产线”的模式，未能实现车间自动化与信息化的融合。随着企业发展、内外部环境的变化，这样的管理方式也逐渐出现了一些问题，制约了企业内部管理的提升，以及决策质量、效率的提升。

工业实时操作系统在日化行业的应用可以帮助企业消除信息孤岛，实现数据集成融合。实现产品信息、生产数据从底层现场设备数据采集到过程控制优化，再到执行应用和顶层数据分析，最后到企业决策的辅助等各个环节的数据流转。实现精准生产计划管理控，准确掌握生产进度，控制工序的不良率、产能与进度，增加产能利用率，提高交期准确度。

1.5.4 材料加工行业（离散型）

随着企业的不断发展，一些材料加工企业随着订单量的增加和工厂产能的提升，出现了生产排程难度高、工序不良率增加、库存管理失序、批次追踪不准，订单管理混乱等问题，严重制约了企业的进一步发展。

工业实时操作系统在材料的制备生产过程中让流程的每个环节都处于可见、可控、可追溯、可预测之中。通过基于工业实时操作系统的大数据平台，产品的质量的一致性和稳定性得到了有力保障，在顺应数字经济的大环境下，帮助新材料企业抓住变革契机，完成从“制造”向“智造”的转变。

1.6 发展趋势

1.6.1 轻量化趋势

工业实时操作系统应用日益广泛和深入，系统规模及复杂度显著增加，这为系统灵活性、可靠性、可维护性及硬件要求等各方面带来了挑战，要求工业实时操作系统以更精简的结构实现更多功能的集合。同时，用户对工业实时操作系统的可裁剪性需求更加明显，通过构件的“即插即用”，实现基于硬件环境和应用环境的灵活裁剪和配置，从而降低硬件开销，提升系统运行效率及可靠性。工业实时操作系统轻量化灵活部署的实现离不开对强开放性的支持，RTLinux、μClinux 等基于 Linux 内核开发的嵌入式实时操作系统具有开放源代码优势，可利用 Linux 先进的微内核体系，实现层次结构的灵活裁剪和便利的系统调试，同时 Linux 生态积累了丰富的资源，对应用程序开发的支持性较强，因而基于 Linux 的实时操作系统迅速发展，逐渐对传统嵌入式实时操作系统形成有力竞争。

1.6.2 虚拟化及云化趋势

随着计算机技术的不断发展，主流的处理器架构已经从单核处理器过渡到多核处理器[31]，基于多核的硬件平台正迅速发展和广泛应用。多核系统中多个运算核心独立运行，每个核心上的任务以共享的方式使用缓存、内存等系统资源，相比同样使用了并行任务计算模式的多处理器系统，共享部件可以提高硬件模块的利用效率，减少硬件数量。这种片上资源的互联提高了计算核心间的通信效率[32]，也对实时操作系统资源的使用和分配带来了更多挑战。伴随这种技术趋势，嵌入式工业实时操作系统的虚拟化进程正在加速，通过采用虚拟化技术对不同子系统的功能进行隔离，从而允许多个嵌入式系统在单个硬件之上的系统管理程序中运行。此外，在工业互联网等场景的应用推动了工业实时操作系统向云化发展，如将工业控制中对时间敏感的控制过程放至云端、对边缘端进行集中管理，让控制过程之间的交互与合作更加便利，降低了系统成本，具有较高的应用价值。

1.6.3 跨平台移植及网络化应用

嵌入式工业实时操作系统开发过程中的一大难点是代码可重用性差，实时操作系统升级替代过程中涉及大量现有软件的移植甚至重新开发，已有的工作成果得不到充分利用，造成资源的严重浪费，因此相关标准化工作越来越引起重视。操作系统相关应用的快速发展同样对系统的自身性能提出了更高要求，单一处理器芯片的计算机系统已不能很好地满足复杂实时应用系统的需求[33]。基于 X86、ARM、MIPS、C-SKY、PPC、RISC-V 架构的不同硬件平台，以及龙芯处理器、飞腾处理器等国产硬件将更加广泛应用，而工业实时操作系统也将更加注重跨平台兼容性，以改善嵌入式软件复用能力，提高系统的可移植性、可扩展性。同时，随着互联网技术的快速发展，工业实时操作系统将更加易于移植和联网，基于配备的标准网络通信接口，提供 TCP、UDP 等协议支持，以及统一的 MAC 访问层接口，以便连接各种移动计算设备。

1.7 本章参考文献

[1] 邓庆绪．面向工业应用的实时操作系统生态构建展望[J]. 单片机与嵌入式系统应用, 2022, 22(1): 7-8.

[2] 郭建, 丁继政, 朱晓冉. 嵌入式实时操作系统内核混合代码的自动化验证框架[J]. 软件学报, 2020, 31(5): 1353-1373.

[3] 程文博, 屈艺, 吴盘龙, 等. SylixOS 平台下的火控实时解算与实现[J]. 兵器装备工程学报, 2020, 41(10): 29-34.

[4] 孙雪娇, 刘学士, 束韶光. 基于实时操作系统的多核分布式飞行软件架构设计[J]. 航天控制, 2023, 41(1): 47-52.

[5] 尤磊, 王邦继, 吴博, 等. 基于 RT-thread 的 Zynq-7000 实时控制系统设计与实现[J]. 仪表技术与传感器, 2023(7): 88-98.

[6] 高沙沙, 王中华. 基于 MILS 架构的嵌入式操作系统多级安全域动态管理技术[J]. 计算机科学, 2019, 46(S2): 460-463.

[7] 杨鸿珍, 王云烨, 吴建伟, 等. 基于人工智能的高可信嵌入式操作系统设计[J]. 现代电子技术, 2020, 43(16): 153-155, 158.

[8] 刘元元. 基于 VxWorks 操作系统的某随动系统控制算法软件设计与实现[J]. 火炮发射与控制学报, 2021, 42(3): 76-81.
[9] 方小平, 许自龙. 嵌入式船舶操作系统通用软件架构设计[J]. 舰船科学技术, 2023, 45(4): 151-154.
[10] 李俊何, 杨康, 张凤登. 一种多核处理器中混合关键级任务半分区调度算法[J]. 小型微型计算机系统, 2023: 1-11.
[11] 罗广, 冒航, 朱扬烁, 等. 嵌入式多核系统中的实时混合任务调度算法研究[J]. 电子科技, 2023: 1-10.
[12] 赵婷, 王爽, 段晓萌. 基于灰狼优化算法的智能电表嵌入式操作系统任务调度算法[J]. 单片机与嵌入式系统应用, 2022, 22(10): 55-78.
[13] 乔保军, 张稼祥, 左宪禹. 一种基于任务执行时间的启发式独立任务调度算法[J]. 河南师范大学学报（自然科学版）, 2022, 50(5): 19-28.
[14] 代红兵, 周永录, 安红萍, 等. 嵌入式 Forth 虚拟机架构的多任务调度算法设计与实现[J]. 计算机应用研究, 2019, 36(2): 472-485.
[15] 郭金辉, 刘宏杰, 代红兵, 等. 基于堆栈处理器的实时多任务调度机制研究与实现[J]. 计算机应用研究, 2021, 38(9): 2752-2772.
[16] ZHANG J N, CHENG G, LU C Q, et al. Flow Data Task Scheduling Model of RTOS Based on Multicore Operation System[C]. IEEE International Conference on Electronics Information and Emergency Communication, 2021.
[17] 马智, 乔磊, 杨孟飞, 等. 面向 SPARC 处理器架构的操作系统异常管理验证[J]. 软件学报, 2021, 32(6): 1631-1646.
[18] 王佳欣, 陈程, 张钰尧. 基于 PowerPC 的嵌入式操作系统异常处理研究[J]. 电脑编程技巧与维护, 2023(12): 164-167.
[19] 黄忠建, 代红兵, 王蕾. 嵌入式 Forth 操作系统实时调度算法研究[J]. 计算机应用研究, 2019, 36(9): 2700-2703, 2721.
[20] MA Z, QIAO L, YANG M F, et al. Verification of Real Time Operating System Exception Management Based on SPARCv8[J]. Journal of Computer Science and Technology, 2021.
[21] 胡小君, 李成龙, 王莎, 等. Lw-PTP：面向 MCU 的轻量级精确时钟同步协议实现技术[J]. 小型微型计算机系统, 2023: 1-9.
[22] 黄学进, 崔鑫, 余婷. 基于分布式仿真系统的时钟同步技术研究[J]. 计算机测量与控制, 2021, 29(6): 212-218.
[23] WIESNER A, KOVACSHAZY T. Portable, PTP-based Clock Synchronization Implementation for Microcontroller-based Systems and its Performance Evaluation[C]. IEEE International Symposium on Precision Clock Synchronization for Meaurement Control and Communication, 2021.

[24] 王欣，邱昕，慕福奇，等. 基于 MCAPI 的嵌入式多核通信机制的研究[J]. 微电子学与计算机, 2017, 34(11): 85-88.

[25] 朱旭光，李健，包晟临. 一种嵌入式操作系统确定性核间通信机制设计[J]. 单片机与嵌入式系统应用, 2020, 20(11): 28-31.

[26] 李燕，马强，邓凯旋. 基于 FreeRTOS 同步与通信机制的 CO 浓度监测报警装置设计[J]. 电子制作, 2021(13): 12-14, 56.

[27] 翟宝蓉，任凯，欧阳昇. 基于 μC/OS-III同步与通信机制的人机交互终端设计[J]. 华北科技学院学报, 2019, 16(6): 61-65.

[28] DEHNAVI S, GOSWAMI D, KOEDAM M, et al. Modeling, Implementation, and Analysis of XRCE-DDS Applications in Distributed Multi-processor Real-time Embedded Systems[C]. Design, Automation & Test in Europe Conference & Exhibition, 2021.

[29] 郑鹏怡，张振国，袁战军. 基于发布订阅机制的实时中间件的设计与实现[J]. 计算机应用与软件, 2018, 35(2): 44-53.

[30] 吴宇. 物联网数据服务中间件的设计与实现[J]. 计算机应用与软件, 2022, 39(1): 10-18.

[31] 张洪豪，姚欣，王劲松，等. 一种通用混合计算中间件的设计与实现[J]. 现代电子技术, 2020, 43(12): 55-60.

[32] LIU W, JIN J M, WU H, et al. Zoro: A Robotic Middleware Combining High Performance and High Reliability[J]. Journal of Parallel and Distributed Computing, 2022.

[33] 任慰. 以实时操作系统为中心的嵌入式系统平台化设计研究[D]. 武汉：华中科技大学, 2013.

[34] 余晓蕾，朱笛，王立昊，等. 基于知识图谱的嵌入式操作系统测试用例复用推荐模型[J]. 武汉大学学报（理学版）, 2023, 69(2): 187-194.

[35] 王国华，许永建，董晗，等. 嵌入式操作系统自动化测试方法研究[J]. 电子元器件与信息技术, 2022, 6(9): 252-256.

[36] 王颖，王冰青，关永，等. 面向 ROS 的差分模糊测试方法[J]. 软件学报, 2021, 32(6): 1867-1881.

[37] 陈鹏，陈丽容，高艳鹍，等. 基于依赖要素比对的国产操作系统兼容性测试方法[J]. 计算机工程与设计, 2020, 41(10): 2747-2751.

[38] GEER D. Chip Makers Turn to Multicore Processors[J]. Computer，2005, 38(5): 11-13.

[39] 张轶. 多核实时操作系统关键技术研究[D]. 沈阳：东北大学, 2014.

[40] 罗炜. 嵌入式实时操作系统关键技术的研究[D]. 湘潭：湘潭大学, 2006.

第 2 章 工业实时操作系统安全现状分析

2.1 相关研究概述

工业实时操作系统是由各种自动化控制组件，以及对实时数据进行采集、监测的过程控制组件共同构成的确保工业基础设施自动化运行、过程控制与监控的业务流程管控系统。主要的工业实时操作系统包括嵌入式实时操作系统、数据采集与监控系统、分布式控制系统、开放式数控系统、可编程逻辑控制器、分布式数控系统，以及确保各组件通信的接口技术。随着工业化与信息化进程的不断交叉融合，越来越多的信息技术被应用到工业领域。目前，工业操作系统广泛应用于电力、水利、污水处理、石油天然气、化工、交通运输、制药及大型制造行业，其中超过 80%的涉及国计民生的关键基础设施依靠工业控制系统来实现自动化作业，工业控制系统已是国家安全战略的重要组成部分，工业控制系统的安全关系国家的战略安全。

2.2 典型工业实时操作系统体系结构

2.2.1 SCADA 系统

数据采集与监视控制（Supervisory Control and Data Acquisition，SCADA）系统的应用领域很广，它可以应用于电力系统、给水系统、石油、化工等领域的数据采集与监视控制，以及过程控制等诸多领域。在电力系统及电气化铁道上又称远动系统。SCADA 系统是以计算机为基础的生产过程控制与调度自动化系统，它可以对现场的运行设备进行监视和控制，以实现数据采集、设备控制、测量、参数调节及各类信号报警等功能。SCADA 系统自诞生之日起就与计算机技术的发展紧密相关。由于各个应用领域对 SCADA 系统的要求不同，所以不同应用领域的 SCADA 系统发展也不完全相同。

SCADA 系统在电力系统中的应用最为广泛，技术发展也最为成熟。它作为能量管理系统（EMS 系统）中最主要的子系统，有着信息完整、效率高、可正确掌握系统运行状态、可加快决策、帮助快速诊断系统故障状态等优势，已成为电力调度不可缺少的工具。它在提高电网运行的可靠性、安全性与经济效益，减轻调度员的负担，实现电力调度自动化与现代化，提高调度的效率和水平等方面有着不可替代的作用。

SCADA 系统在铁道电气化远动系统上的应用较早，对保证电气化铁路的安全可靠供电，提高铁路运输的调度管理水平起到了很大的作用。随着计算机的发展，铁道电气化 SCADA 系统，不同的发展时期有不同的产品，同时我国也从国外引进了大量 SCADA 产品与设备，这些都带动了铁道电气化远动系统向更高的目标发展。

中国最长输气管线的干线管道全长 3900 千米，采用 SCADA 系统进行监视与控制。输气管道始于新疆维吾尔自治区塔里木油气田的轮南，终于上海。自西向东途经新疆维吾尔自治区、甘肃省、宁夏回族自治区、陕西省、山西省、河南省、安徽省、江苏省和上海市共 9 个省（自治区、直辖市）。西气东输管道工程包括轮南—上海的干线和 3 条支线（定远—合肥支干线、南京—芜湖支干线、常州—长兴支干线）。

西气东输管道工程采用以计算机为核心的 SCADA 系统实现天然气输送的自动控制，完成对全线的监视控制和数据采集，实现了整个管线的远程监视、控制和调度。系统主要包括两个控制中心——主调度控制中心（上海）、后备控制中心（北京）；位于沿线的各工艺站场（包括压气站 10 座、分输站 17 站、分输清管站 1 座、上海末站 1 座）29 座，设置站控系统 SCS；以及沿线无人值守清管站 8 座、分输清管站 3 座、分输阀室 3 座和远控线路截断阀室 139 座（包括支干线 2 座），共计 153 套，设置远程终端装置 RTU；还设有 5 套操作区（轮南、武威、临汾、郑州和南京）监视终端；图 2.1 所示为 SCADA 系统实例——西气东输系统配置图。

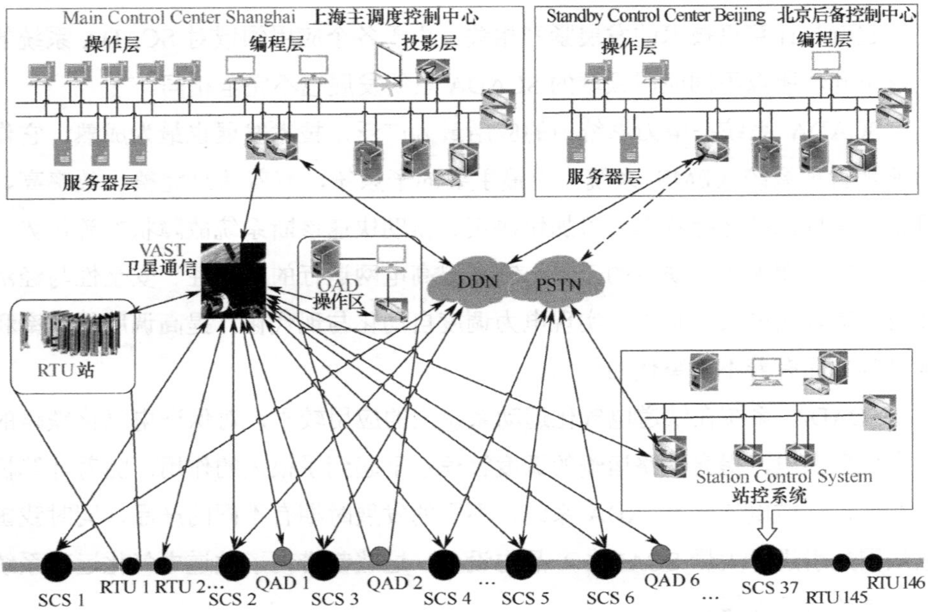

图 2.1 SCADA 系统实例——西气东输系统配置图

2.2.2 DCS 系统

分布式控制系统（Distributed Control System，DCS）是被用在坐落于同一地理位置的控制生产系统，如石油冶炼、水和废水处理、发电、化工制造工厂及制药加工。这些系统通常被称为控制或离散控制系统。DCS 使用集中监督控制回路来调节一组局部的控制器，以便在整个生产过程中共享所有的任务[1]。通过模块化生产系统，DCS 降低了单个错误对整个系统的影响。在许多现代系统中，DCS 与公司网络相连，给生产商业运营一个产品的概览。

DCS 的整套设备包括从底层的生产过程到公司层或企业层。监督控制器（控制服务器）通过控制网络与下级相连。监督者向分布的现场控制器发送设定值并从现场采集需要的数据。分布式控制器根据控制服务器的命令及生产过程传感器的反馈来控制生产执行器。

图 2.2 给出了一个 DCS 实例。图中的现场设备包括一个 PLC、过程控制器、单回路控制器和电机控制器。单回路控制器通过点到点的连线把传感器和制动器相连，另外 3 种现场设备通过现场总线网络把过程传感器和执行器相

连。现场总线网络取代了控制器及个人现场传感器和执行器间的连线。此外，现场总线除了控制，还需要很强的功能性，包括现场设备诊断、在现场总线上实现控制算法、对每个控制操作防止信号路由回 PLC。诸如 Modbus 和 Fieldbus[2]之类的由工业团队设计的标准工业通信协议通常被用在控制网络和现场总线网络。

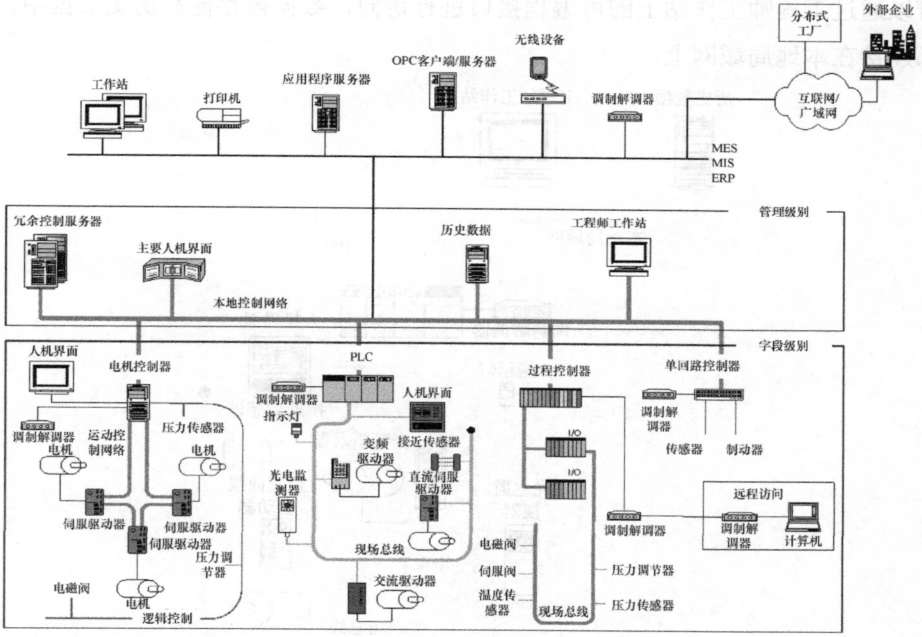

图 2.2　DCS 实例

除了监督层和现场级的控制回路，还存在中间级的控制。例如，当 DCS 控制一个离散制造设备时，需要有中间层来监督工厂中的每个单元。这个监督需要一个制造单元，包括一个机器控制器来加工零件、一个遥控设备控制器来处理库存和最终产品。在 DCS 监督控制回路之下有用来管理现场级控制器的几个单元。

2.2.3　PLC 系统

可编程逻辑控制器（Programmable Logic Controller，PLC）系统用在 SCADA 和 DCS 中所有的层级中，通过上文描述的反馈控制来管理进程。在

SCADA 系统中，PLC 与 RTU 的功能相同。当用在 DCS 中时，PLC 作为监督控制体制中的局部控制器。PLC 系统也作为小的控制系统配置中的主要组件。PLC 系统中有一个用户可编程存储，可以用来存储指令以便实现特殊的功能，如 I/O 控制、逻辑、计时、计数、三模式的 PID 控制、通信、算法、数据文件处理。图 2.3 展示了现场总线网络中由 PLC 控制的制造加工过程。PLC 可以通过工程师工作站上的可编程接口进行访问，数据被存储在历史数据中，都连接在本地局域网上。

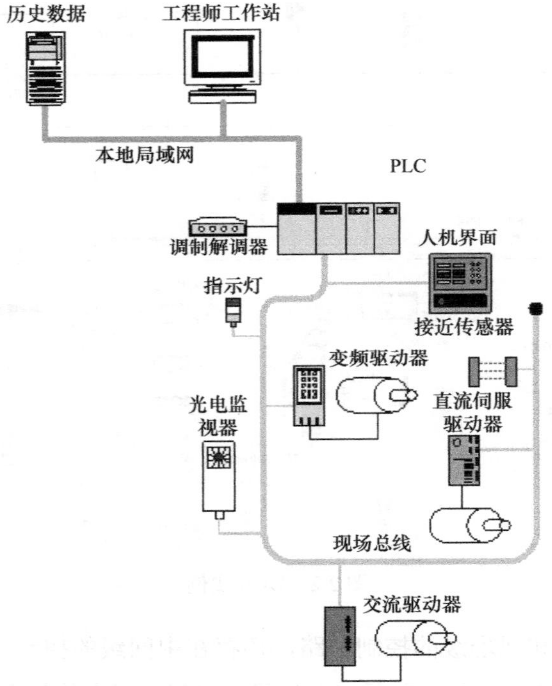

图 2.3　现场总线网络中由 PLC 控制的制造加工过程

2.2.4　OCNC 系统

开放式数控（Open Computer Numerical Control，OCNC）系统是实现制造系统模块化和可重构的关键因素。它具有标准化的接口，不同厂商提供的功能部件能够自由组合成完整的数控系统。因此，开放式数控系统的软硬件组件都需要具备开放性，即 HMI（Human-Machine Interface）组件、PLC 组件、运动控制组件、安全控制组件，以及硬件设备均可以相互集成，并具备互操作性、可扩展性、可移植性与可伸缩性。开放式数控系统体系结构及特征如图 2.4 所示。

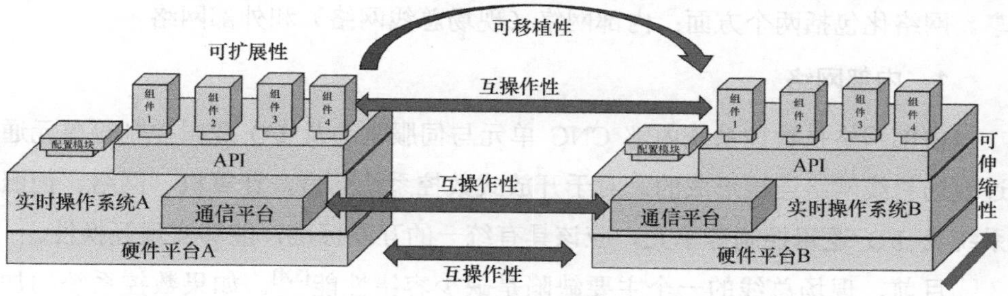

图 2.4 开放式数控系统体系结构及特征

开放式数控系统的结构框架主要包括：硬件层、实时操作系统层、开放式数控系统平台层和数控系统软件层。按照具体服务功能不同，开放式数控系统平台又可划分为通信管理功能、可重构管理功能、安全功能及系统扩展功能，具体如图 2.5 所示。

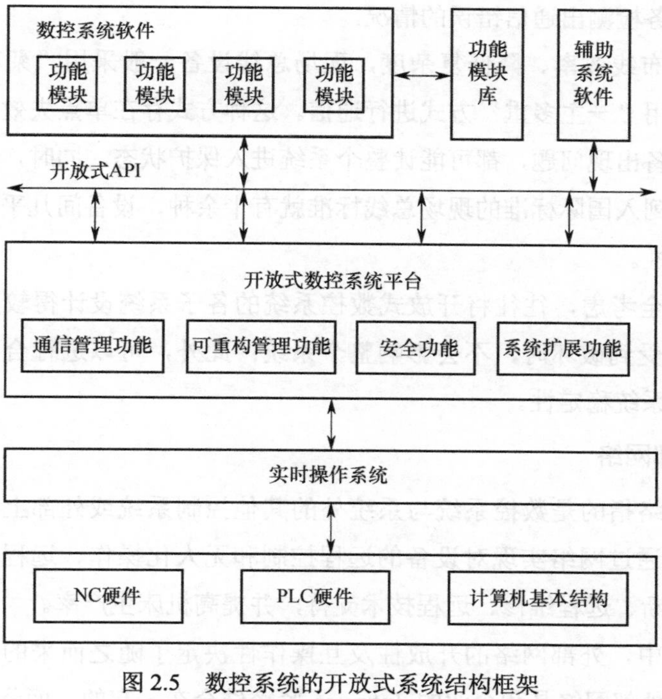

图 2.5 数控系统的开放式系统结构框架

开放式数控系统通过网络、Internet/Intranet 将制造单元和控制部件相连，或将制造过程所需资源（如加工程序、机床、工具、检测监控仪器等）共享。网络化包括两个方面：内部网络（现场总线网络）和外部网络。

1．内部网络

内部网络是数控系统内部 CNC 单元与伺服驱动及 I/O 逻辑控制等单元通过现场总线网络连接形成的。对于开放式数控系统而言，计算机、网络、伺服系统及 I/O 逻辑控制等单元，应该具有统一的互联标准，能够实现互换性。

目前，现场总线的一个主要缺陷是缺少容错性能[3,4]。如果数控系统的加工环境较为恶劣，安全相关的传感器信号极有可能会因为间歇性故障、电磁干扰等问题而无法及时送达，这并不代表数控系统已进入危险状态，但安全监控系统却无法做出正确的判断，只能采取断电措施。因此，连接在现场总线上的设备一般都有通信错误检测纠错和超时判断机制，当通信受到干扰或超时时，设备发出报警并进入预设处理状态；但受检测错误机制的限制，仍然有一定的概率存在服务检测出通信错误的情况。

为提升布线效率、降低复杂度，现场总线设备一般采用“菊花链”方式布局，并采用“一主多重”方式进行通信。这种方式存在单点失效问题，菊花链上任何设备出现问题，都可能让整个系统进入保护状态。同时，现场总线种类繁多，被列入国际标准的现场总线标准就有十余种，设备间几乎没有可替换性和互操作性。

基于安全考虑，往往将开放式数控系统的各子系统设计得较为独立，当一个子系统受到破坏时，不会影响整个系统；此外，可以进行合理的冗余设计，以提高系统稳定性。

2．外部网络

外部网络指的是数控系统与系统外的其他控制系统或外部上位计算机连接的网络。通过网络实现对设备的远程控制和无人化操作、远程传输加工程序、远程诊断、远程维修、远程技术支持，并提高机床生产率。

在应用中，外部网络的开放性及互操作性决定了随之而来的不可避免的安全问题。外部网络是和企业的 Intranet 紧密结合在一起的，面临与普通互联网应用相同的威胁，包括被窃听、被盗取资料、被非法获取控制权、被破坏、被阻碍通信等。要解决这些问题，必须建立一套适合企业的针对现场总线应用外部网络的安全策略。如采用通信控制器将总线与以太网相连，优化通信控制器的功能，可以起到一定的安全防范作用，包括拒绝非法访问，危险时将总线与以太网隔离等。

2.2.5　DNC 系统

分布式数控（Distributed Numerical Control，DNC）系统是利用 DNC 的通信网络把车间内的数控机床通过调度和运转控制联系在一起，从而掌握整个车间的加工情况，便于实现加工物件的传送和自动化检测设备的连接的系统。DNC 系统连接数控设备和上位计算机，是实现 CAD/CAM 和计算机辅助生产管理系统（Computer Aided Production Management System，CAPMS）集成的纽带[5]。DNC 的网络结构如图 2.6 所示。

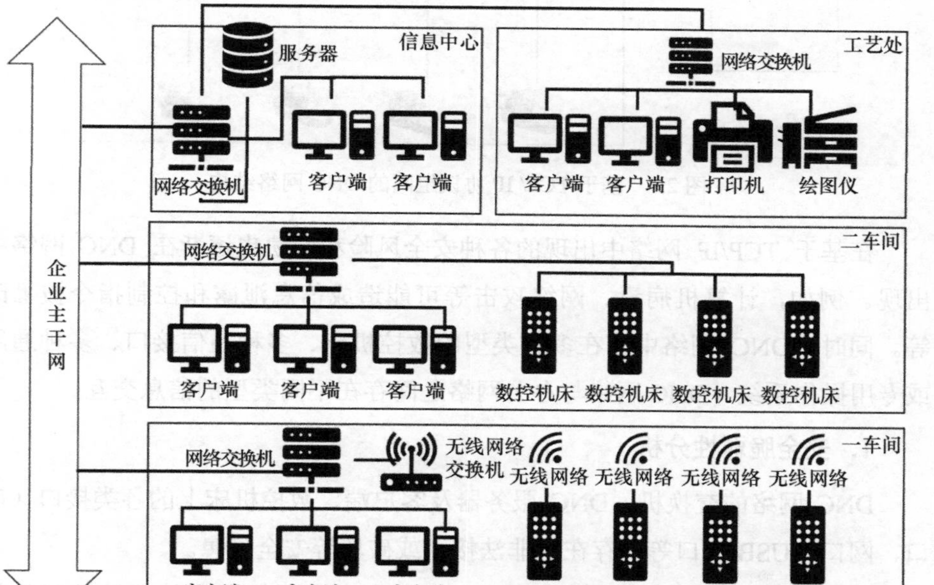

图 2.6　DNC 的网络结构

DNC 系统一般用 TCP/IP 协议进行数控设备联网，建立基于 TCP/IP 协议的工业控制网，主要实现数控设备传输、数控程序的管理等功能。数控设备操作系统一般采用专用操作系统，包括 FANUC、SIEMENS、Brother、Fidia、AGIESOFT 等，也有一部分机床采用 Windows NT、Windows XP 等通用操作系统。基于 TCP/ IP 协议组网的 DNC 网络结构如图 2.7 所示。

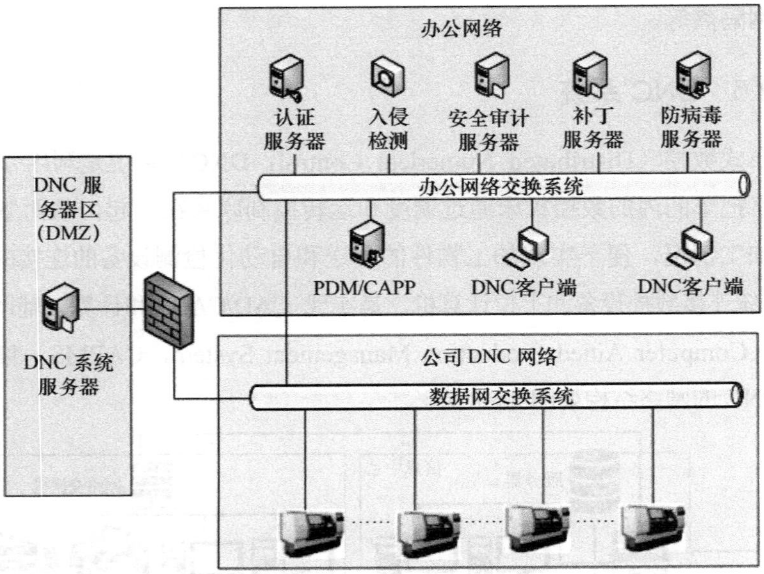

图 2.7　基于 TCP/ IP 协议组网的 DNC 网络结构

在基于 TCP/IP 网络中出现的各种安全风险和威胁也逐渐在 DNC 网络中出现。例如，计算机病毒、网络攻击等可能造成信息泄露和控制指令被篡改等。同时，DNC 网络中存在多种类型的数控机床、多种通信接口、多种通用或专用操作系统，DNC 网络与办公网络之间存在不同类型的信息交互。

1．安全脆弱性分析

DNC 网络的交换机、DNC 服务器及客户端、数控机床上的各类接口（串口、网口、USB 接口等）存在被非法接入或破坏等安全隐患。

DNC 网络与办公网络之间的信息交互存在未授权用户的非法访问等问题。对 DNC 服务器和客户端的操作系统、数据库等的错误或不合理的安全配置可能导致用户权限不合理。

DNC 系统的安全性主要依赖软、硬件厂商，可能存在木马、后门、设计缺陷、安全漏洞等。

DNC 网络与办公网络之间可能存在恶意访问，如通过办公网络直接控制数控机床，未经授权更改指示、命令或报警阈值，以及通过数控机床访问办公网络导致办公信息泄露。

DNC 系统还存在管理脆弱性，如管理规章制度不健全或制度执行不彻底、管理人员技术水平不高或安全意识淡薄。

2．安全威胁分析

DNC 系统面临的安全威胁主要有以下几个方面。

通过网络窃听截获未受保护的信息，获取鉴别信息和控制信息等；通过窃听进行通信流量分析，以达到对 DNC 业务流程分析的目的；利用处理办公信息终端的电磁泄漏，还原显示器的信息。

通过各种手段伪装成合法用户进入 DNC 系统，非法使用系统资源，窃取有用信息，或者根据所截获的信息对系统进行攻击。

通过植入计算机病毒、恶意代码、逻辑炸弹等攻击 DNC 网络及系统，导致网络阻塞、中断、拒绝服务和生产系统无法使用等。

利用已知的操作系统安全脆弱性、数据库安全脆弱性实施攻击；利用通信协议的安全脆弱性进行攻击；利用应用系统的安全脆弱性进行攻击等。

3．风险识别与确定

DNC 系统面临的风险主要有以下几个方面。

非授权人员对办公区域的物理接触导致泄密；重要办公区域入口的身份鉴别方式存在安全风险；办公信息输出控制不严格带来的风险；设备数据接口被非授权使用造成的泄密风险；设备维修、报废处理方式不当造成的泄密风险。

DNC 系统故障或瘫痪带来的风险；意外或操作失误导致数据丢失或完整性被破坏带来的风险；DNC 系统安全性能不足带来的风险；DNC 系统缺乏冗余设备带来的风险；计算机病毒和恶意代码带来的风险；DNC 系统权限划分和分配不合理带来的风险；非法用户进入工业控制网或对系统进行非法操作；假冒合法主机和用户欺骗其他主机和用户，占用合法用户资源的风险；恶意攻击者假冒网络控制程序套取或修改用户使用权限、密钥等信息，越权使用网络设备和资源的风险。

恶意攻击者欺骗身份鉴别系统假冒合法用户进行非授权访问的风险；可移动设备的非授权接入带来的风险；办公信息访问控制策略和粒度不足带来的风险；办公信息远程传输带来的风险；电磁泄漏带来的风险；办公信息的访问审计不足带来的风险；边界防护手段和边界访问控制审计不足带来的风险；非法入侵和违规外连接带来的风险。

安全保密管理制度不完善带来的风险；安全保密管理制度执行不彻底带来的风险；办公系统人员安全意识不足或操作不当带来的风险；重点、要害区域管理不足带来的风险；应急处理机制及流程不完善带来的风险。

DNC 系统网络安全防护措施主要有以下几种。

（1）物理安全防范。数控机床等设备严禁使用无线网卡、无线键盘、无线鼠标等无线设备。DNC 网络综合布线时采用超五类屏蔽双绞线。DNC 网络的现场交换机柜采用全封闭式机柜，并安装明锁，未经允许不准随便打开。采用电子监控系统、警报系统、电子门控等物理控制措施对出入数控车间、DNC 系统服务器中心机房的人员进行监控和管理。

（2）网络安全防范。DNC 网络与办公网络之间的边界防护采用防火墙对出入流量进行访问控制，防火墙规则应细化到 IP 地址和端口，确保 DNC 网络为独立的网络安全域，DNC 网络与办公网络不能直接进行数据交换，必须通过 DNC 服务器区进行交互；办公网络流向 DNC 服务器区的数据只能是加工指令，禁止与数控加工无关的数据传输；DNC 服务器区流向办公网络的数据只能是机床状态信息、加工结果；DNC 系统服务器只开放管理监控、文件传输必需的通信端口，其余端口全部关闭；同时对 DNC 网络划分独立 VLAN，并设置 VLAN 访问控制规则，有效防止违规外连接和非授权接入，禁止 VLAN 间互相访问；DNC 网络交换机采取端口、MAC 地址、IP 地址绑定措施；关闭交换机不使用的物理端口；不使用的交换机端口上的网线要拔除；采用入侵检测系统对 DNC 网络和 DNC 服务器区进行网络流监控。

（3）系统安全防范。及时为 DNC 网络中各计算机、服务器打补丁，预防系统漏洞；升级 DNC 系统软件、DNC 数据库补丁，同时对 DNC 系统进行系统管理员、安全保密管理员和安全审计员“三员”划分；关闭 DNC 系统服务器、数控设备等自动化制造相关设备不必要的服务、端口，卸载不需要的程序组件和模块，并部署防病毒软件。

（4）应用安全防范。采用身份认证技术加强客户端用户身份鉴别；采用主机监控与审计软件监控客户端的行为；记录客户端文件操作、输入/输出操作等，并将审计记录传送到管理控制台。

（5）改善管理制度。明确规定人员职责、信息安全建设要求、信息安全运行要求等；设置 DNC 网络“三员”（系统管理员、安全保密管理员和安全审计员），权限设置相互独立、相互制约，不相互兼任。明确对各类网络设备（数控网交换机、协议转换器）、网络安全设备及数控机床的管理要求；明确对 DNC 系统服务器、数据库及用户终端的管理要求；明确对 DNC 应用软件的建设、开发、用户管理与授权、信息保密等的管理要求；明确对数控机床设备维修时的管理，要求办理审批手续、相关保密人员全程陪同作业、所有维修情况记录、禁止外来设备直接和间接接入数控机床等。

2.2.6　Robot 系统

机器人（Robot）分为两大类，即工业机器人和特种机器人。所谓工业机器人就是面向工业领域的多关节机械手或多自由度机器人。特种机器人则是除工业机器人之外的、用于非制造业并服务于人类的各种先进机器人，包括服务机器人、水下机器人、娱乐机器人、军用机器人、农业机器人、机器人化机器等。

工业机器人由主体、驱动系统和控制系统 3 个基本部分组成。主体即机座和执行机构，包括臂部、腕部和手部，有的机器人还有行走机构。大多数工业机器人有 3～6 个运动自由度，其中，腕部通常有 1～3 个运动自由度；驱动系统包括动力装置和传动机构，以使执行机构产生相应的动作；控制系统按照输入的程序对驱动系统和执行机构发出指令信号，并进行控制。

工业机器人控制系统由以下几个部分组成，具体如图 2.8 所示。

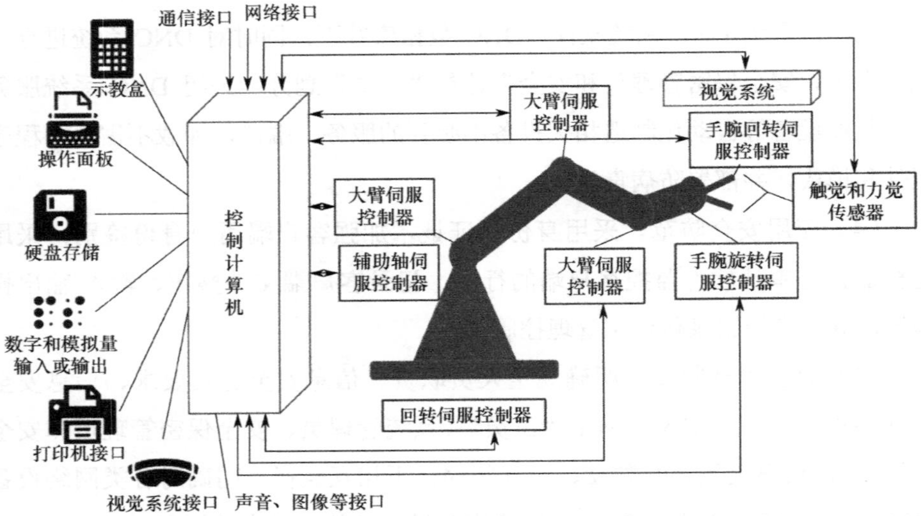

图 2.8　机器人控制系统组成框图

（1）控制计算机：控制系统的调度指挥机构。一般为微型机、微处理器，有 32 位、64 位等，如奔腾系列 CPU 及其他类型 CPU。

（2）示教盒：示教机器人的工作轨迹和参数设定，以及所有人机交互操作，拥有独立的 CPU 及存储单元，与主计算机之间以串行通信方式实现信息交互。

（3）操作面板：由各种操作按键、状态指示灯构成，只完成基本功能的操作。

（4）硬盘存储：储机器人工作程序的外围存储器。

（5）打印机接口：记录需要输出的各种信息。

（6）数字和模拟量输入或输出：各种状态和控制命令的输入或输出。

（7）传感器接口：用于信息的自动检测，实现机器人柔性控制，一般为力觉、触觉和视觉传感器。

（8）伺服控制器：完成机器人各关节位置、速度和加速度控制。

（9）辅助轴伺服控制器：用于与机器人配合的辅助设备控制，如手爪变位器等。

（10）通信接口：实现机器人和其他设备的信息交换，一般有串行接口、并行接口等。

（11）网络接口：①Ethernet 接口：可通过 Ethernet 实现数台或单台机器人的直接 PC 通信，数据传输速率高达 10Mbit/s，可直接在 PC 上用 Windows 库函数进行应用程序编程，支持 TCP/IP 通信协议，通过 Ethernet 接口将数据及程序装入各个机器人控制器中。②Fieldbus 接口：支持多种流行的现场总线规格，如 Device net、EtherCAT、AB Remote I/O、Interbus-s、Profibus-DP、M-NET 等。

1979 年 1 月 25 日，工业机器人发明公司 unimation 公司成立 20 年，年仅 25 岁的美国福特工厂装配线工人 Robert Williams 在密歇根州的福特铸造厂被工业机器人手臂击中身亡。这是迄今为止第一例有据可查的工业机器人杀死人类的案件，因为这属于工业机器人生产安全问题，所以法院裁定公司应赔偿 Williams 的家人一千万美元。这起事件与 2009 年 4 月 29 日在瑞典发生的机器人袭击人类的事件类似，当时工程师去检查一台出了问题的工业机器人，他认为该机器人断了电（其实没有断），在操作维修的时候，机器人突然运动起来，打断了他的四根肋骨，几乎要了他的命。2015 年 7 月 1 日，德国大众汽车公司工厂一名技术员被机器人击中胸部，并被抓起、重重摔在一块金属板上，最终因伤重不治身亡。为了保障人类的人身安全，需要遵循的一般操作规范如下。

（1）工业机器人的工作区域外围一定要有防护，如金属防护条或有机玻璃防护窗。

（2）工业机器人在运动的时候，禁止所有人靠近机器人的工作范围。

（3）如需要进入机器人工作区域，一定要有安全联锁装置，人进入后机器人禁止运动。

（4）维修人员在进行机器人维修的时候，一定要确保机器人运动程序处于关闭状态，确保电源已经关闭。

（5）维修人员在进行机器人维修测试的时候，一定要确认周围没有人在机器人的工作范围内，并且随时要有按下急停按钮的准备。

（6）任何一个新的程序开始运行之前，一定要以最慢的速度确保机器人运行轨迹是正确的，然后再以生产速度进行测试。

（7）当人离开设备的时候，一定要将机器人断电，按下急停按钮。

工业机器人虽然结构及面临的网络威胁与 CNC/DNC 类似，但是在造成的危害上，还是有很大差别的。CNC/DNC 程序或固件在被非法篡改，或者被恶意攻击者操控之后，一般只能对加工设备本身或加工的工件造成损害，但是如果工业移动机器人或工业机器人被非法操控之后，因为机器人的可移动性和较大的动作幅度范围，所以可能会对机器人工作区域及附近的设备或人造成更大的危害。

在类似汽车装配及焊接机器人生产线等机器人密集型的应用场所，被恶意控制的机器人除了会造成自身设备损坏，还可以破坏在其手臂运动范围内的其他机器人或设备。如图 2.9 所示为机器人焊接工作现场。

图 2.9　机器人焊接工作现场

针对工业机器人的安全需求，ABB 公司推出了高级机器人安全区域控制技术 SafeMove。SafeMove 是一种机器人工作区域和速度的硬件保护措施，通过计算机直接监控和调整机器人。相比软件保护，SafeMove 的硬件保护措施更加可靠，并且反应速度更快，相比传统的硬件限位措施，SafeMove 的监视功能更加柔性化并且可以直接进行动作调整。如图 2.10 所示为 SafeMove 控制技术现场应用。

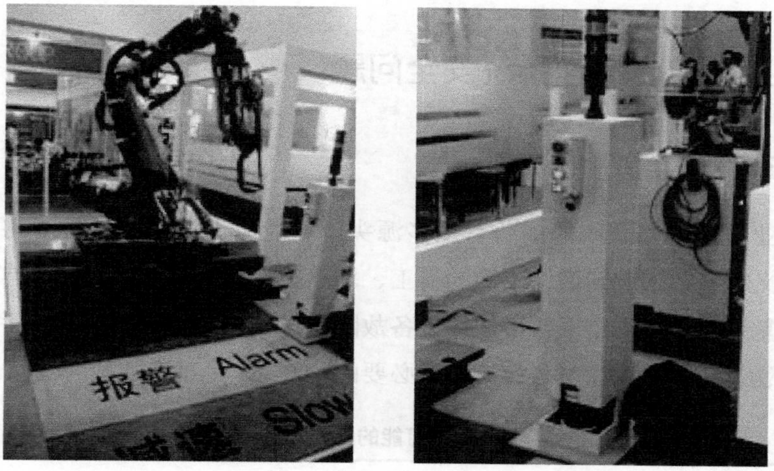

图 2.10　SafeMove 控制技术现场应用

SafeMove 主要由一台位移光栅传感器，在程序编制上，当工作人员走到绿色减速区域时，机器人系统进入低速运作状态；当工作人员继续前进到黄色区域时，机器人继续进行减速运动；当工作人员进入红色区域时，机器人停止运动。

但是，在一些需要人和机器人协作的场景中，无法使用类似 SafeMove 的安全控制技术。如图 2.11 所示为人和机器人协作的场景。

图 2.11　人和机器人协作的场景

2.3 工业实时操作系统安全问题

2.3.1 安全威胁分析

工业实时操作系统的威胁有很多源头，可能源于对手，如敌对的政府、恐怖主义组织、工业间谍、不满的员工、恶意的入侵者；也可能源于自然，如系统的复杂性、人为错误或事故、设备故障及自然灾害。为了防御对手的威胁（及自然威胁），布置深度防御策略是必要的。表 2.1 是可能的威胁汇总。

表 2.1　可能的威胁汇总

威胁来源	描　述
攻击者	攻击者入侵网络是因为他们对挑战感到兴奋或想要在攻击者联盟中耀武扬威。远程的攻击需要大量的技能或计算机知识，攻击者可以从网络上下载攻击脚本或协议，并向受害网站发起攻击。攻击工具变得越来越复杂，并且越来越容易使用。许多攻击者不必具有多么专业的技能也能发起攻击。全球的攻击者发动孤立的或简单的攻击将会构成非常大的威胁，引发严重的破坏
僵尸网络操作者	僵尸网络操作者都是攻击者，然而他们攻入系统不是为了挑战或耀武扬威，而是为了接管多路系统来发动攻击，分发钓鱼网站、垃圾邮件及恶意软件。受牵连的系统或网络的服务有时被黑市交易所利用。例如，购买拒绝服务攻击、使用服务器转发垃圾邮件或钓鱼攻击
犯罪组织	犯罪组织攻击系统的目的是获得金钱收益。有组织的犯罪团伙使用垃圾邮件、钓鱼网站、后门软件或恶意软件提交身份验证及联机诈骗。国际商业间谍和有组织的犯罪团伙有能力实施工业谍报活动或大规模的财政盗取活动，他们可以雇佣或发展攻击人才，带来了很大的威胁。一些犯罪组织可以通过发动网络攻击从某个组织搂款
外国情报服务组织	外国情报服务组织用网络工具作为他们信息收集和谍报活动的一部分。此外，一些国家侵略性地发展信息战学说、程序及能力。这种能力扰乱支持军权的供给、通信及经济基础设施，可以对一个单一的实体产生明显的、严重的影响，这种影响可以影响国家民众的日常生活
内部人士	不满的内部人士是从事计算机犯罪人员的主要构成之一。不满的内部人士对计算机攻击不需要太多的专业知识，因为他们对目标系统的了解足以使他们获得对系统的无限访问权，并摧毁系统或盗窃系统数据。内部威胁还包括外包供应商或员工不小心把恶意软件引入系统。内部人士可能是员工、承包商或商业合作伙伴 不恰当的政策、程序或测试会带来直接影响。这种影响会给系统及现场设备带来不同程度的损害。内部人士无意的影响往往是最有可能发生的

（续表）

威胁来源	描　述
网络钓鱼者	网络钓鱼者通常都是个人或小团体，他们实施钓鱼方案是为了利益盗取身份和信息。网络钓鱼者为了达成他们的目标，也可能使用垃圾邮件、后门软件或恶意软件
垃圾邮件制作者	垃圾邮件制作者可能是个人，也可能是组织，他们通过发送带有隐藏信息或错误信息的未经请求的邮件来销售产品、实施钓鱼方案、发送后门软件、发送垃圾软件，或者攻击某个组织，如 Dos
间谍软件／恶意软件发布者	带有恶意意图的个人或团体通过生产发布恶意软件来攻击使用者。几个具有破坏性的计算机病毒或蠕虫已经损坏了文件或硬盘驱动器，包括以下病毒： Melissa Macro Virus、the Explore.Zip worm、the CIH (Chernobyl) Virus、Nimda、Code Red、Slammer、Blaster
恐怖分子	恐怖分子力图摧毁关键基础设施来威胁国家安全、造成重大伤亡、削弱国家经济、损坏群众士气和决心。恐怖组织可能使用钓鱼方案或恶意软件来生成资金或收集敏感信息。恐怖组织可能会攻击一个目标来转移注意力从而攻击另一个目标
工业间谍	工业间谍通过私下的方式来取得知识产权或专有技术

缺陷、错误配置，或者缺少对平台（包括硬件、操作系统及应用）的维护将导致操作系统漏洞。很多安全控制，如操作系统及其应用补丁、物理访问控制、安全软件（杀毒软件）等都可以缓解这些漏洞的威胁。

当研究可能存在的安全漏洞时，很容易沉浸在找出技术范畴内问题，但这些问题对整个系统却只有很小的影响。当评估特定的设备可能存在的漏洞和风险时，需要一套方法。风险就是可能会发生的一系列作用，威胁机构可能会利用特定的漏洞并且导致一系列后果。风险可能由给出的任何漏洞引起，并被一系列指标影响，包括以下几个方面。

（1）网络和计算机体系架构及条件。

（2）已安装的对策。

（3）攻击的技术性困难。

（4）发现概率，如对手可以与目标系统或网络长时间保持连接而不被发现。

（5）事故的后果。

2.3.2 标准协议及技术

工业实时操作系统供应商已经开始开放其专有协议，并发布协议规范，让第三方制造商制造兼容配件。为了降低成本、提高性能，组织机构也从专有系统过渡到更便宜的、更标准化的技术，如 Microsoft Windows 和类 Unix 操作系统，以及 TCP/IP 等常见网络协议。另一个演化的标准是 OPC 协议，让工业实时操作系统和基于 PC 的应用程序能够进行交互。向这些开放的协议标准过渡，带来了经济上和技术上的好处，但也会增加网络事件的敏感性。这些标准化的协议和技术一般都有广为人知的漏洞，容易受复杂且被广泛使用的开发工具的损害。

2.3.3 互联接入的持续增长

作为信息管理实践、操作、业务需求的结果，工业实时操作系统和企业 IT 系统往往是相互关联的。很多组织还添加了公司网络和操作系统网络之间的连接，允许组织的决策者可以对有关运行当中系统状态的关键数据进行访问，并且发送生产指令或销售产品。在早期，这可能通过用户应用程序或 OPC 服务器/网关来实现；然而，在过去的十年里，这些是通过传输控制协议/网际协议（TCP/IP）网络和标准化的 IP 应用程序[如文件传输协议（FTP）或可扩展标记语言（XML）]进行数据交换的。通常，这些连接都是在没有充分了解相应安全风险的情况下实施的。此外，公司网络通常会连接到战略合作伙伴网络和互联网，工业实时操作系统也更多地利用广域网（WAN）和互联网向其远程或局部站点及个人设备传输数据。工业实时操作系统网络与公共和企业网络的集成增加了系统的可访问性漏洞。除非部署适当的安全控制，否则这些漏洞可能导致各级工业实时操作系统网络架构遭受 complexity-induced 错误、对手和各种网络威胁的攻击，包括蠕虫和其他恶意软件攻击等。一次能源组织的内部调查结果显示如下。

（1）绝大多数的单位管理部门相信他们的控制系统没有连接公司网络。

（2）审计显示大多数工业实时操作系统都以某种方式连接了公司网络。

（3）公司网络只担保支持通用业务流程，这不是安全性至关重要的系统。

2.3.4　具有欺诈性的链接

许多工业实时操作系统供应商交付系统拨号调制解调器提供远程访问，减轻现场技术支持人员的维护负担。远程访问有时为技术支持人员提供管理级别的访问权限，如使用一个电话号码，有时是一个访问控制凭证（如有效的 ID 和/或密码）。持有拨号攻击器（简单的个人计算机程序连续拨打电话号码以找到调制解调器）和密码破解软件的攻击者可以通过这些远程能力获得对系统的访问权限。用于远程访问的密码对一个特定供应商系统的所有应用都是相同的，终端用户无法改变。人们可以通过供应商安装的调制解调器进入系统获得高级别的系统访问权限，这让系统变得十分脆弱。

组织机构经常无意中留下类似拨号调制解调器的打开着的访问链接，可以对远程诊断、维护和监控开放。没有身份验证和/或加密的访问链接增加了攻击者使用这些不安全的链接来访问工业实时操作系统的风险。这可能会威胁传输过程中数据的完整性，以及系统可用性，两者都可能对公众和工厂安全产生影响。在部署加密方案之前，需要先确定对特定的应用加密是否是一个适当的解决方案。

许多公司网络与工业实时操作系统之间的互联需要在系统中集成不同的通信标准，这样的结果通常需要设计一个能在两个独特的系统之间成功进行数据传输的基础设施。由于集成异构系统的复杂性，所以控制工程师往往在考虑安全风险时，无法察觉新引入的安全问题。许多控制工程师没有任何安全方面的培训，IT 人员没有参与工业实时操作系统的安全设计。

访问控制旨在保护工业实时操作系统阻止未经授权的对公司网络的访问，但这通常是最基本的要求的。此外，底层协议的行为可能不太容易被理解，甚至存在可以打败先进安全对策的漏洞。TCP/IP 等协议通常是未经核对的，这可能抵消网络或应用程序级别的所有安全措施。

2.3.5　公共信息

有关工业实时操作系统的设计、维护、互连及通信等公共信息在互联网上是现成的，用来支持产品选择竞争，以及支持开放标准的使用。工业实时操作系统供应商也销售工具包，帮助用户在工业实时操作系统环境中开发实现使用各种标准的软件。有许多前员工、供应商、承包商和最终用户，在全球范围内使用相同的工业实时操作系统设备，他们都具备控制系统和流程操作的内部知识。

2.4 工业操作系统安全防护要点

2.4.1 管理保障

信息安全管理（ISM）通常被 ISO/IEC[6]称为 ISM 系统（ISMS），被 ANSI/ISA[7]称为网络安全管理系统，被 NIST[8]称为信息安全项目（ISP）。

ISM 主要包括以下几个方面：

（1）员工及经理的培训。

（2）合作伙伴、供应商及顾客的关系。

（3）业务连续性。

（4）合法的及契约的需求。

（5）服从安全策略及标准。

（6）技术合规。

（7）资产管理。

（8）通信及操作管理。

（9）物理及环境安全。

工业实时操作系统信息安全管理采用图 2.12 的概念模型及步骤，图 2.12 右侧的事件将触发或重新触发使 ISM 迭代，直到验证步骤得出满意的结果。验证步骤主要是为证明系统的整体风险被降低到可接受的阈值内，包括下线时和运行时活动。

当出现以下情形时，一系列的步骤将被重复执行：①验证步骤的验证结果与期望不符；②系统组件引入变化，包括设备、策略、风险级、商业、调整的或合法的需求、新发现的威胁及漏洞等；③运行时检测活动检测到超过可接受阈值的不可接受安全事件。

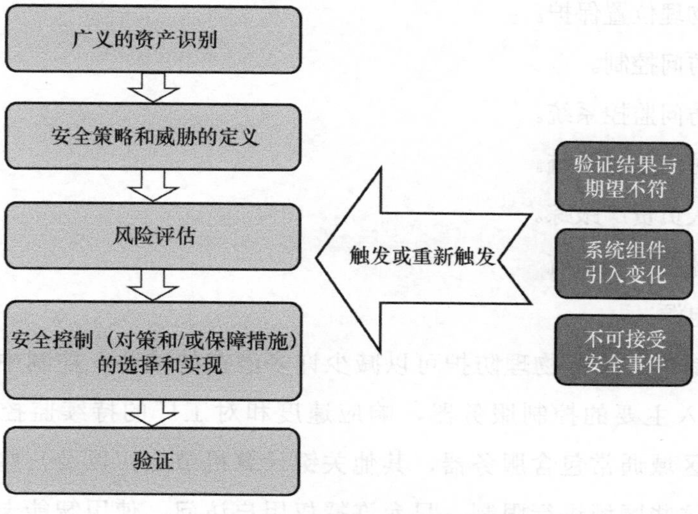

图 2.12　信息安全管理方法图

2.4.2　物理防护

对各个组件和数据的物理防护必须作为 ICS 安全问题不可缺少的一部分。工业实时操作系统设备的安全和工厂安全紧密相关。物理防护的主要目标为：在不耽误工作也不启用应急程序的情况下使人们远离危险状况。

获得对控制室或控制系统组件的物理访问权限通常也意味着获得对过程控制系统的逻辑访问权限。同样地，敌对方如果获得对主服务器和控制室计算机的逻辑访问权限，则可以对物理过程进行控制。如果计算机可以被访问，并且有可移动的媒体驱动器（如软盘、光盘、外接硬盘）或 USB 端口，那么驱动器应该配锁，或者可从计算机上禁用或删除 USB 端口。根据安全需求，谨慎的做法应该是禁用或物理保护电源按钮以防未经授权的使用。为了最大限度地保障安全，服务器应放置在锁定区域，并且有身份验证机制（如钥匙）的保护。工业实时操作系统网络中的设备，包括交换机、路由器、网络插孔、服务器、工作站和控制器，应该位于一个安全区域，只能由授权的人员访问。受保护的区域也应该兼容设备的环境要求。

物理安全的深度防御解决方案应包含以下几点：

（1）物理位置保护。

（2）访问控制。

（3）访问监控系统。

（4）访问限制系统。

（5）人员资产跟踪。

（6）环境控制系统

（7）电源。

对控制中心进行物理防护可以减少许多潜在的威胁。控制中心使控制台频繁接入主要的控制服务器，响应速度和对工厂的持续监控是最重要的。这些区域通常包含服务器、其他关键计算机节点，以及一些工厂控制器。要对这些区域进行限制，只允许授权用户访问，使用智能卡、磁卡及生物识别设备进行认证。在极端情况下，还应考虑控制中心是否需要防爆，或者后备一个额外的紧急控制中心，以便在当前控制中心不可用时维持响应的控制。

工业实时操作系统功能计算机及计算机化的设备（如 PLC）不应该被允许带离工业实时操作系统区域。笔记本式计算机、手提工程工作站和手持设备应该被严格保护，并且不能在工业实时操作系统网络之外使用。反病毒程序和补丁应该保持最新。

网络安全计划应该考虑控制网络布线的设计和实施。非屏蔽双绞线通信电缆虽然在办公环境下可以使用，但不适合工厂环境，因为它会受电磁、无线电波、极限温度、湿度变化、灰尘和振动的影响。应该用工业 RJ-45 连接器取代其他种类的双绞线连接器来避免湿度变化、灰尘和振动带来的影响。控制网络最好选择光纤电缆和同轴电缆进行布线，因它们可以免受很多典型的环境干扰，如电、无线射频干扰等一些其他工业控制环境中的干扰。应该安装电缆敷设路径来减少不必要的访问（仅限授权用户），设备应该放在上锁的柜子里，并且有良好的换气和空气过滤条件。

2.4.3　入侵判断

建立入侵预防序列需要遵循以下 4 个步骤：

（1）定义安全目标（如准确的安全策略或需求）。

（2）隐式或显式开发至少一个攻击模块，违反步骤（1）的策略。

（3）进行安全分析和验证来证明提议的安全控制策略可以满足需求，甚至可以反抗步骤（2）中建模的攻击。

（4）对系统进行性能评估，验证安全控制没有对系统行为产生消极影响。

我们可以通过属性来判断是否已经包含上述 4 个步骤。

2.4.4　入侵防御

想要消灭对资产的所有威胁是不现实的，特别是对工业实时操作系统来说，系统生命周期中的动态软硬件变更速度远不及攻击方法和技术的发展。持续地监控系统是非常必要的，这样既可以在危险到来时及时通知负责人，又可以触发（自动）响应来减轻甚至消除故障带来的影响。这也是入侵检测控制的主要目标。

计算机网络的入侵检测至少可以追溯到 20 世纪 80 年代。入侵检测系统（Intrusion Detection System，IDS）通过实时系统收集来的证据快速发现攻击或故障。理想的 IDS 不仅不能让攻击发生而没被检测到，也不能造成“错误肯定”，如攻击没发生就报警。下面将其称为“正确性”，这个领域的许多研究正在进行中。

信息资源可以分为基于网络的和基于主机的两类。主要取决于用来收集证据的传感器是集中在一个主机上还是分布在整个网络的不同节点上。基于主机的 IDS 是独立的，通过检测与局部操作系统的互操作性进行判断，而基于网络的 IDS 则会分析整个网络。

检测技术分为两种，一种是基于签名的 IDS，寻找已知攻击的反应（流量模式、信息内容、带宽假设）；另一种是基于异常检测的 IDS，检测关于期望或正常的系统行为的异常现象。通过自动训练或人工描述可以得到期待的行为。

基于签名的技术需要依据特征信息模式对已知攻击的“签名”进行明确

的定义。这种技术主要有两个缺点：一是获得攻击的准确特征很难，这可能会严重影响检测的效率。这也就意味着合适签名的派生不得不从“乱涂”开始。二是不可能发现新的攻击（0day）。

一些系统的独特性可以被用来导出正规系统行为的满意描述，从而构思开发新一代工业领域 IDS。有很多吸引人的方法，从仅依赖网络流量分析到考虑设备状态的 IDS。我们把这些系统分为两类：状态 IDS 和无状态 IDS。状态 IDS（不要与状态防火墙混淆）利用系统级的信息，无状态 IDS 包括其他所有方法。一般来讲，IDS 的精确度随着系统级信息使用量的增加而提升，因此，在一些先进的技术案例中不仅检测会变得更有效，而且连预防攻击都成为可能。IDS 掌握的攻击者信息逐渐由简单的攻击行为演变到攻击者的目标，这取决于目标系统的特征。

2.5 工业实时操作系统攻击场景

2.5.1 通过现场总线响应延迟漏洞攻击模拟

现场总线是指安装在制造或过程区域的现场装置与控制室内的自动装置之间的数字式、串行、多点通信的数据总线。它是一种工业数据总线，是自动化领域中底层数据通信网络。现场总线发展迅速，目前已开发出 40 多种现场总线。当前在工业控制领域主流的现场总线有 Profibus、Profinet、DeviceNet、EthernetIP、CC-Link、Modbus、EtherCAT 等。

为了支持数字通信，现场总线控制系统中的变送器、执行器等仪表都必须是基于微控制器（单片机）的智能仪表，智能仪表可以直接实现控制，也可以由监控工作站（监控计算机）实现控制，相当于用计算机软件实现了虚拟控制。每个现场仪表上都运行着嵌入式软件。数字化通信和软件的下移，导致攻击目标下移，传统针对以太网的攻击逐渐发展成为针对现场总线网络和现场测控仪表的攻击。

RS-485 因传输媒质成本低（两线）而被广泛使用。现场总线协议 Profibus-DP、MODBUS 等串行链路协议都是基于 RS-485 总线物理层的。基于 RS-485 总线进行的通信是广播方式，连接在 RS-485 总线上的任意一个设备发送数据，可以被连接在同一总线上的所有其他设备接收。MODBUS 等现场总线协议，其应用层协议可同时适用于以太网和 RS-485 总线，以太网和 RS-485 总线之间的连接只需要简单的网关设备。

几乎所有的现场总线协议都是明码通信的。因此，不管是在 RS-485 总线上，还是在以太网上，都有可被攻击者利用的脆弱点。

我们可以通过对 MODBUS 协议会话过程的分析，挖掘回话机制中存在的漏洞。MODBUS 协议会话过程如下：

（1）主节点发送请求，请求数据帧中包括子节点地址，请求被所有子节点接收，但只能由与子节点地址相符的子节点处理接收到的请求数据帧。

（2）主节点发送请求后等待响应。

（3）相应子节点处理请求数据帧后，发送响应数据帧。

（4）主节点接收到响应数据帧后，会话完成，如果主节点等待响应超时仍未接收到响应，则认为会话失败，放弃本次会话。

由于在 RS-485 总线上，任意一个节点发送的数据帧都可以被除这个节点外的所有节点接收到，所以任何一个节点都可以监控 RS-485 总线所有通信数据帧。而主节点并不知道是哪个子节点真正在处理请求数据帧。主节点仅通过是否超时来判断会话是否成功，如果子节点处理请求数据帧的速度较慢，则另一个子节点完全可以伪造响应数据帧结束会话，使得主节点收到错误响应，或者通过干扰 RS-485 总线来阻止主节点收到响应，使得主节点认为超时而放弃会话。

检测响应延迟可以通过下述方法实现：

（1）将两台 PC 连接到同一条 RS-485 总线上，并同时连接现场仪表，一台 PC 作为 MODBUS 的主节点，另一台 PC 和现场仪表都作为 MODBUS 的子节点。

（2）使用 MODBUS 通信测试软件，在作为 MODBUS 的主节点的 PC 上不断发出符合现场仪表通信协议要求的请求。

（3）在作为 MODBUS 的子节点的 PC 上，使用串口监控软件（或 MODBUS 通信监控软件）监控所有数据帧。

（4）如果发现请求数据帧和响应数据帧之间有较长的时间间隔，那就说明这种现场仪表可能引发 MODBUS 协议漏洞。

（5）在作为 MODBUS 的子节点的 PC 上开发并运行攻击程序，接收请求数据帧并快速发送伪造的响应数据帧，检查作为 MODBUS 的主节点的 PC 是否收到了伪造的响应数据帧，如果收到则表示攻击成功，现场仪表存在引发 MODBUS 协议漏洞的可能。

如图 2.13 所示为基于现场总线的测控系统攻击实例。

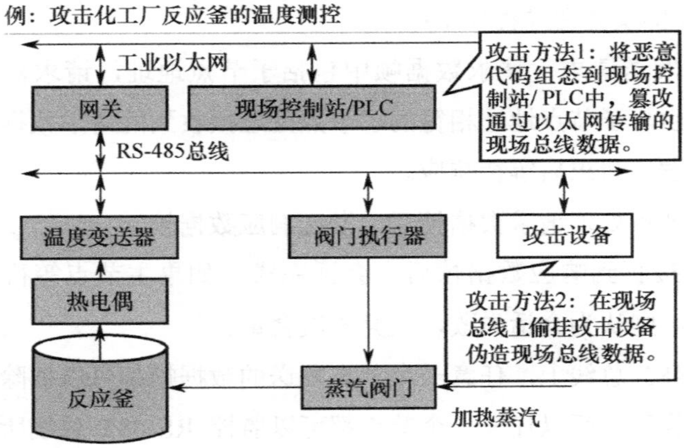

图 2.13　基于现场总线的测控系统攻击实例

攻击演示说明：

（1）在基于 RS-485 总线的现场总线上挂接攻击设备。

（2）截获 RS-485/MODBUS 现场总线请求数据帧。

（3）伪造 RS-485/MODBUS 现场总线响应数据帧。

（4）伪造虚假的反应釜温度。

攻击效果：反应釜无法获得正确的温度测量数据，只能得到一个较低的虚假测量温度，这导致加热蒸汽在反应釜温度已经超标的情况下仍对反应釜持续加热，进而使温度测控失灵。

最终结果：反应釜超温导致冲料、起火甚至爆炸，进而导致人员伤亡和次生灾害（有害化学物质泄漏等）。

除了响应延迟，还可以挖掘协议中的其他漏洞，无论是上位机 HMI 功能软件、现场控制站、PLC 嵌入式软件，还是现场仪表嵌入式软件，都必须处理 MODBUS 协议数据报或数据帧。一般来说，正常的 MODBUS 协议数据报（帧）的处理不会存在问题，但异常数据报（帧）同样可能引发缓冲区溢出等漏洞，可以从不同角度构造异常的 MODBUS 协议数据报（帧），以进行漏洞发现或扫描。例如，不正常的功能码、不正常的地址（如 248-255）、超长数据（最容易引发缓冲区溢出漏洞）、错误的 CRC（循环冗余校验），或者 LRC（纵向冗余校验）。

2.5.2　通过控制以太网交换设备攻击模拟

这里的以太网交换设备主要指工业以太网交换机。工业以太网交换机是应用于工业控制领域的以太网交换机设备，在工业控制领域已经被广泛应用于工业控制自动化、道路交通控制自动化、楼宇自动控制系统、矿井自动控制系统、油田控制自动化、水电站控制自动化、电力系统控制自动化、机房监控系统等。工业以太网交换机采用存储转换交换方式，同时提高以太网通信速度。工业以太网交换机使用的是透明、统一的协议，如 TCP/IP 协议，该协议提供了较好的开放性。但是如果在工业以太网中存在不安全的以太网交换设备，就会对网络中的通信数据进行拦截、篡改等，这将危及整个系统的可靠性及安全性。如图 2.14 所示是一种工业以太网交换机。

图 2.14　一种工业以太网交换机

交换设备在网络中的连接方式一般有菊花链、级联两种。无论采用哪种方式，交换机作为通信系统的核心设备，对网络中的数据拥有很强的操纵能力。

攻击者一般有两种方式在现有的工业控制系统中插入一个具有攻击功能的中继器。

第一种是攻击者获知所要攻击的系统当前采用的交换机或集线器类型，并通过其他渠道获得一个相同的设备，在攻击现场之外完成对特定交换机或集线器的修改。这种修改可以对特定数据包进行拦截或间断拦截、对特定数据包进行非周期性的篡改，甚至可以智能地识别网络数据包的类型，进而采用不同的攻击方式。在获得进入攻击现场的权限之后，直接替换原来的交换机或集线器，以达到攻击的目的。

第二种是攻击者根据特有的工业以太网协议甚至特定的应用，设计具有攻击功能的交换机，然后替换工业控制系统中原来的交换机[9-11]。这些工业以太网协议包括 PROFINET、EtherNet/IP、CIP SYNC、Modbus TCP/IP、EtherCAT Master 等。

第一种攻击方式采用与工业控制系统原交换机相同的设备，在出现故障的时候，管理人员很难发现系统故障的原因。第二种攻击方式采用的设备同样可以进行一些伪装，如使用与所要攻击的工业控制系统相同的外壳来替换原来的设备。若中继器所在的网络可以与互联网连通，则可以为攻击者提供数据窃取功能，攻击者也可以远程登录，在线分析交换机转发的数据包的类型及可以篡改的位置。下面通过对工业以太网 PROFINET 的分析来说明攻击方案。

PROFINET 由 PROFIBUS 国际组织（PROFIBUS International，PI）推出，是新一代基于工业以太网技术的自动化总线标准。PROFINET 为自动化通信领域提供了一个完整的网络解决方案，囊括了诸如实时以太网、运动控制、分布式自动化、故障安全及网络安全等当前自动化领域的热点话题。PROFINET 是适用于不同需求的完整解决方案，其功能包括 8 个主要模块，依次为实时通信、分布式现场设备、运动控制、分布式自动化、网络安装、IT 标准和信息安全、故障安全及过程自动化。根据响应时间的不同，PROFINET 支持下列 3 种通信方式。第一种是实时（RT）通信，主要用于工厂自动化，这类通信没有时间同步要求，一般只要求响应时间为 5～10ms。第二种是等时同步实时（IRT）通信，主要用于有苛刻时间同步要求的场合，如运动控制、电子齿轮。另外还包括一个标准通信通道，标准通信通道是使用 TCP/IP 协议的非实时通信通道，主要用于设备参数化、组态和读取诊断数据。如图 2.15 所示为 PROFINET 通信协议栈。

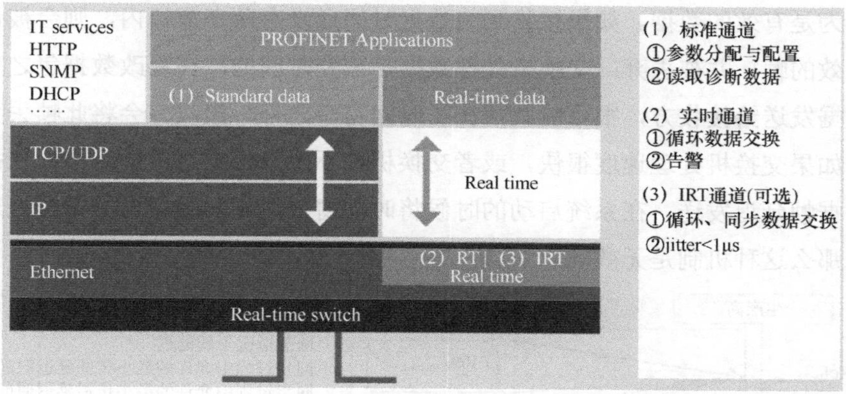

图 2.15　PROFINET 通信协议栈

图 2.16 所示为 PROFINET IRT 帧结构及示例。通过对 PROFINET IRT 帧结构的分析，攻击者篡改数据时主要是对 User data 区域进行修改，这个区域的内容是与实际应用相关的，如在机床系统中，修改了一个伺服目标位置的信息，会造成机床错误的动作，进而造成工件报废、加工失败，严重的话可能还会造成加工设备的损坏。

56 Bit	8 Bit	6 Byte	6 Byte	2 Byte	2 Byte	36…1940 Byte	4 Byte
Preamble	SYNCH	Dest Addr	Src Addr	Ether type	Frame ID	RT.-User data	FCS

```
0000  08 00 06 6b f9 81 08 00 06 6b a5 2d 81 00 c0 00   ...k.....k.-....
0010  88 92 c0 00 00 00 00 00 00 00 00 00 00 00 00 00   ................
0020  00 00 00 00 00 00 00 00 00 00 00 00 00 00 00 00   ................
0030  00 00 00 00 00 00 00 00 00 00 00 00 40 00 25 00   ............@.%.
Destination: 192.168.0.101 (08:00:06:6b:f9:81)
Source: 192.168.0.100 (08:00:06:6b:a5:2d)
Type: 802.1Q Virtual LAN (0x8100)
Type: PROFInet (0x8892)
FrameID: 0xc000 (0xC000-0xFAFF: Real-Time(class=1): Cyclic)
```

图 2.16　PROFINET IRT 帧结构及示例

安全总线中的时间窗机制可以在一定程度上抵御这种随机出现的攻击。安全类型的总线会采用一种时间窗机制。在系统启动的时候，发送方与接收方会进行同步，来预估数据在链路中传输的延迟，得到一个确定的时间窗口。以后所有收到的数据只有在这个固定的时间窗口（见图 2.17）中被接收到，才会被认为是有效的数据。如果接收到的数据时间点没有落在窗口内，则会被认为是无效的帧，并被丢弃。交换机处理数据是需要时间的，在篡改数据包之后再将数据发送给接收方，很可能就落在了时间窗口之外，接收方会将此帧丢弃。但是如果交换机处理速度很快，或者交换机在不进行数据篡改的时候，也故意将数据帧延迟发送，在系统启动的时候将时间窗口后延，预留出一定的处理时间，那么这种机制是无效的。

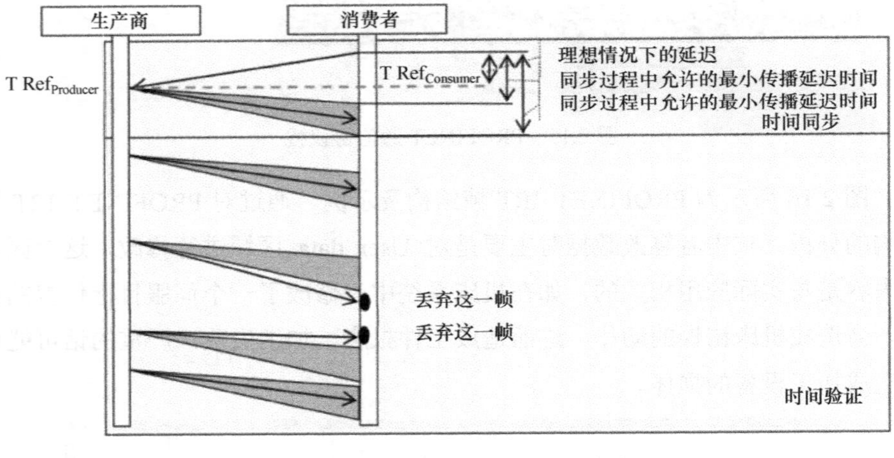

图 2.17　安全总线中的时间窗机制

2.5.3　通过工业控制网络网关攻击

网关（Gateway）又称网间连接器、协议转换器，是多个网络间提供数据转换服务的计算机系统或设备。在使用不同的通信协议、数据格式或语言的系统之间，甚至在体系结构完全不同的两个系统之间，网关就是一个翻译器，对收到的信息重新进行打包，以适应目的系统的需求，同时起到过滤和安全防护的作用。

在工业通信网络中，网关设备主要是指工业以太网、传统的基于 RS-485 的总线、CAN 总线等协议间的协议转换设备。典型的网关设备有 PROFIBUS

转 PROFINET 网关、PROFIBUS 转 Modbus TCP 网关、CAN 转 PROFIBUS 网关等。由于网关设备采用的都是开放的协议，所以在此篡改网络中的数据成为可能。攻击者在设计或恶意修改一个现有的网关设备并将具有攻击功能的网关挂接到系统中后，会给系统的安全带来危害。

包括以太网交换设备及网关设备，除了进行数据篡改或拦截，还可以发起拒绝服务攻击及重播攻击。拒绝服务攻击即攻击者通过发送大量看似合法的请求或数据，占用网络资源或信道容量，使其他正常请求无法得到应有回应而被拒绝的攻击。为了达到更好的攻击效果，攻击端有时候可能采用多个终端。重播攻击是攻击者通过截取或复制网络中传输的信息，在之后的一个特定时间，将已经过期的数据包分组重新发送，引起网络传输错误或网络资源浪费的攻击。

2.5.4　对工业控制无线网络的攻击

无线通信虽然带来了互联网接入的便利，但随之产生了各类应用风险。与有线网络不同，无线局域网中的数据是通过无线电信号在空间中传播的，因此，不能像有线网络那样通过保护通信线路来保证通信安全。无线电通信特殊的辐射性、无线空间传播信道的开放性，导致包括假冒攻击、网络欺骗、信息窃取等多种安全威胁的出现，使网络运营和通信信息的安全性受到很多威胁。需要采取一系列安全保障措施，防止被动攻击和主动攻击。例如，信息被恶意用户截获、欺诈性业务接入等。

无线钓鱼接入点攻击是指攻击者在公共场合架设一个伪装的无线接入点（Access Point，AP），设置与真实 AP 完全相同的服务集标识（Service Set Identifier，SSID），随后对合法 Wi-Fi AP 发动 DoS 攻击，或者创建射频干扰使得无线用户断开连接，并且诱导用户检查可用网络，使得受害者误连冒牌的无线接入点，进一步开展窃取密码等攻击，国外有些学者称之为 Evil Twin 攻击或 Rogue AP。它看上去与合法授权的 AP 一样，甚至具有相同的 SSID，但事实上它是攻击者设置的用来窃听受害者的陷阱。无线钓鱼 AP 被定义为非法 AP，它并不是由工厂的管理者部署的。这种攻击很难被跟踪发现，因为攻击者启动和关闭设备具有突然性和随机性，获取目标持续的时间也很短。攻击者通过部署无线钓鱼 AP 可以发动被动攻击，如侦听敏感通信；攻击者还可以发动主动攻击，如采用“中间人”攻击方式、操纵 DNS 服务器、控制路由器等。这种攻击方法利用的是社会工程学，它并不需要暴力破解便能轻松获取WPA密码。

如图2.18所示为无线钓鱼攻击方法示意。

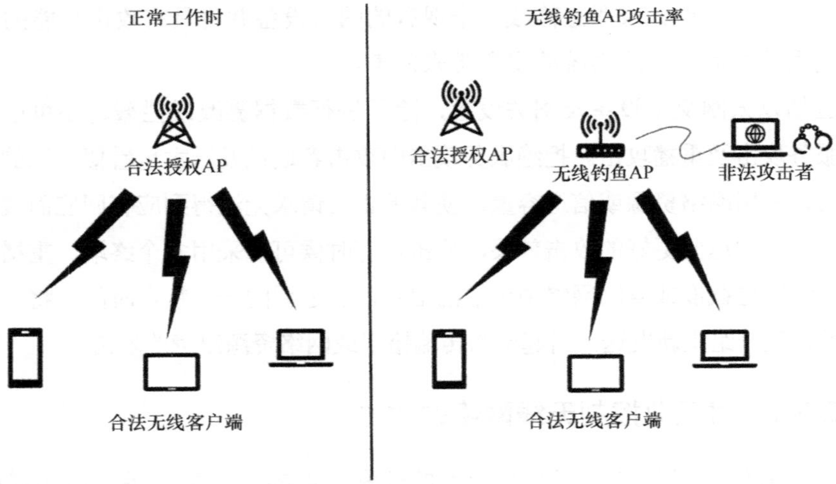

图2.18 无线钓鱼攻击方法示意

2.5.5 Havex——专门针对工业控制系统的新型攻击

2014年6月25日，ICS-CERT发布了题为“ICS Focused Malware”的安全通告——ICS-ALERT-14-176-02，其中通报了一种类似震网病毒的专门针对工业控制系统攻击的恶意代码。安全厂商F-Secure首先发现了这种恶意代码，并将其作为后门命名为W32/Havex.A（简称Havex），F-Secure称它是一种通用的远程访问木马（Remote Access Trojan，RAT）。就像著名的专门设计来破坏伊朗核项目的Stuxnet蠕虫病毒一样，Havex也是被编写用于感染SCADA和工业控制系统中使用的工业控制软件的，它可能有能力禁用水电大坝、使核电站过载，甚至可以做到按一下键盘就能关闭一个国家的电网。

网络攻击者传播Havex的方式有多种，除了利用工具包、钓鱼邮件、垃圾邮件、重定向到受感染的Web网站等传统感染方式，还采用了“水坑式”攻击方式，即通过渗透到目标软件公司的Web站点，并等待目标安装那些合法App感染恶意代码的版本。截至目前，至少发现了3个著名的工业控制系统提供商的Web网站已受到该恶意代码的感染。显然，这些恶意代码的传播技术使得攻击者能够获得工业控制系统的访问权限，并安装相应的恶意代码（后门程序或木马）。在安装过程中，该恶意软件会释放一个名为“mbcheck.dll”的文件，这个文件实际上就是攻击者用作后门的 Havex 恶意代码。

目前发现的 Havex RAT 至少有 88 个变种，研究表明，Havex 及其变种大多利用 OPC 标准，从目标网络和机器获取权限并收集大量数据。具体表现为：该类恶意软件会通过扫描本地网络中那些会对 OPC 请求做出响应的设备，来收集工业控制设备的操作系统信息、窃取存储在开发 Web 浏览器的密码、使用自定义协议实现不同 C&C（命令与控制）服务器之间的通信，然后把这些信息反馈到 C&C 服务器上。同时，近期有研究人员也声称发现了一个 Havex 的新变种，该 Havex 变种具备 OPC 服务器的扫描功能，并可以收集有关联网工业控制设备的信息，发回 C&C 服务器供攻击者分析使用。这表明，虽然 Havex 及其变种最可能是被用作收集工业控制系统情报的工具，但攻击者应该不仅是对这些目标公司的系统信息感兴趣，而且必然会对获取那些目标公司所属的 ICS 或 SCADA 系统的控制权限更感兴趣。Havex 的攻击原理如图 2.19 所示。

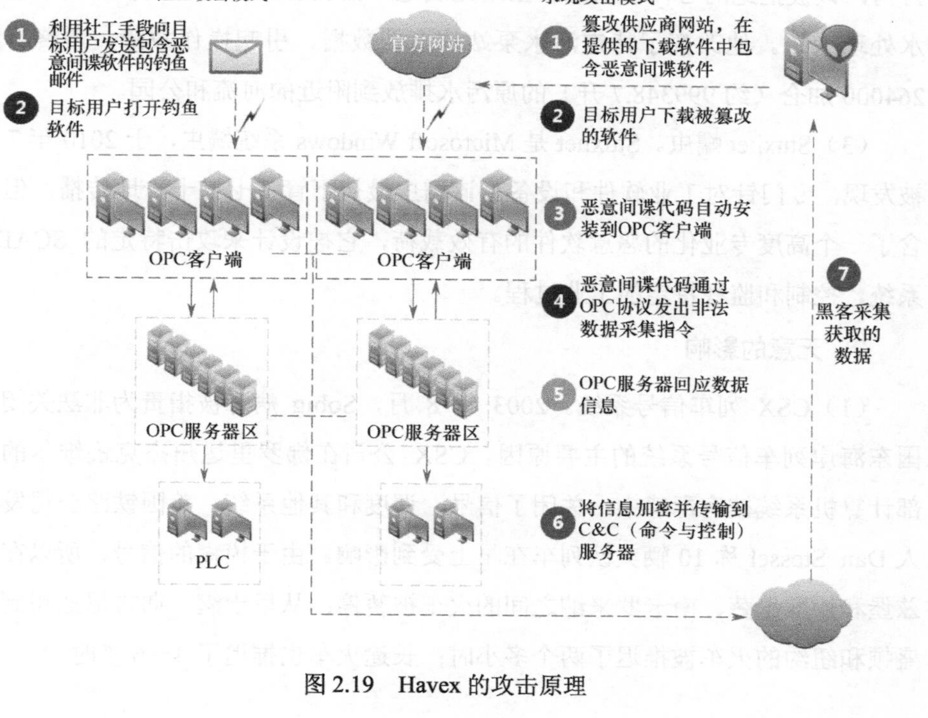

图 2.19　Havex 的攻击原理

2.5.6 其他典型领域场景

工业实时操作系统攻击事件有多种，包括有意的攻击、无意的影响等，以下是一些典型的事件。

1. 有意的攻击

（1）伍斯特空中交通通信。1997 年 3 月，一个少年在马萨诸塞州的伍斯特用一个拨号调制解调器连接到系统，使部分公共交换电话网络停止工作，这一举动摧毁了控制塔、机场安检系统、机场消防部门通信、天气服务和运营商使用机场的电话服务。此外，控制塔的主要广播发射机和另一个激活跑道灯光的发射机被关闭，管控者用来监控飞行情况的打印机也被关闭。该攻击还摧毁了 600 个家庭的电话服务，以及旁边拉特兰郡小镇的商业服务。

（2）Maroochy 夏尔污水泄漏。2000 年春天，一位澳大利亚某开发制造业软件机构的前雇员向当地政府申请了一份工作，但被拒绝了。据报道，在两个月内，该被拒绝的心怀不满的员工用无线电广播发射机多达 46 次攻入远程污水处理系统。他改变了特定污水泵站的电子数据，引起操作故障，最终将约 264000 加仑（约 999348.7 升）的原污水排放到附近的河流和公园。

（3）Stuxnet 蠕虫。Stuxnet 是 Microsoft Windows 系统蠕虫，于 2010 年 7 月被发现，专门针对工业软件和设备。该蠕虫最初不管三七二十一地传播，但包含了一个高度专业化的恶意软件的有效载荷，它被设计来攻击特定的 SCADA 系统，控制和监视特定的工业过程。

2. 无意的影响

（1）CSX 列车信号系统。2003 年 8 月，Sobig 病毒被指责为非法关闭美国东海岸列车信号系统的主要原因。CSX 公司在佛罗里达州杰克逊维尔的总部计算机系统被病毒感染，关闭了信号、调度和其他系统。美国铁路公司发言人 Dan Stessel 称 10 辆美铁列车在早上受到影响。由于模糊的信号，所以在匹兹堡和佛罗伦萨、南卡罗来纳之间的火车被暂停；从里士满、弗吉尼亚州到华盛顿和纽约的火车被推迟了两个多小时；长途火车也推迟了 4～6 小时。

（2）Davis-Besse。2003 年 8 月，美国核管理委员会证实，2003 年 1 月，微软 SQL Server 蠕虫 Slammer 感染了俄亥俄州橡树港 Davis-Besse 核电站的闲置网络，禁用安全监测系统近 5 小时。此外，车间的过程控制计算机不能运行，花了约 6 小时才恢复使用。据说，Slammer 传播之迅速，还感染了至少 5 个其他公用事业，使其控制系统流量被阻塞。

（3）东北电力停电。2003 年 8 月，第一能源公司的 SCADA 系统出现了报警处理器的故障，原因是控制室操作者没有感知到电网的关键操作更改。此外，不完整的拓扑变化的信息阻止了工作人员对意外事故的分析，使得 Midwest Independent System Operator 的状态估计器不能工作，因此，不能进行有效的可靠性监督。俄亥俄州北部的几个关键 345 千伏输电线路因接触树木被绊倒，这最终导致其他的 345 千伏和 138 千伏线路发生级联过载，发生了电网不受控制的级联故障。256 个发电厂的 508 个机组都停止工作了，共计 61800 MW 负荷丢失。

（4）Zotob 蠕虫。2005 年 8 月，一轮互联网蠕虫感染了美国戴姆勒克莱斯勒公司 13 个汽车制造厂，使其脱产近 1 小时，由于感染的 Microsoft Windows 系统是打过补丁的，因此工人陷入困境。伊利诺伊州、印第安纳州、威斯康星州、俄亥俄州、特拉华州、密歇根州的工厂都离线了。Zotob 蠕虫影响的主要是 Windows 2000 系统，也影响了一些早期版本的 Windows XP 系统。症状包括重复关闭并重新启动计算机。Zotob 蠕虫及其变种引起了重型设备制造商卡特彼勒公司、飞机制造商波音公司和几家大型美国新闻机构的计算机故障。

（5）Taum Sauk 蓄水大坝故障。2005 年 12 月，Taum Sauk 蓄水大坝发生灾难性故障，释放了十亿加仑（约 3785411784 升）的水。大坝故障的发生是因为水库水位超出警戒线或过满。当时的理论认为，水库夜间 pump-back 操作在水库水满时没有停止，导致水位超过水库崖径。Ameren U E 称，大坝的仪表与欧扎克湖车间的仪表显示有所不同，这个车间负责远程监控和运营 Taum Sauk 蓄水大坝。各个站点使用微波塔网络连接在一起，并没有操作者在 Taum Sauk 蓄水大坝现场。

（6）华盛顿州贝灵汉输油管道故障。1999 年 6 月，900000 升汽油从 16 个管道泄漏，燃烧 1.5 小时后造成 3 人死亡、8 人受伤，以及大量的财产损失。管道故障的原因是控制系统无法执行控制和监视功能。事件发生之前和期间，SCADA 系统表现出糟糕的性能。

2.6 工业实时操作系统视角下的车联网系统安全性分析

2.6.1 车联网系统安全概述

1．车联网系统安全的基本概念

车联网指借助新一代信息和通信技术，实现车内、车与人、车与车、车与路、车与服务平台的全方位网络连接，提升汽车智能化水平和自动驾驶能力，构建汽车和交通服务的新业态。车联网以“两端一云”为主体，以路基设施为补充，包括智能网联汽车、移动智能终端、车联网服务平台等对象，涉及车—云通信、车—车通信、车—路通信、车—人通信、车内通信 5 个通信场景，如图 2.20 所示。

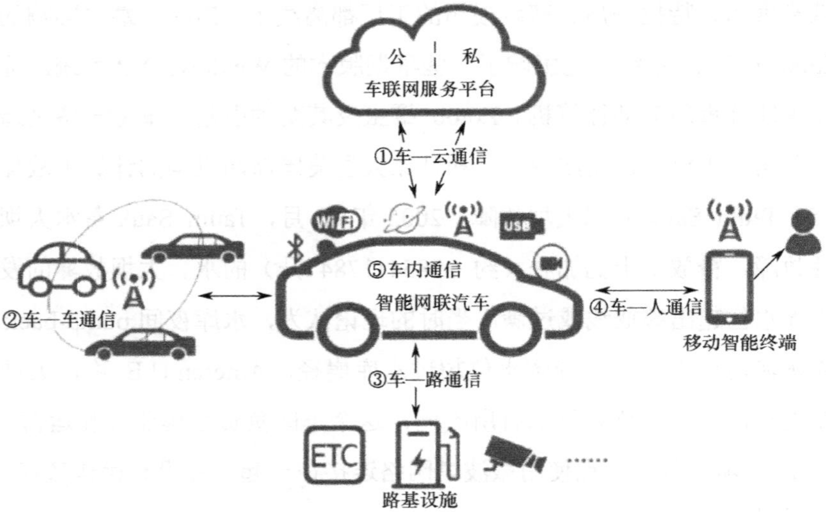

图 2.20　车联网应用场景

2. 车联网的相关国家政策

2015 年 7 月，国务院出台《国务院关于积极推进“互联网+”行动的指导意见》，提出推广船联网、车联网等智能化技术应用，形成更加完善的交通运输感知体系；加快车联网等细分领域的标准化工作等。

2016 年 6 月，工业和信息化部印发了《车联网创新发展工作方案》，提出了我国车联网各时期发展目标、重点任务和政策措施；重点聚焦共性关键技术、标准、基础条件建设、平台实验验证建设、应用推广、网络信息安全等领域。

2016 年 8 月，国家发展和改革委员会、交通运输部印发了《推进“互联网+”便捷交通 促进智能交通发展的实施方案》，提出加快车联网、船联网建设，发展车联网和自动驾驶技术，构建国家级车联网无线技术验证平台等，以推动构建下一代交通信息基础网络。

3. 车联网产业标准体系建设

智能网联汽车标准体系如图 2.21 所示。

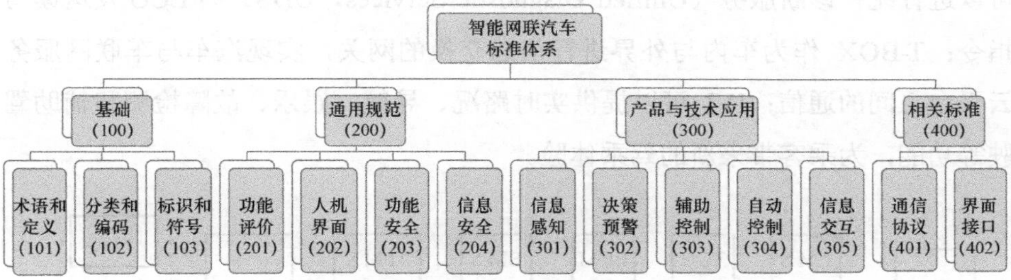

图 2.21 智能网联汽车标准体系

功能安全标准侧重于规范智能网联汽车各主要功能节点及其下属系统在安全保障能力方面的要求，其主要目的是确保智能网联汽车整体及子系统功能运行的可靠性，并在系统部分或全部失效后仍能最大限度地保证车辆运行安全。

信息安全标准在遵从信息安全通用要求的基础上，以保障车辆安全、稳定、可靠运行为核心，主要针对车辆及车载系统通信、数据、软硬件安全，从整车、系统、关键节点，以及车辆与外界接口等方面提出风险评估、安全防护与测试评价要求，防范对车辆的攻击、侵入、干扰、破坏、非法使用，以及意外事故。

2.6.2 工业实时操作系统视角下的车联网

从防护对象来看，车联网的工业实时操作系统安全应重点关注智能网联汽车系统安全、智能硬件安全、通信协议安全。同时，数据安全和隐私保护应贯穿于车联网的各个环节，也是车联网工业实时操作系统安全的重要内容。

工业实时操作系统安全视角下的车联网如图 2.22 所示。主要以各电子控制单元（Electronic Control Unit，ECU）、车载诊断（On-Board Diagnostic，OBD）接口、T-BOX、车内总线协议，以及车载综合信息系统（In-Vehicle Infotainment，IVI）等的安全风险为主。车内网络一般是基于总线的通信，包括 CAN 总线、LIN 总线等；ECU 相当于汽车各个系统的大脑，控制着发动机、变速箱、车灯等部件的运行，通过与车内总线相连，各 ECU 之间进行信息传递；OBD 接口是外接设备与车内总线进行通信的入口，通过 OBD 接口，可以进行统一诊断服务（Unified Diagnostic Services，UDS）向 ECU 发送读写指令；T-BOX 作为车内与外界进行信息交换的网关，实现汽车与车联网服务云平台之间的通信；IVI 可以提供实时路况、导航、娱乐、故障检测和辅助驾驶等功能，为乘客带来新的驾乘体验。

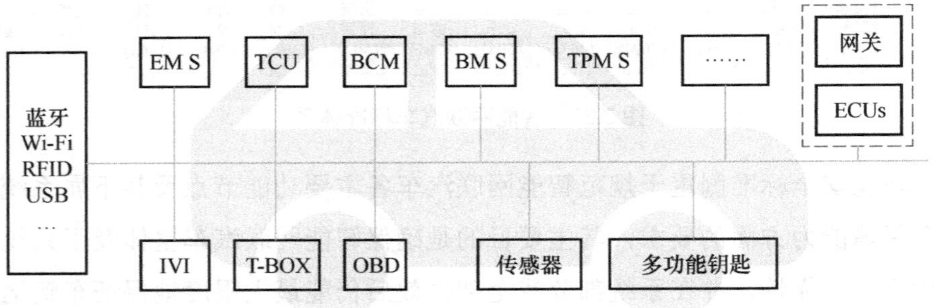

图 2.22　工业实时操作系统安全视角下的车联网

工业实时操作系统视角下的车联网安全包括芯片安全、外围接口安全、传感器安全、车钥匙安全、车载操作系统安全、车载中间件安全和车载应用软件安全。其中，芯片安全涉及电子控制单元 ECU、车载操作系统等的芯片安全；外围接口安全包括车载通信模块 T-BOX、OBD 接口等的安全；传感器安全包括摄像头和雷达等的传感器安全。

1．T-BOX 是逆向分析和网络攻击的重要对象

T-BOX 是车载智能终端，主要用于车与车联网服务平台之间通信。一方面，T-BOX 可与 CAN 总线通信，实现指令和信息的传递；另一方面，其内置调制解调器，可通过数据网络、语音、短信等与车联网服务平台交互，是车内外信息交互的纽带。表 2.2 所示为 T-BOX 主要面临的安全威胁。

表 2.2　T-BOX 主要面临的安全威胁

序　号	攻击方式	攻击手段
1	固件逆向	攻击者通过逆向分析 T-BOX 固件，获取加密算法和密钥，解密通信协议，来窃听或伪造指令
2	信息窃取	攻击者通过 T-BOX 预留调试接口读取内部数据来进行攻击分析，或者通过对通信端口的数据抓包，获取用户通信数据

2．CAN 总线是攻击防护的底线

CAN 总线是由德国博世公司研发的，遵循 ISO 11898 及 ISO 11519，已成为汽车控制系统标准总线。CAN 总线相当于汽车的神经网络，连接车内各控制系统，其通信采用广播机制，各连接部件均可收发控制消息，通信效率高，可确保通信实时性。表 2.3 所示为 CAN 总线面临的安全风险。

表 2.3　CAN 总线面临的安全风险

序　号	风　险
1	通信缺乏加密和访问控制机制，被攻击者逆向分析总线通信协议，得出汽车控制指令，用于伪造指令
2	通信缺乏认证及消息校验机制，不能对攻击者伪造、篡改的异常消息进行识别和预警

3．OBD 接口连接汽车内外，外接设备成为攻击源

OBD 接口是车载诊断系统接口，是智能网联汽车外部设备接入 CAN 总线的重要接口，可下发诊断指令与总线进行交互，进行车辆故障诊断、控制指令的收发。表 2.4 所示为 OBD 接口和 CAN 总线的 3 种安全级别的交互模式。

表 2.4 OBD 接口和 CAN 总线的 3 种安全级别的交互模式

序 号	交 互 模 式	风 险 分 级
1	OBD 接口设备对 CAN 总线数据可读、可写	最大
2	OBD 接口设备对 CAN 总线可读、不可写	小
3	OBD 接口设备对 CAN 总线可读，但读取时需遵循特定协议规范且无法修改 ECU 数据	小

表 2.5 所示为 OBD 接口面临的 3 类安全风险。

表 2.5 OBD 接口面临的 3 类安全风险

序 号	交 互 模 式	风 险 分 级
1	攻击者借助 OBD 接口，破解总线控制协议，解析 ECU 控制指令，为后续攻击提供帮助	小
2	OBD 接口接入的设备可能存在攻击代码，接入后容易将安全风险引入汽车总线网络中，给汽车总线控制带来威胁	中
3	OBD 接口没有鉴权与认证机制，无法识别恶意消息和攻击报文。目前较多接触式攻击均通过 OBD 接口实施	最大

2016 年，在 BlackHat 大会上，查理·米勒和克里斯·瓦拉塞克演示了通过 OBD 接口设备攻击汽车 CAN 总线，干扰汽车驾驶的过程。此外，OBD 接口设备还可采集总线数据、伪造 ECU 控制信息，造成 TCU 自动变速箱控制单元等系统故障。

4．ECU 事关车辆行驶安全，芯片漏洞及固件漏洞是主要隐患

ECU 是汽车微机控制器，也被称为“汽车的大脑”，它和普通的计算机一样，由微处理器（CPU）、存储器（ROM、RAM）等部件组成。ECU 的微处理器芯片是最主要的运算单元，其核心技术掌握在英飞凌、飞思卡尔、恩智浦、瑞萨等外资企业手中，技术架构存在一定差异。目前，汽车上的 ECU 数量众多，可达几十至上百个，类型包括 EMS 发动机管理系统、TCU 自动变速箱控制单元、BCM 车身控制模块、ESP 车身电子稳定系统、BMS 电池管理系统、TPMS 轮胎压力监测系统等。随着汽车技术的发展和功能的增加，汽车上 ECU 的数量逐年增加。

ECU 作为微处理器，主要面临如下安全威胁：一是 ECU 芯片本身可能存

在设计漏洞，以及认证、鉴权风险，如第一代 iPhone3GS 就曾经存在硬件漏洞，可用于“越狱提权”且无法进行软件修复；二是 ECU 固件应用程序可能存在安全漏洞，导致代码执行或拒绝服务，2015 年通用汽车 ECU 软件模块就被曝出存在 memcpy()缓冲区溢出漏洞；三是 ECU 更新程序可能缺乏签名和校验机制，导致系统固件被改写、系统逻辑被修改或预留系统后门，如美国发生过攻击者利用 ECU 调试权限修改固件程序，解锁盗窃车辆的案例。

5. 车载操作系统基于传统 IT 操作系统，面临已知漏洞威胁

车载操作系统是管理和控制车载硬件与车载软件资源的程序系统，目前主要有 WinCE、QNX、Linux、Android 等。其中，QNX 是第一个符合 ISO 26262ASILD 规范的类 Unix 实时操作系统，占据较大的市场份额。

车载操作系统面临如下传统网络安全威胁：一是系统继承自传统操作系统，代码迁移中可能附带移植已知漏洞，如 WinCE、Unix、Linux、Android 等均出现过内核提权、缓冲区溢出等漏洞，现有车载操作系统升级较少，也存在类似系统漏洞风险；二是系统存在被攻击者安装恶意应用的风险，可能影响系统功能，用户数据有被窃取的风险；三是车载操作系统组件及应用可能存在安全漏洞，如库文件、Web 程序、FTP 程序可能存在代码执行漏洞，导致车载操作系统遭到连带攻击。

6. IVI 功能复杂，可被攻击的面广，面临软硬件攻击风险

IVI 车载信息娱乐系统是采用车载芯片，基于车身总线系统和互联网形成的车载综合信息处理系统，通常具备辅助驾驶、故障检测、车辆信息采集、车身控制、移动办公、无线通信等功能，并可与车联网服务平台交互。IVI 附属功能众多，常包括蓝牙、Wi-Fi 热点、USB 等功能，可被攻击的概率大、面临的风险多。

IVI 面临的主要风险包括软硬件攻击两个方面。一是攻击者可通过软件升级的方式，在升级期间获得访问权限进入目标系统；二是攻击者可拆解 IVI 的众多硬件接口，包括内部总线、无线访问模块、其他适配接口（如 USB）等，通过对车载电路进行窃听、逆向分析等获取 IVI 系统内信息，进而采取更多攻击。

7．OTA 将成主流功能，也成为潜在攻击渠道

远程升级（Over-The-Air，OTA）指通过云端升级技术，为具有联网功能的设备以按需、易扩展的方式获取系统升级包，并通过 OTA 进行云端升级，完成系统修复和优化的功能。远程升级有助于整车厂商快速修复安全漏洞和软件故障，成为车联网的必备功能。其面临的主要威胁包括：一是攻击者可能利用固件校验、签名漏洞，侵入并篡改固件，如 2015 年，查理·米勒和克里斯·瓦拉塞克攻击 JeepCherokee 车联网系统时，就利用了瑞萨 V850ES 芯片固件更新没有签名的漏洞，侵入并自制固件，进而控制汽车；二是攻击者可能阻断远程更新的获取，阻止厂商修复安全漏洞。

8．传感器是辅助驾驶的基础，面临干扰和拒绝服务攻击风险

辅助驾驶需要传感器采集周边环境数据，并进行计算分析，为汽车自动驾驶、紧急制动等功能服务。

目前，传感器主要包括超声波雷达、毫米波雷达和摄像头等信息采集设备中所用的传感器。其中，超声波雷达频率低，主要对近距离干扰源进行探测；毫米波雷达探测距离可达 50～150 米。从安全风险来看，超声波雷达面临外来信源欺骗攻击，易受相同波长的信号干扰，识别出不存在的障碍物，干扰或直接影响行车安全；毫米波雷达可能面临噪声攻击而无法检测障碍物，使传感器停止工作；高清摄像头存在强光或红外线照射致盲的风险，进而影响行车安全或干扰自动驾驶汽车的整车控制。目前，360 公司已多次在安全大会上演示通过信号干扰、强光致盲等干扰雷达和摄像头工作，进而影响汽车的正常行驶的场景。

9．多功能汽车钥匙流行，信号中继及算法破解面临威胁较大

车钥匙目前大多采用无线信号和蓝牙技术。当前面临的威胁：一是攻击者通过信号中继或信号重放的方式，窃取用户无线钥匙信号，并发送给智能汽车，进而欺骗车辆开锁，如新西兰的奥克兰发生过攻击者使用黑客工具 RollJam 截取车主钥匙信号，盗窃车辆的案例；二是寻找汽车钥匙解决方案漏洞，进行攻击，如 HCS 滚码芯片和 keeloq 算法曾被曝出安全漏洞，对满足特定条件的信号，汽车会永久判断验证成功并开锁。

2.7 本章参考文献

[1] WINOGRAD T, SCARFONE K A. SP 800-28. Guidelines on Active Content and Mobile Code[J]. NIST, 2001.

[2] STONEBURNER G, GOGUEN A, FERINGA A. SP 800-30. Risk Management Guide for Information Technology Systems[J]. NIST, 2002.

[3] 胡毅，于东，郭锐锋，等. 数控总线的消息安全通信方法[J]. 机械工程学报，2011，47(5): 134-142.

[4] 岳东峰，于东，高甜容，等. 基于数控双环现场总线的安全通信方法[J]. 计算机集成制造系统, 2011, 17(5): 1032-1039.

[5] 徐慧芳. 面向控制器的 DNC 系统的设计与实现[D]. 沈阳：中国科学院沈阳计算技术研究所, 2007.

[6] 信息安全管理体系要求. ISO/IEC 27001[S]. 2005.

[7] Security for Industrial Automation and Control Systems Part 1: Termi-nology, Concepts, Models. ANSI/ISA 99.00.01-2007[S]. 2007.

[8] SP 800-53 rev. 3. Recommended Security Controls for Federal Information Systems and Organizations[J]. NIST, 2010.

[9] 钱敏，汪一鸣. T4 快速以太网 HUB 数据转发器设计及 FPGA 实现[J]. 电路与系统学报, 2008, 12(6): 119-123.

[10] 刘洋. 通用工业交换机设计[D]. 重庆：重庆大学，2010.

[11] 王欣. 支持 IEEE1588 工业以太网交换机的设计与实现[D]. 哈尔滨：哈尔滨理工大学, 2013.

第 3 章　工业实时操作系统低功耗调度算法

3.1　相关研究概述

随着处理器制造工艺的不断进步，处理器的性能不断提高，但能耗问题也日益凸显，嵌入式实时系统的低功耗设计逐渐成为重要的问题[1]。为减少因泄漏电流产生的静态能耗，可使用动态电源管理技术让处理器进入睡眠状态，从而降低处理器静态能耗。在降低处理器的静态功耗方面，文献[1]中根据处理器不同状态的能耗变化，在处理器空闲时将其转入睡眠状态，实现了降低静态功耗的目的。在周期任务调度方面，文献[2]中将动态电压调节技术和实时调度算法结合起来，实现降低系统功耗的目的。文献[1-3]中提出根据任务运行状态的负载情况，利用 DVS 技术动态调整处理器频率，以降低处理器动态功耗。利用 DPM 技术将处理器外围组件的工作模式切换为休眠模式，在系统任务实时性约束下选择最优的运行状态，在较低的工作电压下，节能效果显著。LA-EDF 算法是用于调度周期性任务的节能调度算法[4]，该算法在保证每个就绪任务都满足截止时间的同时，对就绪任务进行预测，预估任务执行所需时间，通过延迟执行任务可以尽可能地降低处理器速度。但是这种算法没有考虑静态功耗和状态转换开销。

工业实时操作系统中周期任务执行的特点是任务周期有一个固定执行频率，而非随机[1]，当硬工业实时操作系统中有非周期任务时，系统调度难度将会增加，为了方便对硬工业实时操作系统进行调度，可将非周期任务作为硬工业实时操作系统中一种零星任务进行调度。零星任务释放时间存在随机性，因此系统调度起来相比周期任务更复杂[2]。文献[5-8]在传统实时调度算法中考虑加入 DVS 技术，在保证任务调度实时性的同时，降低了处理器功耗。

在调度零星任务节能方面，文献[9-11]进行了研究。文献[9]中给出了一种调度零星任务算法（DVSST），在硬工业实时操作系统中采用 EDF 调度策略，追踪所有处于活动状态的零星任务利用率，动态地更新处理器运行速度。文献[10]基于文献[9]提出了 CC-DVSST 算法。该算法在任务完成时动态更新处理器速度。相比 DVSST 算法，进一步降低了系统功耗。此外，文献[12]在文献[9]和[10]的基础上，进一步提出了基于静态优先级的调度算法（SSTLPSA），该算法引入关键速度的概念并将其作为任务调度的最低速度，同时采用 EDF 调度策略，提出了一种基于动态优先级的偶发任务低功耗调度算法（DSTLPSA）。

在降低系统总功耗方面，有两种策略：第一种是传统 DVS 调度策略，第二种是引入关键速度的 DVS 调度策略。前一种通过降低处理器电压来降低动态功耗。降低处理器电压或频率虽然可以降低系统功耗，但是任务的执行时间会延长，系统的静态功耗反而会增加。因此，这种策略在平衡动态功耗和静态功耗方面存在矛盾。后一种通过关键速度降低系统功耗，规定处理器运行的最小速度不得低于关键速度。然而，关键速度需要处理器执行任务的速度高于实际需要的速度，这会产生更多的空闲时间，增加了系统的静态功耗。目前，已存在的算法为了降低这些空闲时间的静态功耗，使用 DPM 技术来处理空闲时间的功耗。DPM 技术根据空闲时间的长短，决定处理器是否进入休眠状态。

在选择传统 DVS 调度策略和引入关键速度的 DVS 调度策略之间的最低边界问题方面的探究还存在不足。研究发现，引入关键速度的 DVS 调度策略在降低系统功耗上并不是最优的选择，在这两种策略中有一个平衡因子，当系统速度低于关键速度时，这个平衡因子可用于决策系统是否采用关键速度或按照当前低于关键速度的速度来调度任务[13]。

3.2　引入关键速度的 LA-EDF-CRITICAL 算法

3.2.1　任务模型

任务模型为由 n 个周期任务组成的任务集 $T=\{T_1,T_2,\cdots,T_n\}$， P_i 是 T_i 的周期，任务相对截止时间等于其周期。 r_i 和 d_i 分别是任务 T_i 的到达时间和截止时间。$T_{i,j}$ 表示 T_i 的第 j 次调用。在可变电压或频率下，C_i 是任务 T_i 在最大频率下所需的处理器时钟周期数。ACET 为平均执行时间，WCET 为最坏执行时间。在速度 S 下，任务 T_i 的执行时间为 $t_i = \dfrac{C_i}{S}$。任务总的负载为 $U = \sum_{i=1}^{n} \dfrac{C_i}{P_i}$，采用 EDF 调度策略调度周期性任务的充要条件是 $U \leqslant 1$。

根据文献[12]，支持 DVS 的处理器功耗包括 3 个部分：静态功耗 P_s、与速度无关的功耗 P_{ind} 和与速度相关的功耗 P_{dep}。P_{ind} 主要来自与处理器速度无关的设备消耗的功耗，P_{dep} 主要来自动态功耗。处理器以速度 S 运行的动态功耗 P_{dep} 由式（3-1）表示：

$$P_{\text{dep}} = \alpha \cdot S^3 \tag{3-1}$$

系统功耗如式（3-2）所示[12]：

$$P = P_s + h(P_{\text{ind}} + P_{\text{dep}}) = \alpha \cdot S^3 + \beta + P_s \ (\alpha > 0, \beta \geqslant 0) \tag{3-2}$$

处理器存在 3 种状态：工作状态、空闲状态和休眠状态。处理器以速度 S 执行一个时钟周期的功耗为 $P(S)/S = P_{\text{dep}}(S)/S + P_{\text{ind}}(S)/S$，该函数满足凸函数的特性，这里可通过求导确定 $P(S)/S$ 的最小值，即关键速度 S_{crit}，可以由式（3-3）给出：

$$S_{\text{crit}} = \sqrt[3]{\frac{P_{\text{ind}}}{2C_{\text{ef}}}} \tag{3-3}$$

将 t_{sw} 定义为处理器从休眠状态切换到工作状态的时间开销，E_{xw} 为其对应的能量开销。当系统处于空闲状态时，处理器以最低的速度保持运行。P_{idle} 为处于空闲状态时处理器的功耗，且 $P_{\text{idle}} \geqslant P(S_{\text{crit}})$，$t_\theta$ 表示在处理器空闲状态功耗下产生的最短空闲时间。t_θ 的长短由空闲状态的功耗和处理器状态转换开销决定，可设 $t_\theta = E_{\text{xw}} / P_{\text{idle}}$ [12]。

3.2.2 引入关键速度的 LA-EDF-CRITICAL 算法介绍

在周期任务处理器模型下，Pillai 等人已经证明了 LA-EDF 算法的能耗最小。但是，LA-EDF 算法假设没有考虑静态能耗和处理器状态转换的能耗开销，因此在不可忽略状态转换开销的系统中不再适用。下面通过证明分析该算法的局限性。

定理 3.1　LA-EDF 算法调度任务集 T，保持处理器正常工作的最小能耗须满足：当 $U=\sum_{T_i\in T}^{n}\frac{C_i}{P_i}$，$U\geqslant S_{\text{crit}}$ 时，处理器以 U 为速度，可以调度任务集 T 中所有任务；当 $U\leqslant S_{\text{crit}}$ 时，最佳节能执行速度从关键速度 S_{crit} 或 U 中确定。

证明：证明过程参见文献[14]。

由以上分析可知，在考虑静态能耗的情况下，LA-EDF 算法可以被进一步优化，本节所提出的 LA-EDF-CRITICAL 算法通过引入关键速度可获得最佳系统能耗。

LA-EDF-CRITICAL 算法将调度任务的执行时间划分为两个阶段，即离线阶段和在线阶段。第一阶段采用计算的关键速度来调度任务。第二阶段在满足任务实时性的前提下，通过延迟函数为每个任务计算能接受的最大延迟速度，若该速度大于关键速度，则按照原速度执行，否则任务按照关键速度执行。当出现空闲时间时，通过比较空闲时间的长短，决定处理器进入空闲状态还是休眠状态，LA-EDF-CRITICAL 算法伪代码如图 3.1 所示。

LA-EDF-CRITICAL 算法：

1. 在 $t=0$ 时刻，所有任务同时释放，计算离线状态的关键速度 S_{crit}
2. 每当新任务 T_i 到达时，设置 $C_{\text{left}_i}=C_i$
3. 当有任务完成，设置 $C_{\text{left}_i}=0$，如果有新任务达到，选择要执行的任务，设置运行速度 $S_i=\text{defer}()$，若 $S_i<S_{\text{crit}}$，则 $S_i=S_{\text{crit}}$。如果没有新任务到达，计算任务的空闲时间 t_{idle}。
4. 任务 T_x 在时刻 t 被调度，减少 C_{left_i}。
5. 如果 $t_{\text{idle}}>t_\theta$，利用 DPM 技术让处理器进入休眠状态，否则处理器以关键速度 S_{crit} 运行。

图 3.1　LA-EDF-CRITICAL 算法伪代码

如图 3.2 所示为 defer()算法伪代码。

```
defer()：
{
U = C1/P1 + ··· + Cn/Pn；
S = 0；
```

图 3.2　defer()算法伪代码

```
For i=1 to n, T_i ∈ {T_1,···T_n | P_1 ≥ ··· ≥ |P_n} //任务集按照截止时间逆序排列
{
    U = U − C_i / P_i ;
    x = max(0, C_left_i − (1−U)(P_i − P_n)) ;
    U = U + (C_left_i − x) / (P_i − P_n) ;
    S = S + x ;
}
Select_frequency (S / (P_n − current_time)) ;
}
Select_frequency(x)
{
选择最低的速度 S, f_i ∈ {f_1,··· f_m | f_1 < ··· < f_m} ;
S ≤ f_i / f_m ;
}
```

图 3.2 defer()算法伪代码（续）

3.2.3 实验与分析

实验通过对比两种算法的性能，来验证所提算法的节能效果。将每个任务集的任务能耗进行归一化处理，归一化后的能耗值在区间 $(0,1]$。实验用 C 语言开发一个任务调度模拟器。每个测试任务集包含 5 个周期性任务。任务的周期 P 在[10,100]中随机产生。在最坏的情况下，任务的执行时间 WCET 在 $[1,P]$ 中产生，真实的执行时间通过调节 $\dfrac{\text{WCET}}{\text{ACET}}$ 的比值来选择，都服从均值为 $\dfrac{\text{WCET}+\text{ACET}}{2}$、标准差为 $\dfrac{\text{WCET}-\text{ACET}}{6}$ 的概率分布函数。这样的选择可以确保 99.7% 的执行时间在区间[ACET, WCET]内，将 100000 个时间片作为每次实验的时间。任务集每次运行 100 次，将 100 次仿真结果的能耗平均值作为实验结果。采用的处理器是 Intel 公司的 XScale 处理器。根据文献[12]，该处理器功耗模型近似为 $P = 0.08 + 1.52 \cdot S^3$，关键速度大小为 0.297，空闲状态下的功耗为 0.08W，状态转换开销 $E_{\text{sw}} = 0.8\text{mJ}$，对应的时间开销 t_θ 为 10ms。

图 3.3（a）设置负载为 0.5，$\dfrac{\text{WCET}}{\text{ACET}}$ 从 1 增加到 10，每次增加 1。实验结果显示，LA-EDF-CRITICAL 算法的节能效果始终比 LA-EDF 算法的好。

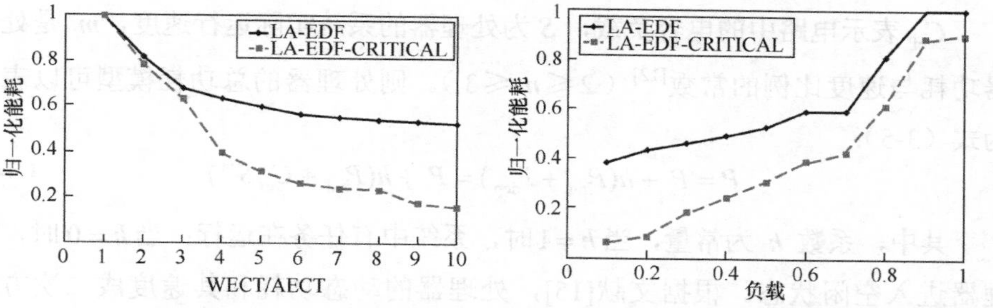

(a) 负载 = 0.5 WCET/BCET对能耗的影响　　(b) WCET/BCET = 5负载对任务集能耗的影响

图 3.3　负载和 WCET/BCET 对任务集能耗的影响

从图 3.3（b）可以看出，在 WCET/BCET 确定的情况下，随着负载的增大，LA-EDF 算法和 LA-EDF-CRITICAL 算法的平均能耗都在增加。相比 LA-EDF 算法，LA-EDF-CRITICAL 算法节约能耗 18.06%。因此，LA-EDF-CRITICAL 算法比 LA-EDF 算法具有更好的节能效果。

3.3　面向硬实时系统的零星任务低功耗调度算法

3.3.1　任务模型

考虑一个由 n 个相互独立的零星任务组成的任务集 $T=\{T_1,T_2,\cdots,T_n\}$，将任务 T_i 的周期表示为 P_i，任务 T_i 在最坏情况下的任务完成所需时钟周期数表示为 C_i。任务 T_i 的实际执行时间表示为 A_i，任务 T_i 的到达时间表示为 r_i，相对截止时间表示为 d_i，其中，$d_i=P_i$。$T_{i,j}$ 表示任务 T_i 的第 j 次执行实例，$U_{\text{tot}}=\sum_{i=1}^{n}\frac{C_i}{P_i}$ 表示处理器在最高运行速度下任务集合的总负载。

对处理器的频率实行归一化处理，假设处理器 S 可以在区间 $[S_{\min},1]$ 任意连续调节，并且对任务的运行速度和执行时间进行线性处理，即 T_i 在 S 下的运行时间为 C_i/S。

DVS 处理器的功耗包括 3 个部分[12]：静态功耗 P_S，与处理器速度无关的设备所消耗的功耗 P_{ind}，以及和速度 S 成比例的动态功耗 P_{dep}。处理器以速度 S 运行的动态功耗 P_{dep} 表示为式（3-4）[12]：

$$P_{\text{dep}}=C_{\text{ef}}\cdot S^m \tag{3-4}$$

C_{ef} 表示电路中的电容负载，S 为处理器的系统实际运行速度，m 是处理器功耗与速度比例的常数[12]（$2 \leqslant m \leqslant 3$）。则处理器的总功耗模型可以表示为式（3-5）：

$$P = P_s + h(P_{\text{ind}} + P_{\text{dep}}) = P_s + h(P_{\text{ind}} + C_{\text{ef}} S^m) \tag{3-5}$$

其中，系数 h 为常量，当 $h=1$ 时，系统中有任务在运行；当 $h=0$ 时，处理器进入空闲状态。根据文献[15]，处理器的动态功耗和其速度成二次方关系，动态功耗随速度降低而大幅度降低。但是，处理器速度较低会引起任务实际执行时间的延长，反而增加静态功耗，同时导致任务错过其截止时间。为保证系统总功耗最低，文献[73]综合考虑系统动态功耗和静态功耗得出任务运行的最低速度，在本书中，任务运行的最低速度为关键速度 S_{crit}，如式（3-6）所示。

$$S_{\text{crit}} = \sqrt[3]{\frac{P_{\text{ind}}}{2C_{\text{ef}}}} \tag{3-6}$$

3.3.2 研究动机

文献[9]利用 DVSST 算法对零星任务采用 EDF 调度策略，同时引入参数 α 来动态在线更新处理器速度。为使所有任务的实时性得到保障，DVSST 算法按照 C_i 调度任务，而不是任务实际执行时间，这会让任务提前完成，之后剩余的空闲时间得不到有效利用。文献[10]在 DVSST 算法的基础上拓展出一种动态更新处理器利用率的 CC-DVSST 算法，该算法规定每个任务按照最坏执行时间执行，如果任务提前完成执行，CC-DVSST 算法将高优先级任务产生的空闲时间分配给下一个任务，重新计算任务执行的速度。因此，CC-DVSST 算法可以比 DVSST 算法获得更好的节能效果。但 CC-DVSST 算法忽略了这样一个事实，一个任务执行完成后的一段时间内如果没有新的任务到达，那么该如何确定处理器速度。为了更形象地说明该算法的过程，我们通过一个实例来阐述。考虑由 3 个零星任务组成的任务集 T，每个任务的参数如下：$P_1=4$，$C_1=1$，$A_1=0.5$；$P_2=5$，$C_2=1$，$A_1=0.5$；$P_3=8$，$C_3=3$，$A_3=2$。任务 T_1 的到达时间为：0、4、10、17；任务 T_2 的到达时间为：0、6、11；任务 T_3 的到达时间为：8、18。根据文献[9]中的 DVSST 算法调度任务集 T，其结果如图 3.4（a）所示。当 $t=0\text{ms}$ 时，任务 $T_{1,1}$ 和 $T_{2,1}$ 被释放，处理器负载为 $U=1/4+1/5=0.45$。按照 EDF 调度策略，$T_{1,1}$ 先执行，$t=2.22\text{ms}$

时，$T_{1,1}$ 完成执行。当 $t = 2.22\text{ms}$ 时，任务 $T_{2,1}$ 开始被调度，执行速度为 0.45，$t = 4.44\text{ms}$ 时完成执行。当 $t = 4\text{ms}$ 时，任务 $T_{1,2}$ 到达，由于处理器被 $T_{2,1}$ 抢占，故当 $t = 4.44\text{ms}$ 时，$T_{1,2}$ 开始执行。$t = 5\text{ms}$ 时，任务 $T_{2,1}$ 时限超过 $r_{2,1} + p_{2,1}$，此时需要更新任务负载，将处理器速度更新为 0.25，当 $t = 6\text{ms}$ 时，$T_{2,2}$ 到达，处理器速度更新为 0.45。$t = 7.13\text{ms}$ 时，$T_{2,1}$ 完成执行，余下任务的调度过程如图 3.4（a）所示。根据文献[10]中提出的 CC-DVSST 算法，$t = 0\text{ms}$ 时任务 $T_{1,1}$ 和 $T_{2,1}$ 被释放，将处理器负载更新为 $U = 1/4 + 1/5 = 0.45$。根据 EDF 调度策略，$T_{1,1}$ 先执行，任务实际执行时间为 0.5。$t = 1.11\text{ms}$ 时，$T_{1,1}$ 完成执行，处理器速度更新为 0.5/4+1/5=0.325，任务 $T_{2,1}$ 在 $t = 1.11\text{ms}$ 时被调度，处理器速度为 0.325，$t = 2.65\text{ms}$ 时，$T_{2,1}$ 完成执行。剩余的空闲时间为 1.35。当 $t = 4$ 时，调度任务 $T_{1,2}$，处理器速度为 0.45，当 $t = 5\text{ms}$ 时，任务 $T_{2,1}$ 的时限超过 $r_{2,1} + p_{2,1}$，此时负载需要更新，处理器速度更新为 0.25，$t = 5.2\text{ms}$ 时，$T_{1,1}$ 完成执行，剩下 0.8 个单位的空闲时间，余下任务的调度过程如图 3.4（b）所示。

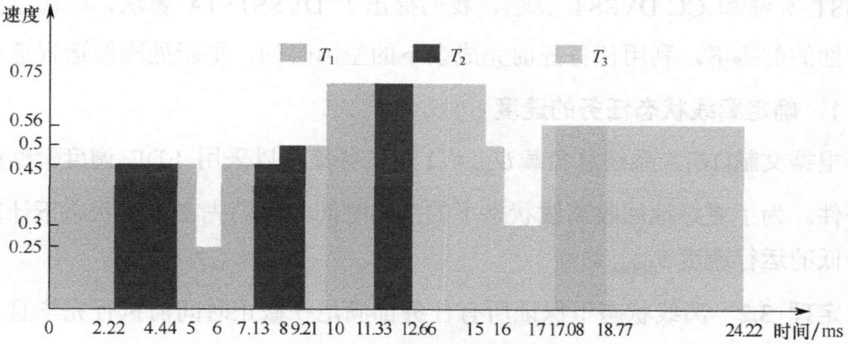

(a) DVSST算法调度任务集实例过程

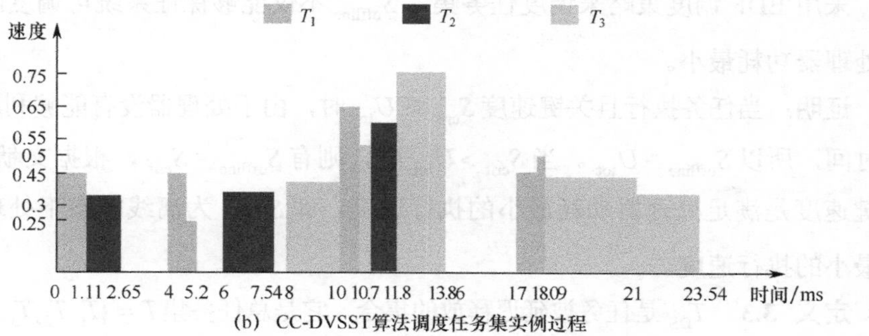

(b) CC-DVSST算法调度任务集实例过程

图 3.4　DVSST 算法和 CC-DVSST 算法调度任务集实例过程

从图 3.4（a）中可以发现，DVSST 算法采用最坏执行时间调节任务执行速度，忽略了最坏执行时间和实际执行时间的差异，具有局限性。从图 3.4（b）中可以看到，$t = 2.65\text{ms}$ 以后没有任务被释放，此时处理器进入空闲状态，而 CC-DVSST 算法没有利用这段空闲时间，引起处理器功耗的浪费。

3.3.3 DVSSTSTA 算法

通过 3.3.2 节对 DVSST 算法和 CC-DVSST 算法的调度分析，可以看出 DVSST 算法存在局限性，即忽略了任务实际执行时间往往小于最坏执行时间这个事实。当任务提前完成时，忽略了任务提前完成余下的空闲时间可以用于降低下一个要执行的任务速度。CC-DVSST 算法尽管考虑了任务提前完成余下的空闲时间，但是仅考虑任务提前完成且有新任务到达的情况下，采用空闲时间降低处理速度，而没考虑任务提前完成但没有新任务到达的情况。综合 DVSST 算法和 CC-DVSST 算法，我们提出了 DVSSTSTA 算法，在满足任务实时性的前提下，利用任务提前完成余下的空闲时间，更新处理器运行速度。

1．确定离线状态任务的速度

根据文献[16]，系统总负载 $U_{\text{tot}} \leqslant 1$ 是任务集可以采用 EDF 调度策略的充要条件。为了更好地回收离线状态下的空闲时间，我们先在离线状态下计算任务最低的运行速度 S_{offline}。

定理 3.2 离线状态下保证所有任务都满足在截止时间前执行完毕且处理器的总功耗最小的执行速度为 $S_{\text{offline}} = \max\{S_{\text{crit}}, U_{\text{tot}}\}$。

采用 EDF 调度策略来调度任务集，S_{offline} 不仅能够保证系统可调度而且能使处理器功耗最小。

证明： 当任务执行且关键速度 $S_{\text{crit}} \leqslant U_{\text{tot}}$ 时，由于处理器没有能够利用的空闲时间，所以 $S_{\text{offline}} = U_{\text{tot}}$。当 $S_{\text{crit}} > U_{\text{tot}}$ 时，则有 $S_{\text{offline}} = S_{\text{crit}}$，根据文献[13]，关键速度是满足处理器功耗最小的执行速度，即 S_{offline} 为离线状态下处理器功耗最小的执行速度。

定义 3.3 T_{DS} 是任务被延迟释放的集合，它是总任务集 $T = \{T_1, T_2, T_3, \cdots, T_n\}$ 的一个子集。任意时刻 t，满足 $T_{\text{DS}} = \{T_i \mid T_i \in T \cap (t \geqslant r_i + P_i)\}$。$r_i$ 是任务 T_i 距离

最近一次任务释放的时间。如果任务 T_i 没有到达，则 r_i 为∞。

根据定义 3.3，具有特征属性的 $\tilde{T}_{DS}=\{T_i \notin T_{DS} \cap T_i \in T\}$ 在任何时刻 t，$\tilde{T}_{DS}$ 都是总任务集的一个子集。$\tilde{T}_{DS}$ 里的任务有 3 种类型：正在运行的任务、等待被调度的任务和已经完成但是没有超过截止时间的任务。

定义 3.4　T_{CS} 定义为任务集合中已经完成的任务，它是集合 $\tilde{T}_{DS}$ 的一个子集。此时，它的截止时间 $D_i < r_i + P_i$。T_{WS} 定义为 $\tilde{T}_{DS}$ 的一个子集，这里的任务有 2 种类型：正在被调度的任务和将要被调度的任务。$\tilde{T}_{DS}=T_{CS} \cup T_{WS}$，$T_{CS} \cap T_{WS} = \phi$。

2．DVSSTSTA 算法过程

在离线状态下计算任务的执行速度 $S_{offline}$；$t=0$ 时刻初始化所有释放的就绪任务，并将就绪任务加入空链表初始化 α 队列。当每个新任务 T_i 到达时，更新处理器速度，将其增加至 C_i / P_i，并将该任务从 T_{DS} 集合中移除，按照 EDF 调度策略选择任务；当任务运行时，任务剩余时间 W 不断减少，直到 W=0，任务执行完毕，将任务从集合中移除；当任务完成时，按照任务实际执行时间重新计算处理器速度。此时若有新任务到达，使用更新后的速度执行该任务；若无新任务被释放，计算空余时间 t_{idle}，若 $t_{idle} > t_0$，则处理器进入休眠状态；若 $t_{idle} < t_0$，则将速度更新后，采用新速度执行任务。当运行时间大于任务截止时间时，即 $t \leqslant r_i + P_i$，更新速度并将其降低 C_i / P_i，再将任务加入集合 T_{DS}。

为了证明 DVSSTSTA 算法比 DVSST 算法和 CC-DVST 算法更加优越，采用实例进行阐述。功耗模型为 $P = 0.08 + 1.52 \cdot S^3$，关键速度和最低速度分别为 $S_{crit} = 0.3$ 和 $S_{min} = 0.15$，休眠状态下处理器的功耗为 0.085W。使用 DVSST 算法调度任务总的功耗消耗为 8.49W；CC-DVSST 算法并不考虑空闲时间，因此当系统中出现空闲时间时，仍以原速度执行，此时总的功耗为 7.70W。如果采用 DVSSTSTA 算法，当 $t = 2.65\text{ms}$ 时，出现空闲时间 $t_{idle} = 1.35\text{ms}$，由于空闲时大于 0.47ms，所以处理器进入休眠状态，这段时间的功耗为 0.085W。DVSSTSTA 算法调度任务集实例过程如图 3.5 所示。DVSSTSTA 算法总的功耗为 5.79W，比 DVSST 算法节能 31.85%，比 CC-DVSST 算法节能 24.86%。

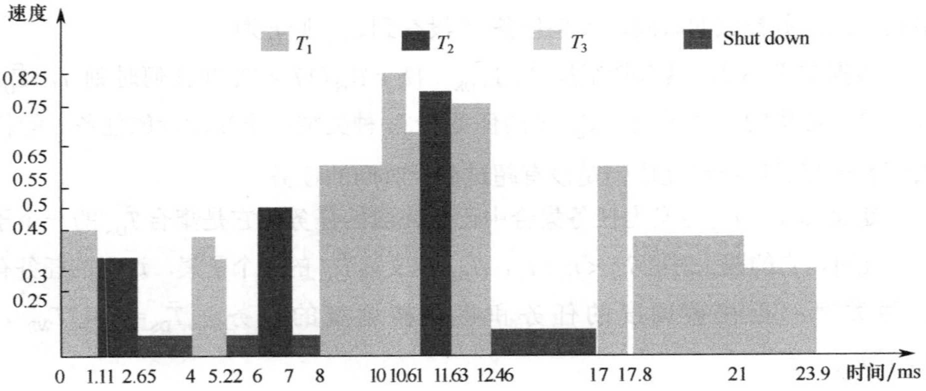

图 3.5　DVSSTSTA 算法调度任务集实例过程

3. DVSSTSTA 算法的伪代码

DVSSTSTA 算法的伪代码如图 3.6 所示。

DVSSTSTA 算法：

{

1. $S_{\text{offline}}=\max\{S_{\text{crit}},U_{\text{tot}}\}, TDS=T$
2. While true do{
3. If no task Scheduling
4. Set $S=S_{\text{offline}}$, TDS = T
5. If T_i released a task and $T_i\in$ TDS
6. Set $S+=C_i/P_i$, TDS = TDS − $\{T_i\}$
7. If $T_i\notin$ TDS，$t\leqslant r_i+P_i$
8. Set $S-=C_i/P_i$, TDS = TDS + $\{T_i\}$
9. Else break;}
10. If T_i is fished, $T_i\notin$ TDS
11. Compute the slack time t_{idle}
12. If T_j released a task and $T_j\in$ TDS
13. Set $S-=T_i/P_i$
14. If no task scheduling
15. If $t_{\text{idle}}>t_0$ then
16. Shutdown the processor
17. Else $S=S_{\text{offline}}$

}

图 3.6　DVSSTSTA 算法的伪代码

3.3.4 实验与分析

实验平台为 Pentium(R) Dual-Core CPU 3.20GHz、4GB 的 RAM 的个人计算机，使用 C 语言开发调度零星任务仿真器。该仿真器功耗模型采用 Intel XScale 270 处理器参数[16]，将处理器速度以最大速度为基准进行归一化为处理。模拟并对比 4 种算法：①NonDVS 算法，该算法调度任务始终以最高的速度运行；②DVSST 算法[9]，该算法利用任务实际执行释放时间，动态更新处理器速度；③CC-DVSST 算法，该算法考虑任务实际执行时间小于最坏执行时间的情况，在调度时间节点动态更新速度，相比 DVSST 算法表现更好；④DVSSTSTA 算法，该算法在零星任务到达时动态更新处理器速度，不仅充分考虑任务提前完成余下的空闲时间，而且采用了处理器通用模型，包括处理器的动态功耗和静态功耗。

实验样本模拟实时系统中的 10 个零星任务，每个实验任务的周期在 2600～9000μs 随机产生。这样，周期 P_i 的产生范围在固定区间[2.6,9.0]ms 内，任务最坏执行时间 P 的取值范围为$[1, P_i]$，通过调节任务实际执行时间和最坏执行时间的比值 A/P 对负载进行调节。每次实验选择 200000 个时间片测试，每个任务集执行 200 次，最后计算这 200 次功耗的平均值得到每个任务集的平均功耗。

当系统利用率 U_{tot} 为 0.5 时，系统真实负载变化对功耗的影响如图 3.7 所示。当真实负载为 $A/P=1$时，CC-DVSST 算法和 DVSST 算法的功耗相同，这是因为此时处理器处于全负载状态，没有空闲时间可以被利用。随着 A/P 的值不断变小，处理器有空闲时间产生，从实验结果中可以发现，CC-DVSST 算法和 DVSST 算法的功耗始终高于 DVSSTSTA 算法的功耗，这说明 DVSSTSTA 算法更节能。通过实验计算可知，算法 DVSSTSTA 相比 DVSST 算法可节约 0～30.54%的功耗，相比 CC-DVSST 算法可节约 0～20.09%的功耗。

将 A/P 的值设置为 0.5，观察系统利用率对任务集平均功耗的影响，如图 3.8 所示。随着系统利用率的增加，所有算法的功耗也随之增大。计算得出，DVSSTSTA 算法相比 DVSST 节约 15.03%～40.57%的功耗，比 CC-DVSST 算法节约 10.09%～35.04%的功耗。

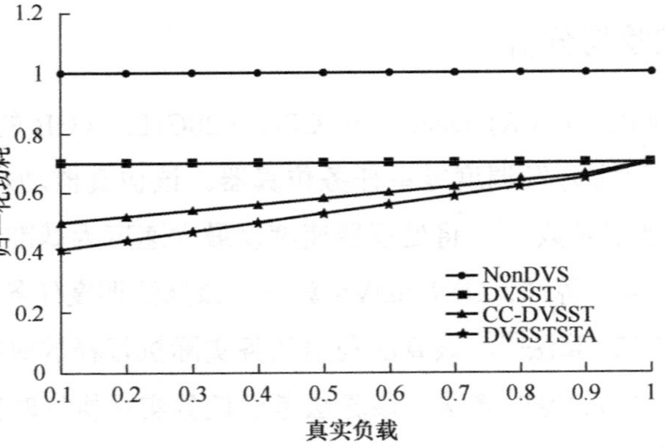

图 3.7 系统真实负载变化对功耗的影响

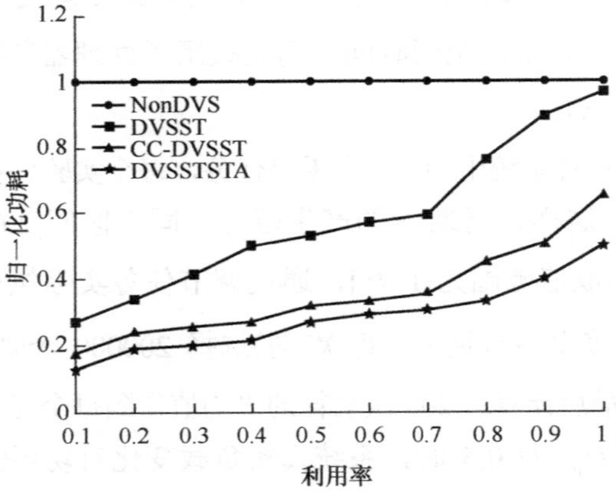

图 3.8 系统利用率对任务集平均功耗的影响

3.4 基于平衡因子的动态偶发任务低功耗调度算法

3.4.1 任务模型

系统中包含 n 个偶发任务 $T=\{T_1,T_2,\cdots,T_n\}$，基础调度策略选择 EDF[43]调度策略，每个任务的基本信息 T_i 用 (R_i,C_i,P_i) 表示，其中，R_i 代表任务 T_i 的释放时间，C_i 代表任务 T_i 的最坏执行时间，P_i 代表任务的周期，并且假设任务的相对截止时间 D_i 等于其周期。A_i 是任务 T_i 在运行中的实际执行时间，D_i 是 T_i 的截止时间。假设处理器可以进行连续的频率和电压调节，速度的取值范围为$[S_{\min},1]$。虽然当前的商用处理器提供的速度是离散的，但根据文献[11]能够实现在处理器速度离散情况下连续调节处理器频率的算法，因此，任务的执行时间和运行速度是线性关系，即任务T_i在速度S下的执行时间为C_i / S。$\text{rem}_i(t)$代表T_i在时刻t完成执行后剩余的时间。

根据文献[12]，DVS 处理器的功耗包括 3 个部分：静态功耗P_s、与速度无关的功耗P_{ind}和与速度相关的功耗P_{dep}。P_{ind}主要来自与处理器速度无关的设备的功耗，P_{dep}主要来自动态功耗。处理器以速度S运行的动态功耗P_{dep}可以表示为：$P_{\text{dep}} = C_{\text{ef}} \cdot S^m$，其中，$C_{\text{ef}}$是负载电容，$S$为处理器的运行速度，$m$为系统常数，取值范围为$2 \leqslant m \leqslant 3$。$P_s$是处理器处于休眠状态时的功耗。总功耗$P$可由式（3-7）表示。

$$P = P_s + h(P_{\text{ind}} + P_{\text{dep}}) \tag{3-7}$$

当有任务在处理器上执行时，$h=1$；否则，$h=0$。因此，在时间段$[t_1,t_2]$，处理器的能耗可用式（3-8）求得。

$$E(t_1,t_2) = (t_2 - t_1)P \tag{3-8}$$

处理器根据任务活跃情况可以在空闲、休眠和工作 3 个状态间切换[12]。当没有任务活跃时，处理器进入空闲状态，此时功耗主要来自P_{ind}。如果处于空闲状态的时间较长，可以将处理器置于休眠状态，进一步降低功耗，状态转换需要能耗开销和时间开销。时间开销是指从休眠状态到被唤醒所需的时间。假设处理器在空闲状态下的功耗为P_{idle}，处理器在不同状态下的能耗转换开销为E_{xw}。算法根据空闲时间是否超过$t_0 = E_0 / P_{\text{idle}}$来判定当前处理器是进入休眠状态还是继续保持空闲状态。

3.4.2　研究动机

根据文献[13]中的 Intel XScale 处理器功耗模型，将两个任务集合作为研究实例，$T_1 = (0,3\text{ms},30\text{ms})$，$T_2 = (0,5.4\text{ms},30\text{ms})$。Intel XScale 的功耗函数为$P(s) = 1.52 \cdot S^3 + 0.08$。

模型的关键速度为 0.3，对应的功耗为 0.12W，假设处理器状态转换开销为E_0=800μJ，处理器最低速度为 0，则空闲状态下处理器的功耗为 0.08W，对应的处理器时间转换开销为t_b=10ms。T_1在关键速度下的运行时间是 10ms，如图 3.9（a）所示。因为 T_1 在 $t=10\text{ms}$ 完成执行，T_1 剩下的空闲时间是 20ms，大于时间转换开销，因此在[10,30]ms 时间区间内可关闭处理器。此时的能耗为(1.52×0.3³+0.08)×10+0.8=2.01(mJ)。当采用传统的 DVS 调度策略调度 T_1 时，如图 3.9（b）所示，T_1 的运行速度为 0.1，对应的能耗为(1.52×0.1³+0.08)×30=2.86(mJ)。对比发现，关键速度策略下的能耗比传统 DVS 调度策略下的能耗少 29.6%。

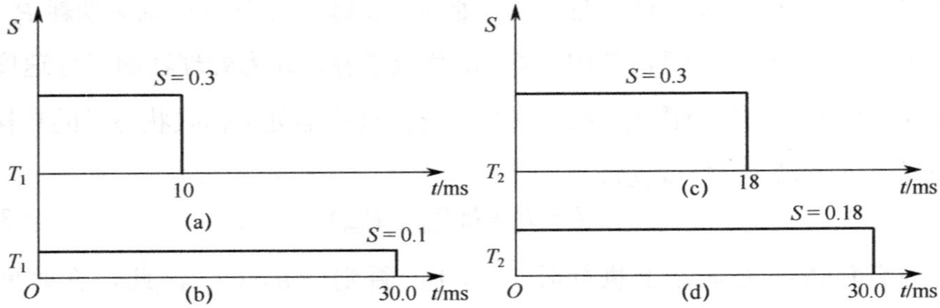

（a）$T_1=(0,3\text{ms},30\text{ms})$关键速度调度策略　（b）$T_1$使用传统DVS调度策略

（c）$T_2=(0,5.4\text{ms},30\text{ms})$关键速度调度策略　（d）$T_2$使用传统DVS调度策略

图 3.9　传统 DVS 调度策略和关键速度调度策略对比

考虑另外一个任务集合 $T_2=(0,5.4\text{ms},30\text{ms})$ 和任务集合 T_1 具有相同的截止时间，但运行时间有差异，如图 3.9（c）所示，采用关键速度策略的总能耗为(1.52×0.3³+0.08)×18+0.8=2.98(mJ)，如果直接使用传统 DVS 调度策略总能耗为(1.52×0.18³+0.08)×30=2.67(mJ)。在这种情况下，关键速度策略反而比直接使用 DVS 调度策略多了 10.4%的能耗。从上述两组实例可以发现，在任务的运行速度小于关键速度时，直接利用关键速度调度策略，并不总是最优选择。经过研究得出，在传统 DVS 调度策略和关键速度调度策略之间存在一个平衡因子。

下面讨论当系统速度低于关键速度时，如何选择速度使得系统能耗最小。

定义 3.5　对于任务 $T_i=(R_i,C_i,P_i)$，任务执行的闭区间为$[t_s,t_e]$，在该区内任务不会被抢占。不失一般性地，假设 $t_s \leqslant R_i$，$t_e \leqslant D_i$，任务的相对截止时间 D_i 等于其周期 P_i。在该定义下，需要解决的问题转变为：

在给定的时间闭区间$[t_s,t_e]$内调度任务$T_i=(R_i,C_i,P_i)$，如何选择任务执行策略，可使这个区间内任务总功耗最小。

3.4.3 平衡因子算法

引理 3.6 在时间闭区间$[t_s,t_e]$内调度任务$T_i=(R_i,C_i,P_i)$，如果处理器在空闲时间内总是进入关闭状态，那么在关键速度为S_{crit}时，T_i任务执行功耗最小。

证明： 当处理器关闭时，其状态转换开销为E_0，则在时间闭区间内任务总的功耗可表示为式（3-9）：

$$P(S)=(\alpha\cdot S^3+P_{\text{ind}})\cdot\frac{C}{S}+E_0 \tag{3-9}$$

从式（3-9）中可知，$P(S)$是关于参数S的凸函数。对等式求导可得最小值：$S_0=\sqrt[3]{\frac{P_{\text{ind}}}{2\alpha}}$，即关键速度$S_{\text{crit}}$。

引理 3.7 在时间闭区间$[t_s,t_e]$内调度任务$T_i=(R_i,C_i,P_i)$，如果处理器在空闲时间不关闭，想在闭区间内执行任务T_i获得最小能耗，则应选择传统DVS 调度策略的速度 C/(t_e-t_s)。

证明： 如果处理器在空闲时间从不选择关闭，则在闭区间内总能耗可表示为式（3-10）：

$$E(S)=(\alpha\cdot S^3+P_{\text{ind}})\cdot\frac{C}{S}+(t_e-t_s)\cdot P_{\text{ind}} \tag{3-10}$$

不难发现，$E(S)$是关于S的单调递增函数，当$S>0$时，速度S越小则能耗越小。

根据引理 3.6 和引理 3.7，在闭区间内任务想要能耗最小，处理器速度一般在关键速度和传统 DVS 速度之间选择。当任务的执行周期C大于或等于$S_{\text{crit}}(t_e-t_s)$时，不管选择哪种策略调节速度，其能耗一样，因此这里只考虑任务的运行周期小于$S_{\text{crit}}(t_e-t_s)$的情况。在此情形下，为了更清楚地解释所提出的策略，采用 Intel XScale 处理器能耗模型，将式（3-9）和式（3-10）进一步化简。则采用关键速度策略下的能耗如式（3-11）所示：

$$E_1=(0.4C+0.8) \tag{3-11}$$

采用传统的DVS调度策略，其$t=t_e-t_s$。则式（3-10）可简化为式（3-12）：

$$E_2=\frac{1.52}{t^2}\cdot C^3+0.08\Delta t \tag{3-12}$$

这时，E_1是否大于E_2取决于任务的执行周期C。将两式相减得到关于C的函数$f(C)$：

$$f(C)=\frac{1.52}{t^2}\cdot C^3-0.4C+0.08\Delta t-0.8 \tag{3-13}$$

则在闭区间$[t_s,t_e]$，$f(C)$存在一个根C_0（平衡因子），使得$f(C)$在区间$[0, 0.3\Delta t]$内大于0或小于0。

定理 3.8 考虑给定的任务$T_i=(R_i,C_i,P_i)$($0<C<0.3\Delta t$)在连续闭区间$[t_s,t_e]$上执行。则可根据式（3-11）和式（3-12）计算E_1和E_2。在区间$[0, 0.3\Delta t]$内可以求得一个平衡因子C_0，即当$C\leqslant C_0$时，有$E_2\geqslant E_1$；否则，$E_2<E_1$。

证明： 图3.10给出了功耗函数示意图，从中可得出：

如果截距大于0，如图3.10（a），$f(C)$在$[0, 0.3\Delta t]$内和X轴有一个交点C_0，这个点就是平衡因子，当任务的周期C在区间$(0,C_0)$时，有$F(C)>0$，则$E_2\geqslant E_1$；否则，$E_2<E_1$。

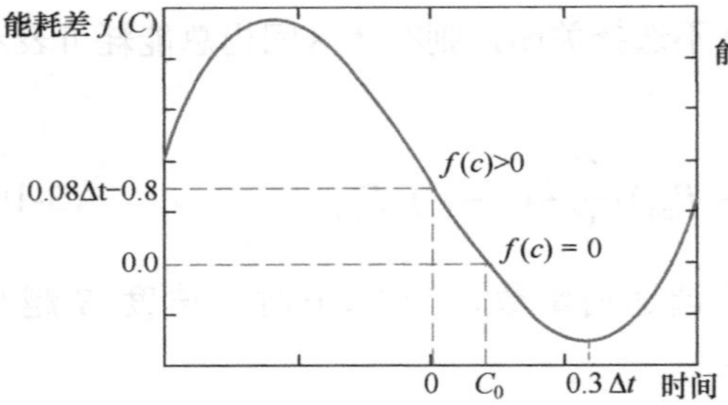

(a) 能耗函数的截距0.08Δt−0.8>0

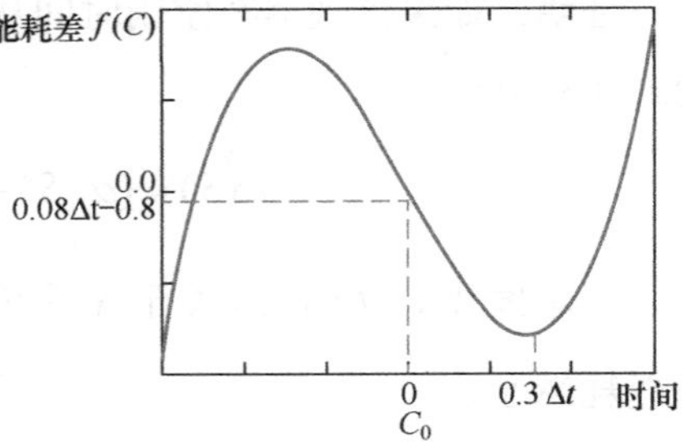

(b) 能耗函数的截距0.08Δt−0.8<0

图3.10 能耗函数示意图

（1）如果截距小于0，如图3.10（b），此时$f(C)$在区间$(0, 0.3\Delta t)$恒小于0，有$E_2<E_1$。

（2）当$C\geqslant 0.3\Delta t$时，两种调度策略的能耗相同，此时关键速度策略和传统DVS策略的功耗没有区别。

综上所述，在(0, 0.3Δt]区间内，如果任务要获得最小的能耗，则其速度的选择取决于任务的执行周期 C 和平衡因子C_0的关系。判断采用关键速度策略还是传统 DVS 策略调度任务的平衡因子算法 $\mathrm{BF}(S,\mathrm{rem}_i(t))$ 算法伪代码如图 3.11 所示。

平衡因子算法 $\mathrm{BF}(S, \mathrm{rem}_i(t))$

```
{
1.  输入当前任务剩余执行时间 rem_i(t)
2.  If  S < S_crit
3.  根据定理 3.1 在执行区间 [t_s, t_e] 计算 C_0
4.  If  rem_i(t) < C_0
5.  Set  S = S
6.  Else  S = S_crit
7.  输出当前任务采用的速度：S}
```

图 3.11　$\mathrm{BF}(S,\mathrm{rem}_i(t))$ 算法伪代码

3.4.4　动态偶发任务低功耗调度算法介绍

定义 3.9　动态频率调节因子S_0来自任务当前速度和系统最高速度的比值。

$$S_0 = S / S_{\max} \tag{3-14}$$

定义 3.10　速度 S 表示在动态调节模型中经过缩放因子调节后的速度：

$$S = S_0 \cdot S_{\max} \tag{3-15}$$

所以 S 总是小于或等于 1 的。

定义 3.11　T_{DS}是任务释放的延迟集合，它是任务集$T = \{T_1, T_2, T_3, \cdots, T_n\}$的一个子集。在任意时刻 t，$T_{\mathrm{DS}} = \{T_i \mid T_i \in T \wedge (t \geqslant R_i + P_i)\}$。$R_i$是任务$T_i$的距最近一次任务释放的时间。如果任务$T_i$没有到达，则$R_i$记为$\infty$。

定义 3.12　T_{CS}定义为已经执行完毕的任务集合，它是集合T_{DS}的一个子集。该集合里的任务已经运行完毕，但是没有超过其截止时间$D_i < R_i + P_i$，T_{WS}定义为T_{DS}的一个子集，该集合里的任务分为正在被调度和即将被调度的任务。T_{DS}=$T_{\mathrm{CS}} \cup T_{\mathrm{WS}}$，$T_{\mathrm{CS}} \cap T_{\mathrm{WS}}$=$\phi$。

图 3.12 所示为 LP-DSAFST 算法伪代码。LP-DSAFST 算法开始以最低速度$S_{\min}$运行；初始化所有 0 时刻释放的任务。①如果任务队列为空，此时系统以最低速度保持运行。②当新任务T_i到达时，更新处理器速度并将其增加到C_i / P_i，

并将该任务从T_{DS}集合移除，按照 EDF 调度策略执行到达任务；当任务运行时，如果处理器速度小于关键速度，则调用 BF 算法判断是选择关键速度策略还是传统 DVS 策略（代码第 5～8 行）。③当任务执行时，任务剩余时间 W 相应减少，直到 $W=0$，任务完成执行。此时，根据任务的实际执行时间再次更新处理器负载$U_i = A_i / P_i$；如果$T_{\mathrm{WS}} = \phi$，且有后续任务到达，则调用 BF 算法判断是否采用关键速度策略；如果任务运行完后$T_{\mathrm{WS}} \neq \phi$，且没有新任务到达，计算空闲时间$t_{\mathrm{idle}}$，如果$t_{\mathrm{idle}} > t_0$，则处理器可以关闭；若$t_{\mathrm{idle}} < t_0$，则按照更新后的速度运行（代码第 13～22 行）。④如果执行时间大于任务截止时间，即$t \geqslant R_i + P_i$，则更新处理器速度为C_i / P_i，并将任务加入集合T_{DS}（代码第 9～11 行）。

LP-DSAFST 算法

{ $S = S_{\min}$， TDS $= T$ //设置初始条件

1. While true do{
2. If no task Scheduling
3. Set $S = S_{\min}$， $T_{\mathrm{DS}} = T$
4. If T_i released a task and $T_i \notin T_{\mathrm{DS}}$
5. Set $U_i = C_i / P_i, T_{\mathrm{DS}} = T_{\mathrm{DS}} - \{T_i\}$
6. $S = \sum_{T_i \notin T_{\mathrm{DS}}} U_i$
7. BF(S, rem$_i(t)$)//判断是否采用关键速度
8. If $T_i \notin T_{\mathrm{DS}}$， $t \geqslant R_i + P_i$
9. Set $U_i = 0_i, T_{\mathrm{DS}} = T_{\mathrm{DS}} + \{T_i\}$
10. $S = \sum_{T_i \notin T_{\mathrm{DS}}} U_i$
11. Else
12. Break;}
13. If T_i is finished, $T_i \notin T_{\mathrm{DS}}$
14. Set $U_i = A_i / P_i$
15. $S = \sum_{T_i \notin T_{\mathrm{DS}}} U_i$
16. If $T_{\mathrm{WS}} \neq \phi$
17. Conpute the slack time t_{idle}
18. If $T_{\mathrm{WS}} = \phi$
19. Conpute the slack time t_{idle}
20. If $t_{\mathrm{idle}} > t_0$ then
21. Shutdown the processor
22. Else $S = S_{\min}$ }

图 3.12　LP-DSAFST 算法伪代码

3.4.5 动态功耗对比实例

3 个任务 $T_1=(1,4,4)$ 、 $T_2=(2,5,5)$ 、 $T_3=(3,10,10)$ 的系统总利用率为 U=1/4+2/5+3/10=0.95。任务 T_1 的释放时间为：0、4、10；任务 T_2 的释放时间为：0、15；任务 T_3 的释放时间为：10。假设 T_1 、 T_2 和 T_3 的实际执行时间分别为：0.5、1 和 3。使用 DVSST 算法调度上述任务，$t=0$ 时，任务 $T_{1,0}$ 和 $T_{2,0}$ 被释放，任务 T_1 具有更高优先级，选择任务 $T_{1,0}$ 执行，处理器速度更新为 $S=1/4+2/5=0.65$ ，$t=1.54$ 时，完成执行。之后 $T_{2,0}$ 被调度，$T_{2,0}$ 在 $t=4.62$ 时完成执行。当 $t=5$ 时，$T_{2,0}$ 超过截止时间，按照规则 $t\geqslant R_i+P_i$，再次将速度更新为 $S=0.65-0.4=0.25$ 。$T_{1,1}$ 在 $t=8$ 时完成执行。后续调度如图 3.13（a）。图 3.13（b）是 LP-DSAFST 算法调度任务的情况，初始化速度 $S=1/4+2/5=0.65$，$T_{1,0}$ 的实际执行时间为 0.5，因此，$t=0.77$ 时完成 $T_{1,0}$ 的执行，根据 $T_{1,0}$ 的实际执行时间更新处理器速度 S=0.5/4+2/5=0.525，之后调度任务 $T_{2,0}$ ，$t=2.67$ 时完成 $T_{2,0}$ 执行，当 $t=4$ 时，$T_{1,1}$ 被调度执行，$t=4.95$ 时完成执行。DVSST 算法调度任务的功耗为 9.34W；LP-DSAFST 算法调度任务的功耗为 3.15W。LP-DSAFST 算法比 DVSST 算法节约了 60.56%的功耗。

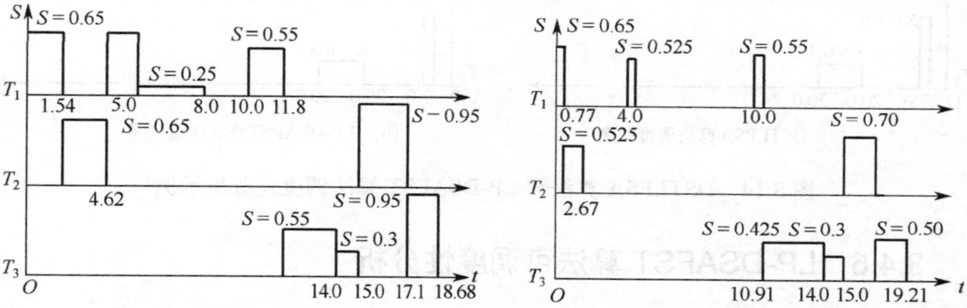

(a) DVSST调度任务　　(b) LP-DSAFST算法调度任务

图 3.13 DVSST 算法和 LP-DSAFST 算法调度任务实例

为了说明 LP-DSAFST 算法在降低总功耗方面的效果。考虑任务 $T_1=(4,20,20)$ 、 $T_2=(56,80,80)$ 、 $T_3=(8,80,80)$ ，任务假设 T_1 的到达时间为：0、40、60，T_2 的到达时间为：0；T_3 的到达时间为：0、20。假设 T_2 的实际执行时间为 4，T_3 的实际运行时间为 3。DSTLPSA 算法调度任务集合，当 $t=0$ 时，系统速度为 S=4/20+56/80+8/80=1.0，T_1 被执行，当 $t=4$ 时，T_1 完

成执行，之后调度 T_2 ，当 $t=7$ 时完成执行，由于 T_2 的实际执行时间比最坏执行时间短，所以需要再次更新速度。$S=4/20+4/80+8/80=0.93$ ，选择 T_3 执行，当 $t=11.2$ 时完成执行，由于空闲时间大于 10，所以关闭处理器。直到 $t=20$ 时， T_3 再次被释放，此时速度 $S=2/20=0.1$ ，根据 DSTLPSA 算法，当速度小于关键速度 0.3 时，采用关键速度执行任务。最终调度任务情况如图 3.14（a）所示，总的功耗为 23.92W。其次，采用 LP-DSAFST 算法调度任务，相比 DSTLPSA 算法，差异在于在 $t=20$ 时刻，速度低于关键速度时，权衡是否采用关键速度。根据 DSTLPSA 算法， T_3 选择关键速度执行功耗小，因此，将速度更新为关键速度；当 $t=40$ 、 $t=60$ 时，根据 DSTLPSA 算法，选择 DVS 调度策略时功耗小，因此，将速度更新为 $S=0.2$ ，算法调度任务情况如图 3.14（b）所示。通过计算可知，LP-DSAFST 算法的总功耗为 21.57W，比 DSTLPSA 算法节约了 9.83%的功耗。

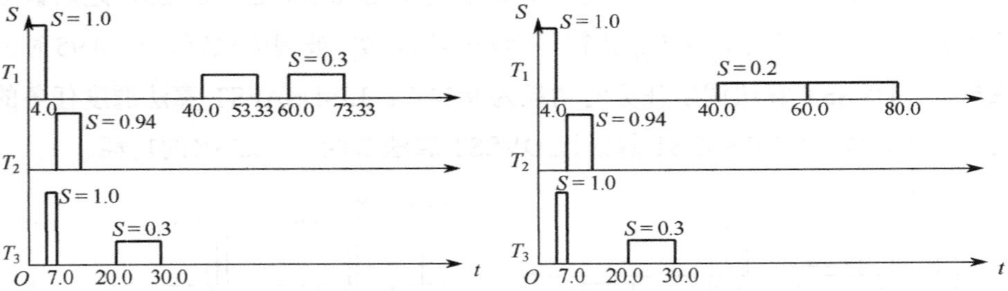

(a) DSTLPSA算法调度任务 (b) LP-DSAFST算法调度任务

图 3.14 DSTLPSA 算法和 LP-DSAFST 算法调度任务集示例

3.4.6 LP-DSAFST 算法可调度性分析

算法可调度即所有的偶发任务在其截止时间前运行完毕。根据文献[13]，采用 EDF 调度任务的充要条件满足系统的利用率小于或等于 1。

定义 3.13 一个任意的任务活动时间区间 $[t_r,t_d]$ ，该区间包括所有任务的最早到达时间和最后截止时间，执行所有任务需要的时间为 ED。

假设 $T_r=\{T_{1,1},T_{1,2},\cdots,T_{1,m_1},\cdots,T_{n,1},T_{n,2},\cdots,T_{n,m_n}\}$ 是所有任务的集合，偶发集合 $T=\{T_1,T_1,\cdots,T_n\}$ ， $D_i=P_i$ ， $\lambda=[t_r,t_d]$ 。任务释放时间和截止时间都在区间 λ 内。 $T_{i,j}$ 代表任务 T_i 的第 j 次释放。同时对应 T_r 的实际执行时间

$A_T=\{A_{C_{1,1}},A_{C_{1,2}},\cdots,A_{C_{1,m_1}},\cdots,A_{C_{n,1}},A_{C_{n,2}},\cdots,A_{C_{n,m_n}}\}$，则所有任务的实际执行时间计算如式（3-16）所示。

$$\mathrm{ED}=\sum_{i=1}^{n}\sum_{j}^{m_i}A_{C_{i,j}} \tag{3-16}$$

定义 3.14　处理器在活动时间区间内能够提供的总的处理能力为 PC。

在 LP-DSAFST 算法中，处理器速度 S 更新的时间节点为调度点，调度点包含 3 个任务时刻：任务到达时、任务完成时和超过截止时间时。

在一个连续的活动时间区间，处理器更新值 S 是一个常量。让 $\lambda=\{\lambda_1,\lambda_2,\cdots,\lambda_m\}$ 作为一个连续的调整区间，则对应的处理器速度为 $S=\{\Delta S_1,\Delta S_2,\cdots,\Delta S_m\}$，在 λ 内的处理器处理能力 PC 表示为式（3-17）：

$$\mathrm{PC}=\sum_{i=1}^{m}\Delta S_i\cdot\lambda_i \tag{3-17}$$

定义 3.15　φ 是处理器更新处理器速度的时间间隔，当任务到达时，处理器利用率相应增加 C_i/P_i，当完成本次任务执行但下一个周期还没有被激活时，该任务的利用率更新为 0。

定理 3.16　任务频率更新区间 φ 是一个任务周期 P 的倍数。

证明：对于一个给定的 φ，假设当一个任务 $T_{i,j}$ 在 t_0 被释放，则处理器速度 S 提升为 $S=C_i/P_i$，下面从两个方面证明这个定理。

（1）当一个任务 $T_{i,j+1}$ 在 t_0+P_i 被释放时，根据定义 $T_{i,j}$ 在 t_0+P_i 完成，此时 ΔS 变化为 0，则 φ 此时的区间对应为 $[t_0,t_0+P_i]$，所以它是 P_i 的一倍。

（2）当 ΔS 在 $T_{i,j+m}$ 周期内改变为 0 时，意味着在 φ 区间有 $m+1$ 个任务达到，分别是 $T_{i,j},T_{i,j+1},\cdots,T_{i,j+m}$。若任意两个相邻的任务之间的 ΔS 为 0，则说明正好一个任务完成的同时下一个任务被释放，因此在区间 φ 内，任务的释放时间为 $t_0,t_0+P_i,\cdots,t_0+mP_i$。在 $t_0+mP_i+P_i$ 时任务 $T_{i,j+m}$ 执行完成。此时，任务更新的区间 φ 为 $[t_0,t_0+(m+1)P_i]$。$\varphi=t_0+(m+1)P_i-t_0=(m+1)P_i$，即 φ 是 P_i 的整数倍。总之，当有 m 个任务在区间 φ 内被释放时，存在：

$$\varphi=mP_i \tag{3-18}$$

定理 3.17　假设偶发集合所有任务的实际执行时间 A_{C_i} 都相同，其中 $A_{C_i}\leqslant C_i$，$D_i=P_i$。依据算法，当 $U_{\mathrm{tot}}\leqslant 1$ 且 $\mathrm{ED}\leqslant\mathrm{PC}$ 时，该算法可调度。

证明：规定任务$T_{i,j}$的截止时间为t_d，在$\lambda=[t_r,t_d]$内所有任务$T_r=\{T_{1,1}, T_{1,2},\cdots,T_{1,m_1},\cdots,T_{n,1},T_{n,2},\cdots,T_{n,m_n}\}$都被释放。根据式（3-18），执行这些任务所需的时间为：

$$\mathrm{ED}=\sum_{i=1}^{n}m_i A_{C_i} \tag{3-19}$$

在$\lambda=[t_r,t_d]$内的处理器总负载能力为PC，则这段时间内所有任务的速度调整区间为 $\Delta\varphi=\{\varphi_{1,1},\varphi_{1,2},\cdots,\varphi_{1,k_1},\cdots,\varphi_{n,1},\varphi_{n,2},\cdots,\varphi_{n,k_n}\}$，对应这个区间每个时刻的处理器速度变化为 $\Delta S=\{\Delta S_1,\Delta S_2,\cdots,\Delta S_n\}$。根据算法，任务 T_i 的速度ΔS取值范围为(A_{C_i}/P_i)到(C_i/P_i)，因此，ΔS不是一个常量而是一个变量，上限为(C_i/P_i)，下限为(A_{C_i}/P_i)，得出式（3-20）：

$$\mathrm{PC}=\sum_{i=1}^{n}\sum_{j=1}^{k_i}\Delta S_i\times\varphi_{i,j}\geqslant\sum_{i=1}^{n}\sum_{j=1}^{k_i}(A_{C_i}/P_i)\times\varphi_{i,j} \tag{3-20}$$

定义 3.15 给出$\varphi_{i,j}$是P_i的整数倍，则$\varphi_{i,j}=m_{i,j}P_i$。$m_{i,j}$是在$\varphi_{i,j}$内的任务数，其中$\sum_{j=1}^{k_i}m_{i,j}=m_i$，综上可得：

$$\mathrm{PC}\geqslant\sum_{i=1}^{n}\sum_{j=1}^{k_i}(A_{C_i}/P_i)m_{i,j}P_i \tag{3-21}$$

式（3-21）表示在任意一个任务截止时间内只要满足$\mathrm{PC}\geqslant\mathrm{UD}$，任务在定理 3.18 的条件下可调度。

定理 3.18 当任务集合的实际执行时间A_{C_i}不同时，根据算法，当$U_{\text{tot}}\leqslant 1$且$\mathrm{ED}\leqslant\mathrm{PC}$时，LP-DSAFST 算法可调度。

证明：详细证明过程见文献[13]。

综上，LP-DSAFST 算法能够在保证任务可调度的前提下降低系统功耗。

3.4.7 实验与分析

利用 C 语言开发基于 EDF 调度策略的偶发任务的调度仿真器，该仿真器使用 Intel PXA270 处理器。根据文献[13]，该模型关键速度$S_{\text{crit}}=0.3$，处理器状态转换的功耗开销为 0.8W。在仿真器中测试 4 种算法：①不使用节能策略的 EDF 调度算法；②文献[17]中提出的 DVSST 算法，该算法的核心基于 EDF 调度策略且调度偶发任务时始终保持最高的处理器速度运行；③基于

EDF 调度策略调度偶发任务的 DSTLPSA 算法[18]，该算法采用 DVS 和 DPM 两种节能技术；不仅考虑了处理器的静态功耗，而且使用关键速度策略来解决处理器的静态功耗问题；④本书中提出的 LP-DSAFST 算法，该算法基于 EDF 调度策略调度任务，同时引入基于平衡因子的关键速度策略，在处理器处于空闲状态时，采用 DPM 技术进一步降低系统功耗。

实验模拟数控系统中的偶发任务包括故障处理、系统状态显示等 10 个偶发任务。主要目标是验证 LP-DSAFST 算法相比 DVSSST 算法和 DSTLPSA 算法的节能效果，影响算法性能的主要参数有 3 个：系统利用率、实际执行时间 A_C 和最坏执行时间 WCET 的比值、处理器状态转换开销。每次实验中将 2 个参数固定，改变另一个参数，进行算法有效性测试。在设置任务周期 P_i 上，包含 3 个周期时间段，长周期（100～1000ms）、中周期（10～100ms）和短周期（1～10ms），其中，T_i 最坏情况下的运行时间 C_i 在区间 $[1, P_i]$ 随机产生。在每次实验中，设定仿真的时间为 100000 个时间片，每个任务集合执行 10 次，并将这 10 次执行结果的平均值作为最终的实验结果。

1. 系统利用率

图 3.15 展示了在表 3.1 中的实验参数下各算法的能耗，保持任务负载和处理器状态转换开销不变，系统利用率从 0.1 调节到 0.8，根据实验结果有如下结论：3 种算法的能耗与系统利用率的大小成正相关关系，随着系统利用率的增大，LP-DSAFST 算法、DVSSST 算法和 DSTLPSA 算法的能耗都增加，因为系统利用率是影响能耗的主要因素。总利用率增加，意味着系统留下的空闲时间变少，后续任务速度可以调节的机会变少。DSTLPSA 算法相比 DVSST 算法节能效果更好的原因是 DSTLPSA 算法采用关键速度策略，当任务提前完成且产生的空闲时间较多时，DSTLPSA 算法可以通过关闭处理器进一步降低系统能耗。LP-DSAFST 算法的能耗比 DSTLPSA 算法低是因为 LP-DSAFST 算法采用了引入基于平衡因子的关键速度策略，在考虑处理器是否进入休眠状态时，利用平衡因子进行权衡，进一步降低了系统能耗。在 $U = 0.8$ 时，LP-DSAFST 算法比 DVSSST 算法和 DSTLPSA 算法分别节约了 41.36%和 18.62%的能耗。

表 3.1　系统利用率对能耗的影响

系统利用率	任 务 负 载	处理器状态转换开销
0.1～0.8	0.5	0.1

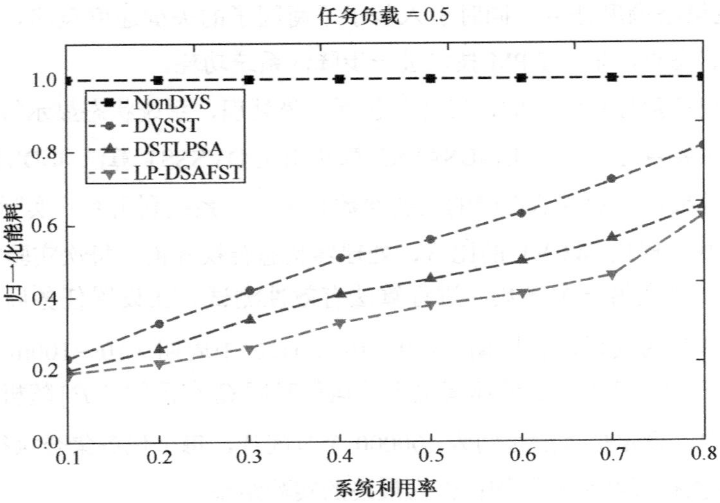

图 3.15　系统利用率对 DVSSST、DSTLPSA 和 LP-DSAFST 算法能耗的影响

2．任务负载 A_C / WCET

调节任务的负载 A_C / WCET 从 0.1 到 1.0，保持其他参数不变，具体如表 3.2 所示。

表 3.2　任务真实负载对能耗的影响

任 务 负 载	系统利用率	处理器状态转换开销
0.1～1.0	0.5	0.1

如图 3.16 所示，能耗随负载变化而变化，根据实验可得出如下结论。

（1）随着 A_C / WCET 的增大，DVSST 算法和 DSTLPSA 算法的归一化功耗始终大于 LP-DSAFST 算法的归一化能耗，但差距在缩小。这是因为在系统利用率和处理器状态转换开销都一定的情况下，任务负载越小，空闲时间就越多，LP-DSAFST 算法不仅可以利用空闲时间调节后续任务的速度，而且根据空闲时间的长短可选择是否关闭处理器，所以其节能效果更好。

（2）当 A_C / WCET = 1 时，系统中没有空闲时间可以被回收，则 3 种算法的能耗接近，由于 LP-DSAFST 算法和 DSTLPSA 算法均使用了关键速度策略，因此与 DVSST 算法相比可以获得更好的节能效果。

（3）DVSST 算法和 NonDVS 算法使用最坏执行时间调度任务集合，因此它们的能耗对 A_C / WCET 的变化不敏感，影响 DVSST 算法和 NonDVS 算法能耗的主要因素是任务的利用率而不是任务负载。当 A_C / WCET = 0.1 时，LP-DSAFST 算法比 DVSST 算法和 DSTLPSA 算法分别节约了 38.02%和 16.35%的能耗。

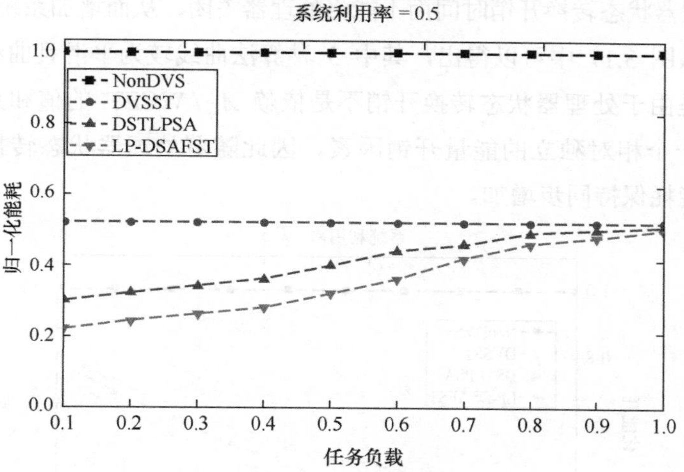

图 3.16 任务真实负载对能耗的影响

3. 处理器状态转换开销

调节处理器状态转换开销从 0.02～0.2，保持其他参数不变，具体如表 3.3 所示。

表 3.3 处理器状态转换开销对能耗的影响

系统利用率	任 务 负 载	处理器状态转换开销
0.5	0.5	0.02～0.2

（1）图 3.17 是当系统利用率为 0.5 和 A_C / WCET = 0.5 时，处理器状态转换开销 E_{xw} 从 0.02mJ 到 0.2mJ 改变，每次改变步长为 0.02，所有算法的能耗随处理器状态转换开销的增加而增大。因为 E_{xw} 越大，处理器状态转换开销时间越长，系统可以利用的空闲时间越少，任务需要以较高速度运行，所以增加了整个系统的能耗。

（2）当 E_{xw} 较小时，采用关键速度策略的 LP-DSAFST 算法和 DSTLPSA 算法比 DVSST 算法能获得更好的节能效果。随着处理器状态转换开销的增大，LP-DSAFST 算法和 DSTLPSA 算法的能耗随之增加。关键速度作为一个速度降低的下界，关闭处理器间隔次数越多，关闭、开启处理器的能耗就越大，处理器状态转换开销就成为总能耗开销的重要影响因素之一。另外，处理器状态转换开销增大，意味着处理器状态转换开销时间延长，这就导致很多空闲时间间隔小于处理器状态转换开销时间而不能将处理器关闭，从而增加系统的能耗。

（3）从图 3.17 中可以得出，其中 3 种算法曲线较为平滑且曲线走向较为一致，这是由于处理器状态转换开销不是依赖 A_C / WCET 的值和系统利用率的，而是一个相对独立的能量开销因素，因此随着处理器状态转换开销的增大，系统能耗保持同步增加。

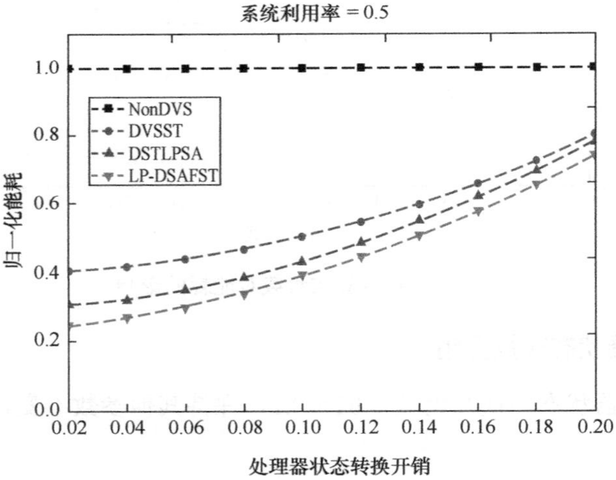

图 3.17　处理器状态转换开销对能耗的影响

3.5　本章参考文献

[1] XU R, MELHEM R, MOSS D. Energy-Aware Scheduling for Streaming Applications on Chip Multiprocessors[J]. 2007: 25-38.

[2] KIM N S, KGIL T, BOWMAN K, et al. Total Power-optimal Pipelining and Parallel Processing Under Process Variations in Nanometer Technology[C]// IEEE/ACM International Conference on Computer-Aided Design. IEEE, 2005: 535-540.

[3] SHAO Z, WANG M, CHEN Y, et al. Real-Time Dynamic Voltage Loop Scheduling for Multi-Core Embedded Systems[J]. Circuits & Systems II Express Briefs IEEE Transactions on, 2007, 54(5): 445-449.

[4] PILLAI P, KANG G S. Real-time Dynamic Voltage Scaling for Low-power Embedded Operating Systems[C]// Eighteenth ACM Symposium on Operating Systems Principles. ACM, 2001: 89-102.

[5] WANG W, RANKA S, MISHRA P. A General Algorithm for Energy-Aware Dynamic Reconfiguration in Multitasking Systems[C]// International Conference on Vlsi Design. IEEE Computer Society, 2011: 334-339.

[6] ZHANG Z, LI F, AYDIN H. Optimal Speed Scaling Algorithms under Speed Change Constraints[C]// IEEE, International Conference on High PERFORMANCE Computing and Communications. IEEE, 2011: 202-210.

[7] YANG L, MAN L. On-Line and Off-Line DVS for Fixed Priority with Preemption Threshold Scheduling[C]// International Conference on Embedded Software and Systems. IEEE, 2009: 273-280.

[8] CHEN D R, CHEN Y S. An Efficient DVS Algorithm for Fixed-Priority Real-Time Applications[C]// International Symposium on Parallel and Distributed Processing with Applications. IEEE, 2010: 29-37.

[9] QADI A, GODDARD S, Farritor S. A Dynamic Voltage Scaling Algorithm for Sporadic Tasks[C]// Real-Time Systems Symposium, 2003. RTSS. IEEE, 2003: 52-62.

[10] MEI J, LI K, HU J, et al. Energy-aware Preemptive Scheduling Algorithm for Sporadic Tasks on DVS Platform[J]. Microprocessors and Microsystems, 2013, 37(1): 99-112.

[11] GONG M S, SEONG Y R, LEE C H. On-Line Dynamic Voltage Scaling on Processor with Discrete Frequency and Voltage Levels[C]// International Conference on Convergence Information Technology. IEEE, 2007: 1824-1831.

[12] ZHU D. Reliability-Aware Dynamic Energy Management in Dependable Embedded Real-Time Systems[J]. ACM Transactions on Embedded Computing Systems, 2006, 10(2): 1-27.

[13] 邓昌义，郭锐锋，张忆文，等. 基于平衡因子的动态偶发任务低功耗调度算法[J]. 吉林大学学报（工学版）, 2017, 47(2): 591-600.

[14] 郭锐锋，邓昌义，张忆文，等. 一种引入关键速度的节能调度算法[J]. 小型微型计算机系统, 2015, 36(8): 1911-1914.

[15] ASATO O L, KATO E R R, INAMASU R Y. Analysis of Open CNC Architecture for Machine Tools[J]. Journal of the Brazilian Society of Mechanical Sciences, 2002, 24: 208-212.

[16] 邓昌义，郭锐锋，张忆文，等. 面向硬实时系统零星任务低调度算法[J]. 小型微型计算机系统, 2016, 37(1): 157-161.

[17] NAESA J, HAIDEGGER G. Built-in Intelligent Control Applications of Open CNCs[C]. The Second World Congress on Intelligent Manufacturing Processes and Systems, 1997: 388-392.

[18] SUSHIL Birla, DAVID Faulkner, JOHN Michaloski, et al. Reconfigurable Machine Controllers using the OMAC API[C]. Proceeding of the International Conference on Reconfigurable Manfacturing, 2001.

第 4 章　面向工业实时操作系统的可靠性协同优化调度算法

4.1　相关研究概述

动态电压调节（DVS）技术是工业实时操作系统中普遍采用的一种节能技术[1]，它通过降低电路的供电电压和运行频率来降低动态能耗。许多主流的商业处理器，如 Intel XScale、AMD G-series 及龙芯系列的多核处理器均支持 DVS[2]。通过 DVS 改变电压和频率会带来时间、能耗的开销，但这些开销非常小。另外，随着技术的进步，转换导致的时间和能耗开销也在逐步下降。动态功耗管理（Dynamic Power Management，DPM）主要用于降低处理器之外如内存、I/O 等模块的能耗。当这些设备模块正常响应处理请求时，为工作状态；否则，当设备空闲时，这些设备模块进入低能耗的休眠状态。但采用 DPM 技术，处理器状态转换所带来的时间和能耗开销不可忽视，所以只有当设备的空闲时间达到一个预先设定的阈值时，改变其状态才是有效的。因此，采用 DVS 或 DPM 技术降低能耗时，必须同时考虑实时性和可靠性限制。为了保证实时任务在出现系统软/硬件故障后仍能在截止时间前完成，需要为实时操作系统提供一定的容错能力，从而确保系统的可靠性不受影响。主/副版本备份（Primary/Backup，P/B）技术的每个任务包含主、副 2 个相互独立的任务[3]，当主版本任务执行发生错误时，启动执行副版本任务，从而保证系统的可靠性。

由于低能耗依赖空闲时间，所以确保系统可靠性同样依赖空闲时间。二者在协同上面临竞争空闲时间的问题，如何合理分配空闲时间，在保证系统可靠性的前提下降低系统功耗成为实时系统调度的一个 NP 难题。Melhem 等人利用系统的空闲时间，在利用 DVS 技术降低能耗的同时，基于检查点技术实现容错[4]。Zhu 等人提出了可靠性感知的能耗管理（Reliability Aware Power Management，RAPM），将系统的可靠性定义为每个任务的可靠性的乘积，RAPM 的目标就是在保证系统原有可靠性的同时利用 DVS 技术节能[5]。RAPM 的基本思路是，对每个电压调节的任务，都会在满足实时性约束下，额外调度一个以最高电压恢复任务执行的实例，从而保证该任务原有的可靠性。Zhao 等人提出用一部分公共备份任务代替给每个任务备份空闲时间的节能机制，通过减少任务备份数量实现低能耗和可靠性的平衡，但所提出的 GSHR 算法只能在一个范围内保证系统的可靠性，缺乏一般性[6]。

4.2 基于滑动窗口的低功耗高可靠调度算法

为解决工业实时操作系统的可靠性和低功耗之间的协同调度问题，本书先对依赖任务的有向无环图（Directed Acyclic Graph，DAG）进行建模，使其成为不具有依赖的任务，消除有向无环图任务的依赖关系，再执行协同优化算法以获得更好的节能效果。该算法利用 N 模块冗余技术，在多个处理单元对每个任务执行相同的备份，并对其结果以投票方式输出。如果多个备份执行的结果相同，则认为执行正确，回收容错阶段备份任务的空闲时间，否则执行容错阶段的剩余备份完成容错。该算法充分利用多核架构优势，采用流水线并行执行任务的方式，在任务时序约束下，实现多核处理器系统上的低功耗和高可靠的目标。

4.2.1 基于滑动窗口的低功耗高可靠调度算法的模型

1. 实时任务模型

考虑一个由 n 个实时任务组成的任务调度模型 $J=\{J_1,J_2,\cdots,J_n\}$，J_i 表示在一个任务集合的第 i 次调用。任务的参数用一个 3 元数组表示 $J=(a_i,c_i,d_i)$，参数定义如下：

（1）a_i：表示任务 J_i 将要执行的时间。

（2）c_i：表示 J_i 在最高速度 $S_{\max}$ 下的最坏执行时间，$S_{\max}$ 表示处理器能够提供的最高速度。

（3）d_i 表示任务 J_i 的绝对截止时间。

2．功耗模型

假设处理器速度或频率可以连续调节，拓展算法支持处理器在离散速度中调节。当任务 J_i 在速度 S_i 下执行时，需要的执行时间为 c_i / S_i。整个任务集合对应的速度可以表示为 $S=\{S_1,S_2,S_3,\cdots,S_n\}$，这里，$S_i$ 是任务 J_i 运行时对应的处理器速度。本书采用文献[42]中的功耗模型，系统的功耗 P 为：

$$P=P_s+h(P_{\text{ind}}+P_{\text{dep}})=P_s+h(P_{\text{ind}}+C_{\text{ef}}S^m) \tag{4-1}$$

P_s 代表系统静态功耗，当系统处于关闭状态时，$P_s=0$。静态功耗主要包括系统的基本电路功耗，以及维持系统时钟、主存和 I/O 设备在休眠状态下的功耗。P_{ind} 代表和处理器频率无关的功耗，主要包括不受 CPU 频率变化或电压变化影响的功耗，如主存储器和外部设备的漏电功耗。P_{dep} 是依赖处理器频率的动态功耗，包括 CPU 功耗，以及其他依赖处理器速度产生的功耗。C_{ef} 为系统有效的负载电容。m 代表动态指数（$2\leqslant m\leqslant 3$），h 代表系统状态，当系统处于工作状态时，$h=1$；当系统处于休眠状态时，$h=0$。因为实际 CPU 能提供的频率 $\{f_1,f_2,\cdots,f_{\max}\}$ 和电压 $\{v_1,v_2,\cdots,v_{\max}\}$ 是离散的，所以提供的速度也是离散的。对频率进行归一化处理，$S_{\min}=\dfrac{f_1}{f_{\max}}$，$S_{\max}=\dfrac{f_{\max}}{f_{\max}}=1$。因此，速度的取值范围为区间 $[S_{\min},\cdots 1]$ 内的离散点。当系统处于工作状态时，一个任务在频率 f_i 下的能耗可以表示为式（4-2）[6]：

$$E(f_i)_i=P_{S,i}\cdot\frac{c_i}{f_i}+h\cdot P_{\text{ind},i}\cdot\frac{c_i}{f_i}+h\cdot C_{\text{ef}}\cdot c_i\cdot f^{m-1} \tag{4-2}$$

3．可靠性模型

研究表明，发生瞬时错误的概率比永久错误的概率大，瞬时任务出错概率符合泊松分布[6]。对于支持 DVS 的实时系统，考虑到调节电压对瞬时错误产生的不利影响，由瞬时错误引起的任务平均出错率和处理器调整频率 f（对应电压 V）之间的关系可以表示为：

$$\lambda(f)=\lambda_0\cdot g(f) \tag{4-3}$$

λ_0 代表在频率 $f_{\max}$ 即频率最高情况下任务平均出错率。这里 $g(f_{\max})=1$。低频率或低电压将导致由瞬时错误引起的任务错误率增加。由 $f<f_{\max}$，可得 $g(f)>1$。

本书采用由瞬时错误引起的任务错误指数评价模型[82]，如式（4-4）所示。

$$g(f)=10^{\frac{d(1-f)}{1-f_{\min}}} \tag{4-4}$$

$d(>0)$ 是一个常量。当处理器处于最低的频率时，具有最高的失效率 $\lambda_{\max}=\lambda_0\cdot10^d$。瞬时错误引起的任务出错可以用接受测试（Acceptance Test，AT）的方法来进行检测。在每个任务执行完毕后向对应的备份任务发送消息，通知主版本执行完毕，如果备份任务在指定的时间内仍未收到任务发来的消息，则认为任务所在的处理器出现故障。一旦发现故障，将执行备份任务。

系统的可靠性为所有任务被正确执行的概率。一个任务按最坏执行时间 c_i 执行，在处理器频率 f 下的可靠性为：

$$R_i(f_i)=\mathrm{e}^{-\lambda(f_i)\frac{c_i}{f_i}} \tag{4-5}$$

规定用 $R^j(J_1,\cdots,J_n)$ 表示系统的可靠性，即每个任务被正确执行的可能性。如果任务执行出错，使用空闲时间恢复第 j 个出错的任务。规定用 R_g 表示系统要保证的稳定性。

当整个系统不存在出错任务时，可靠性为 $R^0(J_1,\cdots,J_n)=\sum\limits_{i=1}^{n}R_i(f_i)$。当系统有一个任务需要容错时，其可靠性为：

$$R^0(J_1,\cdots,J_n)=R_1(f_1)R^1(J_2,\cdots,J_n)+[1-R_1(f_1)]R_1(f_{\max})R^0(J_2,\cdots,J_n) \tag{4-6}$$

推广到一般模型，当有 j 个任务需要容错时，系统的可靠性为：

$$R^j(J_1,\cdots,J_n)=R_1(f_1)R^j(J_2,\cdots,J_n)+[1-R_1(f_1)]R_1(f_{\max})R^{j-1}(J_2,\cdots,J_n) \tag{4-7}$$

式（4-7）等号右侧加号前的部分表示任务 J_1 被正确执行，余下的 J 个备份任务可以给后续任务使用；加号的后半部分表示 J_1 执行失败，后续任务需要一个备份任务容错。剩下的任务中还有 J–1 个备份任务可以使用。可以使用动态规划快速计算出系统的可靠性 $R^j(J_1,\cdots,J_n)$，其线性渐进复杂度为 $O(J\cdot N)$。

4.2.2　问题定义

低能耗和可靠性协同系统优化算法的问题可以表示为：在保证系统可靠性前提下找到最优的任务备份数，同时分配调整的后的处理器频率使得总能耗 E 取得最小值，即式（4-8）取得最小值。

$$E=\sum_{i=1}^{n}E(f_i)_i=\sum_{i=1}^{n}(P_{s,i}\cdot\frac{c_i}{f_i}+h\cdot P_{\text{ind},i}\cdot\frac{c_i}{f_i}+h\cdot C_{\text{ef}}\cdot c_i\cdot f^{m-1})\qquad(4\text{-}8)$$

同时满足约束条件：

$$①\ R^j(J_1,\cdots,J_n)\geqslant R_g\qquad(4\text{-}9)$$

$$②\ \sum_{i=1}^{n}\frac{c_i}{f_i}\leqslant D^*\qquad(4\text{-}10)$$

式中，D^* 是执行任务集合 J 所需的总时间。显然，越多的空闲时间用于容错，系统的可靠性 R_g 就越容易被保证。然而，实时任务的截止时间使得这个问题变得复杂，因为每个备份任务都需要占用空闲时间，处理器通过调节频率获得低能耗，同样依赖空闲时间的分配，两者在空闲时间上存在竞争关系。

4.2.3　低能耗与可靠性优化调度算法

1．动态滑动窗口调度任务机制

根据文献[7]，在 LPEDF 算法基础上进行拓展，使其成为一个能够容错的低能耗调度 LPRSW 算法。

定义 4.1　给出一个实时任务集 J，$J(I)$ 代表任务集完成执行的最大时间窗口 $I=[t_s,t_f]$，$J(I)=\{J_i\mid t_s\leqslant a_i<d_i\leqslant t_f\}$；负载 $W(I)$ 是时间区间 $I=[t_s,t_f]$ 中所有任务执行时间之和，$W(I)=\sum_{J_i\in J(I)}c_i$；时间区间 I 的强度 $S(I)$ 被定义为：$S(I)=W(I)/L(I)$，代表处理器速度的下限。

这里，$L(I)$ 是时间区间 I 的长度，$L(I)=t_f-t_s$；将 $I=[t_s,t_f]$ 叫作滑动窗口，如果该滑动窗口有最高的强度，即任务以最快速度执行，那么 t_s 和 t_f 是相应任务的初始到达时间和最后截止时间。

在一个滑动窗口内容错相关的开销可以定义为 $W_{\text{ft}}(I)=W_{\text{R}}(I)+W_{\text{TO}}(I)$，这

里 W_{R} 表示在最坏情况下用来恢复出错任务的预留负载。$W_{\mathrm{R}}(I)=\sum_{R_{i\in R(I)}} R_i$，$W_{\mathrm{TO}}(I)$ 表示在正常任务中发现出错任务时的转换开销，$W_{\mathrm{TO}}(I)=\sum_{J_{i\in J(I)}} \mathrm{TO}_i$。

基于以上定义，给出一个实时任务集 J，LPRSW 算法能够在保证系统可靠性前提下降低系统能耗，算法步骤如下：

（1）重复下面步骤直到任务集 J 为空。

（2）根据定义 4.1 确定滑动窗口。

（3）调整窗口大小，将所有的任务纳入窗口，设置所有任务的执行速度为 $S(I)$，调整任务到达时间和截止时间。特别地，调整滑动窗口任务集合 $J-J(I)\to J$ 可以按照下面规则进行：如果 $d_i\in[t_s,t_f]$，滑动窗口更新 $d_i\to t_s$；如果 $a_i\geqslant t_f$，则 $a_i-(t_f-t_s)$；如果 $a_i\in[t_s,t_f]$，则 $a_i\to t_s$；如果 $d_i\geqslant t_f$，则 $d_i-(t_f-t_s)$。

（4）当任务执行出现错误时，在启动容错机制的同时增加滑动窗口负载。重新计算它的强度。用 $S_m(I)$ 代替 $S(I)$，计算式（4-11）：

$$S_m(I)=\frac{W(I)+R_1+R_1+\cdots+R_k}{L(I)-K\times \mathrm{TO}_x} \tag{4-11}$$

式中，x 代表集合中最长备份任务的下标，$W(I)$ 表示任务发现出错的总开销，在 K 个错误需要容错的条件限制下，对任意一个采用 EDF 调度策略的实时任务集合可调度的条件如下。

定理 4.2 文献[2]中给出了一个实时任务集 J，在 $S_{\max}=1$ 下实现 K 个容错。如果对于每一个滑动窗口 I 都有：

$$\frac{W(I)+W_{\mathrm{ft}}(I)}{L(I)}\leqslant 1 \tag{4-12}$$

则该任务集合是可调度的。注意到，当一个任务出错后，LPRSW 在执行一个备份任务时可以有两种选择，第一种是使用调节后的处理器速度策略 LPRSW-A。第二种是使用处理器最高速度策略 LPRSW-H。下面通过实例说明这两种算法在不同任务执行情况下的节能效果。使用算法 LPRSW-H，滑动窗口的强度表示如下：

$$S_e=\frac{W(I)}{L(I)-W_{\mathrm{ft}}(I)} \tag{4-13}$$

可以看出，在滑动窗口 I 中，如果 $W(I)+W_{\mathrm{ft}}(I)\leqslant L(I)$，则 $S_e\leqslant S_m$。该算法的优势在于它只需要很少的备份资源去保障任务容错，因此，可以在出错率较低的情况下使用该策略。为了进一步说明，考虑如下实例：让 m=3，$P_{\mathrm{ind}}=0.02$，$C_{\mathrm{ef}}=1$。为了简单起见，时间和状态转换开销忽略不计。LPRSW-A 算法［见图 4.1（a）］调度任务集的能耗为 11.06mJ，LPRSW-H 算法［见图 4.1（b）］的能耗为 11.5mJ，LPRSW-A 算法需要相对较少的能耗。然而，当系统不存在出错任务时，如图 4.1（c）所示，LPRSW-A 算法的能耗为 5.53mJ，LPRSW-H 算法［见图 4.1（d）］的能耗为 4.36mJ，反而 LPRSW-A 算法的能耗更多。由于出错率在实际系统中通常较低，所以 LPRSW-H 采用处理器最高速度执行出错任务占用的空闲时间相比 LPRSW-A 算法较少。因此，在降低能耗方面，LPRSW-H 算法比 LPRSW-A 算法更有优势。

表 4.1 所示为任务集合调度实例。

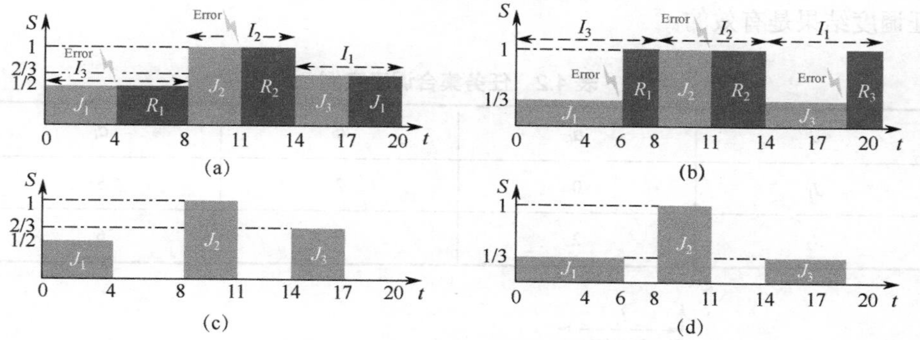

图 4.1　任务集合在 LPRSW-A 算法和 LPRSW-H 算法下的调度过程

表 4.1　任务集合调度实例

J	a_i	c_i	d_i
J_1	0	2	10
J_2	8	3	14
J_3	10	2	20

为了满足实时任务的截止时间要求，上述算法中每次迭代调整滑动窗口大小时，都假设在滑动窗口中任务按最坏执行时间完成执行，且所有 K 个出

错任务将影响执行时间最长的任务。这种假设是相对悲观的，在这种假设下，每个滑动窗口需要计算满足 K 个容错所需要的预留资源，这有可能导致一个可调度任务集变得不可调度。我们用下面的例子进行说明。

考虑一个系统中有两个确定的任务需要调度，任务调度实例如表 4.2 所示。为了阐述简单，假定发现任务出错的开销为 0。根据 LPRSW 算法，第一个滑动窗口为[3,7]，根据式（4-11），其强度为 1。使用任务 J_2 调整窗口[2,6]后，将 d_1 调整为 3，则第二个滑动窗口为[0,2]，其强度为 2。如图 4.2 所示，相对地，用 I_1 和 I_2 表示第一个和第二个滑动窗口。能够发现，$S_e(I_2)$ 要大于 $S_e(I_1)$，这种情形为单调优先级反转，更重要的是，$S_e(I_2)$ 超过了系统的最高速度（S_{max}=1），因此，是不可能获得所需要的速度的。然而，事实上任务集在速度低于 1 的情况下是可以调度的。从以上讨论中可以得出，考虑容错的能耗最小化问题不能简单地修改 LPEDF 算法来实现，需要在调度过程中优先保证调度结果是有效的。

表 4.2　任务集合调度实例

J	a_i	c_i	d_i
J_1	0	2	5
J_2	2	2	6

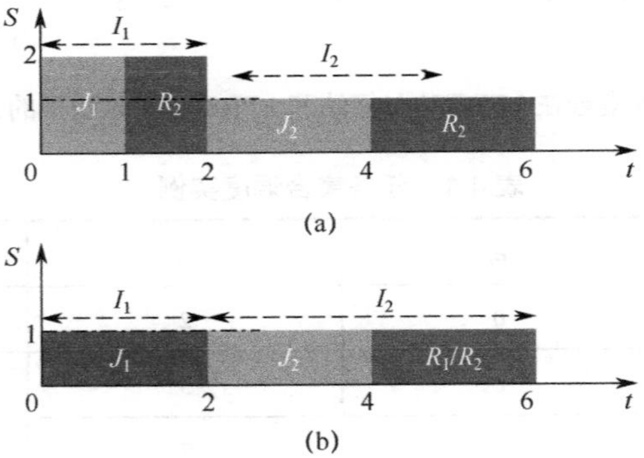

图 4.2　任务集合出现优先级反转实例

为解决单调优先级反转问题，观察发现反转的滑动窗口一定和之前迭代的窗口相邻。具体而言，有以下引理。

引理 4.3　LPRSW 算法从 i_{th} 到 $(i-1)_{th}$ 迭代，相应的两个滑动窗口为 I_i 和 I_{i-1}。如果 $S_e(I_i)>S_e(I_{i-1})$，则 I_i 和 I_{i-1} 是相邻的窗口。

证明：当调整窗口 I_{i-1} 时，在没有重叠的窗口中工作负载不发生变化，仅当 I_{i-1} 中有重叠部分时，将发生小部分改变，改变量为 Δ，$0<\Delta\leqslant L(I_{i-1})$；因此，在下一次迭代中窗口强度将增加。

正如引理 4.3 的证明，当调整滑动窗口重叠部分中的空闲时间，并用于备份任务时，滑动窗口将发生反转。因此，窗口调整将引起这些任务执行时间的减少。为了消除这种反转，将这些任务融合到之前的窗口中，方法如下。

引理 4.4　LPRSW 算法从 i_{th} 到 $(i-1)_{th}$ 迭代，相应的两个滑动窗口为 I_i 和 I_{i-1}。如果 $S_e(I_i)>S_e(I_{i-1})$，则在 I_i 和 I_{i-1} 之间维持任务集可调度的最低恒速为 $S_e(I_{i-1})$。

证明：在调整滑动窗口 I_{i-1} 前，所有在任务集 J 中剩下的任务在恒速 $S_e(I_{i-1})$ 下运行，任务集将是可调度的。因此，融合两个窗口 I_i 和 I_{i-1} 后，任务集将是可调度的。

定理 4.5　考虑 $S_{e_1},S_{e_2},S_{e_3},\cdots$ 作为 LPRSW 算法滑动窗口第 $1,2,3,\cdots$ 迭代的强度。S_{e_1} 是整个任务集合在错误不超过 K 个的情况下，保证任务不错过截止时间的最低恒定速度。

证明：定理 4.5 可以被引理 4.4 证明。在第一次 LPRSW 算法的迭代中，考虑滑动窗口的定义，由 $S_{e_1}\geqslant S_e(I)$，可得 $\dfrac{W(I)}{S_{e_1}}\leqslant\dfrac{W(I)}{S_e}$。将式（4-12）代入上式中的等号右侧，两边同时加上 $W_{ft}(I)$ 后，有 $\dfrac{W(I)}{S_{e_1}}+W_{ft}(I)\leqslant L(I)$，因此，任务集合在速度 S_{e_1} 下是可调度的。

此外，假设 S_{e_1} 是滑动窗口 I_1 中任务执行的速度，则 $S_{e_1}=\dfrac{W(I_1)}{L(I_1)-W_{ft}(I_1)}$，如果 S^* 是任务集合保证可调度的最低速度，有 $S^*<S_{e_1}$，则可以调节滑动窗口 I_1 的工作负载，例如，$\dfrac{W(I_1)}{S^*}+W_{ft}(I_1)>\dfrac{W(I_1)}{S_{e_1}}+W_{ft}(I_1)=L(I_1)$，这违反了定

理 4.1 的可调度条件。

定理 4.6 考虑$S_{e_1},S_{e_2},S_{e_3},\cdots$作为 LPRSW 算法滑动窗口第$1,2,3,\cdots$迭代的速度，有$S_{e_1} \geqslant S_{e_2} \cdots \geqslant S_{e_m}$。

证明：因为优先级反转在 LPRSW 算法中被消除，可以很容易地确定后续滑动窗口的关系。

如果 LPRSW 算法能够满足以下两个条件，则可以满足任务的截止时间要求。

（1）不超过K个任务出错。

（2）$\forall_i \in [1,m]$，m表示总的迭代次数，有$S_{e_i} \leqslant 1$。

在 LPRSW 算法中，一个滑动窗口I_i有专属的预留空间给任务执行和任务备份。任何高优先级任务，如J_h的执行有可能和I_i发生重叠，它将强制在I_i之前完成。相似地，低优先级任务，如J_l的执行可能和I_i发生重叠，窗口I_i通过调整低优先级任务的到达时间和截止时间，进而排除它们的执行。因此，仅需要证明如果设置处理器速度为S_{e_i}，即整个窗口I_i的任务执行速度为S_{e_i}，要想在最坏情况下（K个任务出错）所有任务是可调度的，只要满足$S_{e_i} \leqslant 1$。

通过反证法证明：

将处理器速度设定为S_{e_i}，让$J_c = (a_c, c_c, d_c) \in J(I_i)$错过其截止时间，则能够找到一个时刻$t \leqslant a_c$，这样对于窗口$I' = [t, d_c]$，有$\dfrac{W(I')}{S_{e_i}} + W_{\text{ft}}(I') > L(I')$。

由于$S' = \dfrac{W(I')}{L(I') - W_{\text{ft}}(I')} > S_{e_i}$，且$I' \in I_i$，这与假设矛盾。

因此，I'是一个滑动窗口。证毕。

LPRSW 算法伪代码如图 4.3 所示，第 8 行表示当前初始滑动窗口和它的速度。第 9～12 行检查当前的速度是否小于最低速度，如果是，则终止迭代。第 13～16 行表示当出现反转窗口时消除它。第 18～20 行表示当任务出错时，重新计算备份任务的执行速度。LPRSW 算法的复杂性主要来自第 8 行滑动窗口的计算，其算法时间复杂度为$O(n^2)$。

LPRSW 算法：

```
1. 任务集合初始化输入：
2. 任务集合： J = {J_1, J_2, ···, J_n}
3. 处理器支持的最低运行速度： S_min
4. 输出：{S_1, S_2, ···}
5. S_i = S_max ， for i = 1,2,···,n
6. p = 1 ; {初始化滑动窗口下标}
7. While J ≠ φ do
8. 遍历任务集合 J，确定下一个滑动窗口 I 和对应的处理器速度 S，p++;
9. If S < S_min then
10. S_i = S_min， ∀J_i ∈ J ;
11. Break;
12. End if
13. If S_i > S_{p-1} and p>1 then
14. I_p & I_{p-1} → I_p //从上次迭代中恢复任务的信息，将滑动窗口 I_p 和 I_{p-1} 融合成一
个滑动窗口；消除优先级反转。
15. P--;
16. End if
17. End While
18. If 任务出错
19. 根据 LPRSW 算法第 4 步启动容错机制，更新备份任务的速度
20. End if
21. Return {S_1, S_2, ···}
```

图 4.3　LPRSW 算法伪代码

2. 多任务下的共享空闲时间分配

所有的任务在 LPRSW 算法中都与一个滑动窗口相关，当速度被选定时，所有的任务在滑动窗口内都是可调度的。虽然 LPRSW 算法在最大出错任务数 K 下，能够保证实时任务集合的可调度性，但是在每个窗口内都需要预留计算资源给每个备份任务。在实际系统中，任务全部出错的概率较低，会造成空闲时间的浪费。例如，两个滑动窗口 I_1 和 I_2，如果出错任务为 1 个，当出错任务发生在 I_1 时，I_2 将不会出错，则 I_2 可以将备份任务的资源全部分给主任务。如果出错任务发生在 I_2，则 I_1 中的任务全部被正确执行，留下的资源可以供 I_2 提前开始执行任务。更复杂的情况如图 4.4（b）和图 4.4（c）所示，其中揭示了全

局共享空闲时间情况下保证任务可靠性的方法。

重新调度表 4.1 中的任务，所有任务都在一个滑动窗口内。假设 3 个任务对应需要的容错空闲时间分别为 R_1、R_2、R_3。其中，R_3 任务恢复需要的时间最多。如图 4.4（a），当以最高速度执行任务时，不会留下多余的空闲时间，则能耗为 10mJ。如果系统中有一个任务出错，如最长任务 J_2 出错，如图 4.4（b）所示，可以将任务 J_1 和 J_3 的备份资源用于其他任务调节速度。当所有空闲时间都用来调节 J_1 任务时，能耗为 8.22mJ，相比图 4.4（a）的调度策略节约了 17.8%的能耗。另一种情况如图 4.4（c）所示，如果将空闲时间用于 J_1 和 J_3，则能耗为 6mJ，相比图 4.4（a）的调度策略节约了 40%的能耗。此外，这里假设的是最长任务出现错误时，形成的全局预留资源 SR，因此在实际中空闲时间可以被进一步回收。将空闲时间分给不同的任务共享，可以进一步优化能耗。

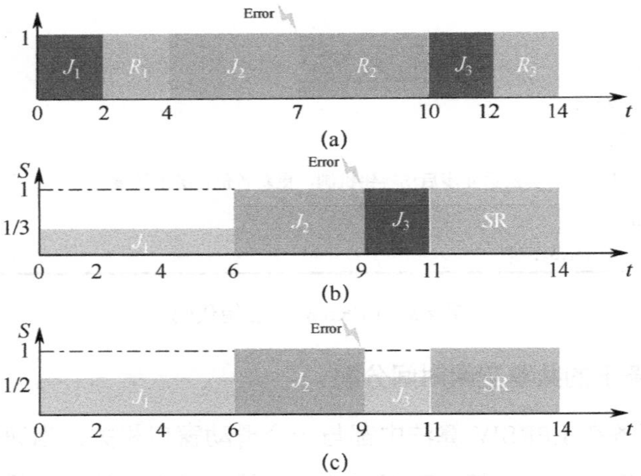

图 4.4　全局共享空闲时间情况下将不同的空闲时间分配给多个任务

因此，除了共享预留空闲时间可以在保证系统可靠性的前提下降低能耗，合理分配空闲时间也对降低能耗有积极影响。需要对 LPRSW 算法进一步解决以下问题：

（1）如何将回收的空闲时间分配给其他任务，在保证截止时间的情况下实现更低的能耗。

（2）如何在降低能耗和保证系统可靠性之间找到平衡点。

COSALPRSW 算法从功耗模型出发，代替之前每个任务分配一个备份任务的方式，备份任务个数通过动态共享空闲时间确定，从而减少备份任务占用的资源，进而在保证系统可靠性的前提下降低能耗。

为了评估每个任务能耗和空闲时间的使用率，定义了以速度 f ①运行的任务 J_k 的空闲时间的能耗，空闲时间—能耗因子（Slack_Energy）如式（4-14）所示。

$$\text{Slack\_Energy}(f) = \frac{E_k^* - E_k(f)}{S_k(f)} \tag{4-14}$$

其中，E_k^* 和 $E_k(f)$ 分别是 $f_{\max}$ 和 f_k 时任务 J_k 的能耗；$S_k(f)$ 是任务 J_k 以速度 f_k 运行所需的空闲时间总量（包括保留用于备份任务预留的空闲时间）。Slack_Energy(f) 为任务 J_k 以某个速度运行时所节省的能量与所需的空闲时间的比例。Slack_Energy(f) 的值越高，每单位空闲时间可以节省的能耗越多。

在 $f_{\max}$ 处，没有空闲时间，也不能节约能耗，并且任务的Slack_Energy($f_{\max}$)被定义为 0。随着 f 减小，节约的能耗更多，并且Slack_Energy(f) 的值随之增加。然而，当接近任务的能量高效频率时②，对于相同的空闲时间而言，节约了更少的能量。受预留用于恢复的空闲时间的影响，预计在某个阈值后，Slack_Energy(f) 将先增大后减小。因此，对于每个任务 J_k，应该存在最佳速度 f_o，使得Slack_Energy(f) 的值最大。

$$S_k(f) = C_k / f \tag{4-15}$$

$$E_k = P_{s,k} \cdot S_k(f) + h \cdot P_{\text{ind},i} \cdot S_k(f) + h \cdot C_{\text{ef}} \cdot c_i \cdot f^{m-1} \tag{4-16}$$

从式（4-14）、式（4-15）和式（4-16），以及关于 f 的微分 Slack_Energy(f)′ 可得：

$$\text{Slack\_Energy}(f)' = P_s + h \cdot P_{\text{ind}} + h \cdot C_{\text{ef}} - m \cdot h \cdot C_{\text{ef}} \cdot f^{m-1} \tag{4-17}$$

当 $m = 2$ 或 $m = 3$ 时，可以得到最大化Slack_Energy(f) 下的最佳速度：

① 作者注：处理器的频率是衡量处理器速度的一种方法，故此处用 f 表示速度。

② 处理器处于能量高效频率时，处理器能够更快地处理指令和数据。

$$f_o = \sqrt[m-1]{\frac{P_s + h \cdot P_{\text{ind}} + h \cdot C_{\text{ef}}}{m \cdot h \cdot C_{\text{ef}}}} \qquad (4\text{-}18)$$

图 4.5 所示为 COSALPRSW 算法伪代码。

COSALPRSW 算法：

1.　按照任务的执行时间降序排列任务集合，J_1, \cdots, J_n；

2.　计算可以利用的空闲时间 $\text{SL} = D - W(I)$；

3.　$k = \max\{j \mid \sum_i^j J_i \leqslant \text{SL}\}$ //计算最大备份任务数量.

4.　Set　$f = f_e (i = 1, \cdots, n)$；

5.　Set　$E = E_i(f_i)$；

6.　For n=0 to k do

7.　If $n>0$ then

8.　　$\text{SL} = \text{SL} - J_n$

9.　End if

10.　End for

11.　Assign-frequencies($\{f\}, \text{SL}$)；

12.　计算新速度下的系统可靠性 R_f 和总能耗 E_{total}；

13.　If　$E > E_{\text{total}}$　and　$R_f < R_g$　then

14.　Set　$E = E_{\text{total}}$；

15.　Set $k=n$; //确定全局最优备份任务数量

16.　Set　$f = f_0 (i = 1, \cdots, n)$；

17.　Else

18.　Set　$f = f_{\max}$

19.　End if

20.　Return k and　f_1, \cdots, f_n

图 4.5　COSALPRSW 算法伪代码

对于给定的任务集，Slack_Energy 的值越高，系统将越节能。基于这一点，提出 COSALPRSW 算法，COSALPRSW 算法根据空闲时间—能耗因子决定选择任务的顺序和速度。首先，优化备份任务数量，共享空闲时间。其次，将剩余的空闲时间分配给将要调度的任务，找到在保证系统可靠性前提下能耗最小的速度分配策略。任务集合需要的时间资源总量为 D，可用空闲时间为 $\text{SL} = D - W(I)$，则可以安排备份的数量为 $J_i \leqslant \text{SL}$。在保留空闲时间 SL 用于恢复出错任务（以重新执行的形式）后，剩余空闲时间 $(\mathrm{SL}-J_i)$ 可用于降低所选任务的处理速度。

在图 4.6 的 Assign-frequencies 算法伪代码中，$\mathrm{SL}_{\mathrm{remain}}$ 表示剩余空闲时间。队列按照它们的最大空闲时间使用空闲时间一能耗因子 Slack_Energy(f)（第 3 行）的递减顺序对任务进行排序。将空闲时间以该顺序分配给这些任务，使得它们能够以最佳速度（第 5～7 行）运行。算法的复杂度只有 $O(n\log n)$，主要是对任务 Slack_Energy(f) 的值进行排序。

Assign-frequencies:

1. 计算每个滑动窗口的 Slack_Energy(f), f_0 和 $\mathrm{SL}_k(f_0)$；
2. $\mathrm{SL}_{\mathrm{remain}}=\mathrm{SL}$；
3. 队列中任务按照 Slack_Energy(f) 的值降序排列
4. While Queue $=!\phi$ and $\mathrm{SL}_{\mathrm{remain}}>\min\{J_i|(J_1,J_2,\cdots J_n)\}$ do
5. If $(\mathrm{SL}_k(f_0)\leqslant S_{\mathrm{remain}})$ then
6. 分配 $\mathrm{SL}_k(f_0)$ 给任务 J_k；
7. $\mathrm{SL}_{\mathrm{remain}}=\mathrm{SL}_k(f_0)$；
8. Else
9. 将任务 J_k 加入没有被选择的队列，等待下一轮调度
10. End if
11. End while
12. Return f_0

图 4.6　Assign-frequencies 算法伪代码

4.2.4　实验结果与分析

实验采用沈阳蓝天数控 GJ400、支持动态电压调节的 64 位龙芯 3B-1500 处理器，该处理器允许调整的电压范围为 1.0～1.3V，对应可变的处理器频率为 1.0GHz～1.5GHz[83]。基于低能耗龙芯处理器的开放式数控系统 GJ400 如图 4.7 所示，系统分为二次开发层、CNC 数控系统层和运动控制层。其中，低功耗嵌入式平台的运动控制模块负责进给驱动控制、主轴驱动控制及开关控制，满足任务严格的实时性要求。低能耗可靠调度算法部署在 CNC 数控系统层。在实验中，修改操作系统内核，以便在创建线程之前，使用系统调用将获得的任务相关信息发送到内核和调度程序处。当任务调用 Pthread_create()创建线程时，它会依次调用一系列系统调用函数包括 Sys_clone()、Do_fork()和

Copy_process()函数。修改后，Copy_process()函数和 Sched_fork()函数将收集到的任务执行信息反馈到本书设计的能耗模型和可靠性模型中，用于分析所提出的算法的能耗和可靠性。

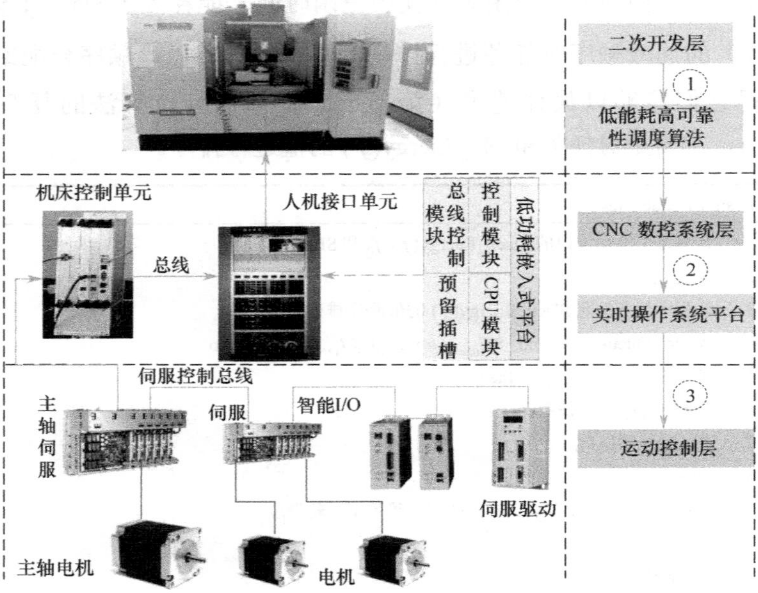

图 4.7　基于低能耗龙芯处理器的开放式数控系统 GJ400

本节实验比较 4 种算法：NODVS 算法、LPRSW-A 算法、LPRSW-H 算法和 COSALPRSW 算法。其中，NODVS 算法是没有采用能耗管理、按照最高速度执行任务、当系统空闲时将系统置于省电的休眠状态的算法，NODVS 算法作为其他算法能耗归一化的对比算法。数控系统每执行一次轨迹插补任务周期为 6ms，每次插补计算的结果通过命令寄存器分若干次传送到伺服控制单元，以控制机床各个坐标轴的位移，位置控制任务的周期为 3ms；每执行一次运动控制处理任务的时间为 15ms[2]。每个任务容错的时间和能耗开销设置为最坏执行时间和最高能耗的 10%。系统任务出错数 K 根据任务集合和任务到达错误率确定。根据文献[82]，实时系统中任务到达错误率在 10^{-10}/h～10^{-5}/h。若实时系统在复杂的环境中，任务到达出错率将更高，在 10^{-2}/h～10^{2}/h。同时，NODVS 的原始故障概率（$1-R_0=1-\prod R_i(f_{max})$用 PoF 表示。用能耗和可靠性指标来测试所提出的算法的性能。分别在线性速度和离散速度集合测试算法。每次实验时间为 10000 个时间片，每个任务集运行 10 次，并将这 10 次的运行结果的平均值作为最终的实验结果。

1．空闲时间对系统可靠性的影响

系统可靠性定义为 1–PoF，通过使用故障率模型和执行时间来计算系统的可靠性。图 4.8 给出了当故障率模型中的指数 d 等于 2 时，空闲时间对系统可靠性的影响。将其他算法的结果和 NODVS 算法的结果进行归一化。观察到故障率只要适度增加，NODVS 算法将会导致系统可靠性大幅度下降。这符合预期，因为 NODVS 算法用最高速度执行任务，不考虑对可靠性的影响。LPRSW-A 算法、LPRSW-H 算法和 COSALPRSW 算法都采用可靠性方案，通过在降低频率之前保留空闲时间以恢复出错任务，即使在故障率急剧增加时，系统的可靠性依然能得到保证，这与理论结果一致。随着空闲时间的增加，用于出错任务的时间也增加，可以让系统管理更多的任务并获得更低的故障率。随着空闲时间的增加，LPRSW-A 算法的出错率要高于 LPRSW-H 算法，这是因为 LPRSW-A 算法采用调整后的速度执行出错任务，执行时间比 LPRSW-H 算法采用最高速度恢复出错任务要长。在系统空闲时间大于 0.6ms 以后，随着空闲时间的增加，LPRSW-A 算法和 LPRSW-H 算法的出错率更高，但是 COSALPRSW 算法的出错率更低，这是因为 COSALPRSW 算法采用了全局共享空闲时间策略。

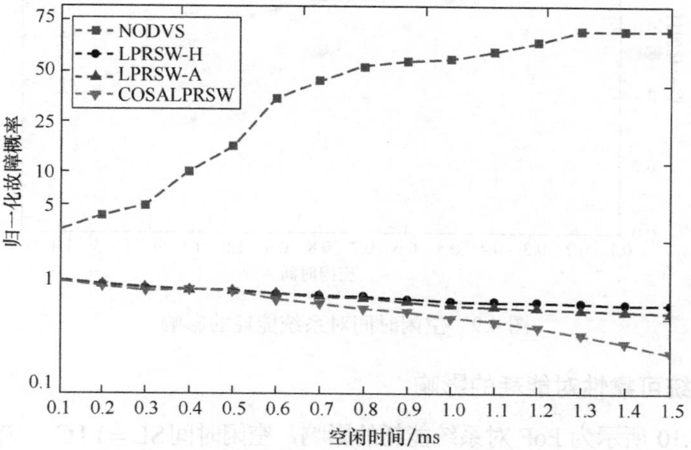

图 4.8　空闲时间对系统可靠性的影响（d=2）

2．空闲时间对能耗的影响

如图 4.9 所示为空闲时间对系统能耗的影响。将与频率无关的功率设置为 $P_{ind}=0.05$，可用空闲时间由 $SL=D-W(I)$ 表示。在图 4.9 中，目标可靠性被设置为原始系统可靠性 $R_g=1-PoF$。开始时，LPRSW-A 算法和 LPRSW-H 算法的能耗非常接近，但均高于 COSALPRSW 算法。在空闲时间大于 0.7ms 以后，LPRSW-A 算法比 LPRSW-H 算法节约更多的能耗，这是因为空闲时间增多，当任务出现错误时，LPRSW-A 算法使用 DVS 调节后的速度执行，而 LPRSW-H 算法采用最高速度。COSALPRSW 算法能耗更低，这是因为 COSALPRSW 算法在恢复出错任务执行时的策略优于 LPRSW-A 算法和 LPRSW-H 算法。空闲时间越多，任务进行动态电压调节和恢复出错任务的机会越多；并且 COSALPRSW 算法通过全局回收空闲时间再分配的方式能够更多地节约能耗。然而，LPRSW-A 算法和 LPRSW-H 算法需要为不同的任务分配单独的备份任务，因此算法节能效果差于 COSALPRSW 算法。平均来看，COSALPRSW 算法比 LPRSW-A 算法和 LPRSW-H 算法分别节约了 31.62%和 44.4%的能耗。

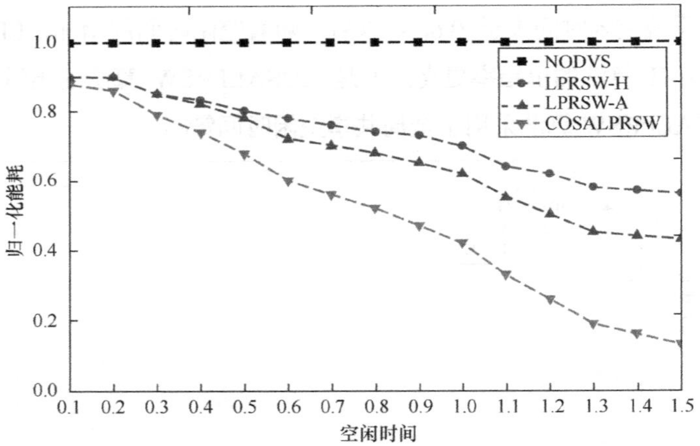

图 4.9　空闲时间对系统能耗的影响

3．系统可靠性对能耗的影响

如图 4.10 所示为 PoF 对系统能耗的影响，空闲时间 $SL=1.1C$，$P_{ind}=0.05$。将出错率 PoF 从 10^{-4} 调节为 10^{-10}。所有算法的能耗随着可靠性目标的增加

（PoF 的降低）而变得更高。这是因为需要预留更多资源来恢复出错任务来满足系统可靠性，从而减少了用于动态调节的可用空闲时间。随着可靠性的上升，需要更多的资源来恢复出错任务，并且需要保证不超过任务截止时间，因此能耗也急剧上升。当 PoF = 10^{-11} 时，系统可靠性最高，所有算法都被迫以 f_{max} 运行，以实现可靠性目标。

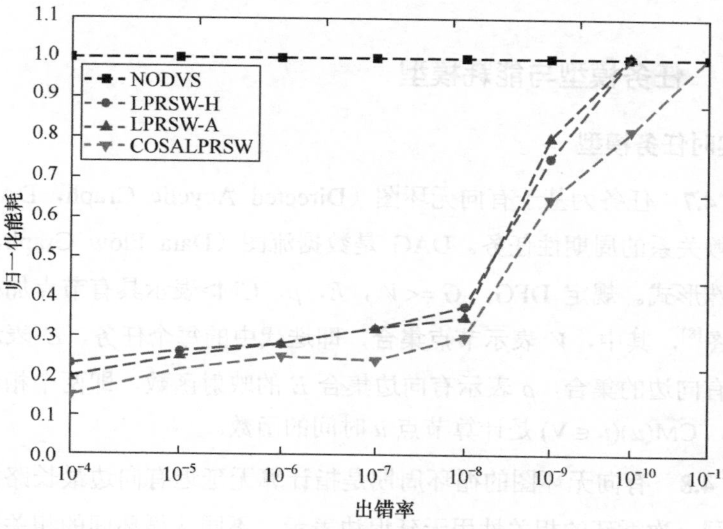

图 4.10　PoF 对系统能耗的影响

本节研究开放式数控系统的低能耗高可靠性调度算法，在 LPEDF 算法的基础上进行优化，使其成为能够容错的低能耗调度算法，考虑任务优先级反转问题，可通过融合相邻滑动窗口消除优先级反转。本书提出了基于滑动窗口机制的低能耗调度算法 LPRSW，在保证系统可靠性的前提下，降低系统功耗。同时，将 LPRSW 算法拓展为以处理器最高速度执行出错任务的 LPRSW-H 算法和采用 DVS 技术执行出错任务的 LPRSW-A 算法，并分析两者在不同情况下的优势和不足。在此基础上，本书又提出了一种性能更好的低能耗和可靠性优化调度算法 COSALPRSW。该算法发基于全局共享空闲时间分配备份任务数量，代替给每个任务都分配一个备份任务的方法。因此，可以回收更多的空闲时间，大幅降低了系统能耗，同时提出用空闲时间—能耗因子来决定任务动态调整后的最优速度。在保证系统可靠性前提下，进一步降低了系统能耗。通过实验对比，COSALPRSW 算法比 LPRSW-A 算法和 LPRSW-H 算法节能效果更好。平均来说，COSALPRSW 算法比 LPRSW-A 算法和 LPRSW-H 算法分别节约了 31.62%和 44.4%的能耗。

4.3 工业实时操作系统的低功耗和可靠性协同优化算法

4.3.1 任务模型与能耗模型

1. 实时任务模型

定义 4.7 任务为基于有向无环图（Directed Acyclic Graph，DAG）的一组具有依赖关系的周期性任务。DAG 是数据流图（Data Flow Graph，DFG）的一种特殊形式。规定 DFG，$G=<V，E，\rho，\mathrm{CM}>$表示具有节点加权和边加权的有向图[8]，其中，V 表示节点集合，即迭代中的每个任务，E 表示相邻两个节点的有向边的集合，ρ 表示有向边集合 E 的映射函数，即两个相邻节点之间的延迟，$\mathrm{CM}(u)(u\in \mathrm{V})$ 是计算节点 u 时间的函数。

定义 4.8 有向无环图的循环周期是指计算无延迟有向边最长路径所需要的时间。同一次循环的相关性用无延迟边表示，不同次循环间的相关性用延迟边表示。带延迟边 $E(u\to v)$，$G(E)$表示节点 v 依赖第 i 次循环产生的数据，而节点 u 的依赖数据在第[i-$G(E)$]次循环产生。每个节点上的数字表示任务执行需要的时间，“|”表示节点间需要 1 次延迟，“||”表示节点间需要 2 次延迟。

定义 4.9 考虑任务集合中有 n 个需要并发执行的 DAG 任务$\{G_1,G_2,G_3,\cdots,G_n\}$，则系统中可供选择的并行处理器有 M 个。每个 DAG 任务都包含若干个子任务集 $\sigma_k=\{J_1,J_2,J_3,\cdots,J_k\}$，$J_i=(C_i,T_i)$，$i=1,2,\cdots,k$，同一个任务的多个子任务有一定的执行顺序，存在先后关系。

要求在每个任务执行周期内，任务需要在其截止时间 D 内完成执行。n 为周期任务的数量，T_i 为任务的周期并等于其截止时间，C_i 为任务运行时间。表 4.3 描述了一个周期任务流的时间和能耗实例。图 4.11 是根据表 4.3 绘制的周期任务流 DAG 任务模型实例，其中，每个节点表示一个任务，两个相邻节点之间的边代表任务的优先级关系。

表 4.3　周期任务流的时间和能耗实例

任　务	高　频		低　频	
	t	E	t	E
J_1	5	20	10	5
J_2	3	12	6	3
J_3	1	4	2	1
J_4	3	12	6	3
J_5	1	4	2	1

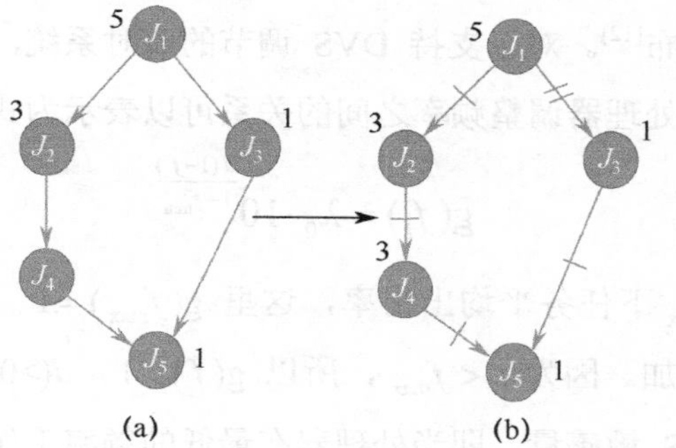

图 4.11　周期任务流 DAG 任务模型实例

重定时技术用平均分配 DFG 延迟的方法来确定最小的循环周期[9]。在 DAG 中，将节点 v 的每条输入边的延迟通过 v 在其每条输出边上显示，并通过仅改变节点初始分配值的方式保持节点的相关性[9]。

2．功耗模型和可靠性模型

假设允许连续调节处理器速度。当任务 J_i 在速度 S_i 下执行时，实际执行时间为 W_i / S_i， W_i 是 J_i 的最坏执行时间。整个任务集合对应的速度可记为 $S=\{S_1,S_2,S_3,\cdots,S_k\}$，这里 S_i 是任务 J_i 运行对应的速度。本节采用文献[10]中的功耗模型，系统功耗 P 为：

$$P = P_s + h(P_{\text{ind}} + P_{\text{dep}}) = P_s + h(P_{\text{ind}} + C_{\text{ef}} s^m) \tag{4-19}$$

P_s 代表系统静态功耗，当整个系统处于关闭状态时 P_s=0；静态功耗主要包括系统的基本电路功耗，以及维持系统时钟、主存和 I/O 设备在休眠状态下的功耗。P_{ind} 代表和处理器频率无关的功耗。P_{dep} 是依赖处理器频率的动态功耗，包括 CPU 功耗，以及其他依赖处理器频率产生的功耗。C_{ef} 为系统有效的负载电容。m 代表动态指数，h 代表系统状态，当系统处于工作状态时 $h=1$；当系统处于休眠状态时 $h=0$。当系统处于工作状态时，一个任务在 $\lceil N/2 \rceil$ 个备份下的能耗可以表示为式（4-20）[11]：

$$E(f_i)=\left\lceil \frac{N}{2} \right\rceil \times [P_{s,i}+h\times(P_{\text{ind},i}+P_{\text{dep},i})]\times \frac{f_i}{f_i}+E_{\text{tr}}+E_{\text{com}} \tag{4-20}$$

定义 4.10 任务的可靠性都定义为任务被正确执行的概率。瞬时任务出错概率符合泊松分布[12]。对于支持 DVS 调节的实时系统，由瞬时错误引起的任务平均出错率和处理器调整频率之间的关系可以表示为式（4-21）：

$$\mathrm{g}(f_i)=\lambda_0 \cdot 10^{\frac{d(1-f)}{1-f_{\min}}} \tag{4-21}$$

λ_0 表示在 $f_{\max}$ 下任务平均出错率，这里 $\mathrm{g}(f_{\max})=1$。低频率或低电压将导致瞬时错误率增加。因为 $f<f_{\max}$，所以 $\mathrm{g}(f)>1$，d(>0)是一个常量，代表任务出错时的 DVS 敏感量。即当处理器在最低的频率工作时，具有最高的出错率 $\lambda_{\max}=\lambda_0 \cdot 10^d$。

定义 4.11 系统的可靠性定义为任务被正确执行的概率。一个任务按最坏执行时间 W_i 执行，在处理器频率 f 下被正确执行的概率为[6]：

$$R_i(f_i)=\mathrm{e}^{-\lambda(f_i)\frac{c_i}{f_i}} \tag{4-22}$$

定理 4.12 $R^j(J_1,\cdots,J_n)$ 表示系统的可靠性，即每个任务被正确执行的概率。如果任务出错，利用空闲时间恢复第 j 个出错的任务。R_{g} 表示系统需要的可靠性。当整个系统出现 j 个出错任务时，可靠性可表示为式（4-23）：

$$R^j(J_1,\cdots,J_n)=R_1(f_1)R^j(J_2,\cdots,J_n)+[1-R_1(f_1)]R_1(f_{\max})R^{j-1}(J_2,\cdots,J_n) \tag{4-23}$$

证明： 当整个系统不存在出错任务时，可靠性为 $R^0(J_1,\cdots,J_n)=\sum_{i=1}^{n}R_i(f_i)$。则实例任务 J_i 的任务出错率（PoF）为：PoF=$1-R_i(f_i)$。当系统中一个任务

出错需要容错时，可靠性可表示为式（4-24）：

$$R^0(J_1,\cdots,J_n)=R_1(f_1)R^1(J_2,\cdots,J_n)+[1-R_1(f_1)]R_1(f_{\max})R^0(J_2,\cdots,J_n) \quad (4\text{-}24)$$

推广到一般模型，当有 j 个任务出错需要容错时，系统的可靠性可表示为式（4-25）：

$$R^j(J_1,\cdots,J_n)=R_1(f_1)R^j(J_2,\cdots,J_n)+[1-R_1(f_1)]R_1(f_{\max})R^{j-1}(J_2,\cdots,J_n) \quad (4\text{-}25)$$

式（4-25）中加号前半部分表示任务 J_i 被正确执行，剩下的 J 个备份任务可以给后续任务使用；加号的后半部分表示任务 J_i 执行发生错误后，后续任务需要 j–1 个备份任务容错。

问题：在确保系统可靠性的前提下找到最优的处理器频率，使得总能耗 E 最小。即，最小化：

$$E=\sum_{i=1}^{n}E(f_i)_i=\sum_{i=1}^{n}[P_{s,i}+h\cdot(P_{\text{ind},i}+P_{\text{dep},i})]\cdot\frac{W_i}{f_i}+E_{\text{tr}}+E_{\text{com}} \quad (4\text{-}26)$$

同时满足约束条件：

$$R^j(J_1,\ldots,J_n)\geqslant R_{\text{g}} \quad (4\text{-}27)$$

$$\sum_{i=1}^{n}W_i/f_i\leqslant D' \quad (4\text{-}28)$$

式中，$D'=D-\text{BJ}$，其中 BJ 是需要容错任务的总空闲时间。D 是其截止时间。

4.3.2　低能耗与可靠性协同优化调度算法

1．调度算法架构

图 4.12 展示了数控系统的低能耗与可靠性协同优化调度算法架构，根据调度算法将任务队列分配到不同处理器上，实现多个任务的并行执行。根据每个处理器自身负载大小，采用 DVS 技术和 DPM 技术调节处理器速度或关闭空闲处理器。当任务执行发生错误时，启动容错机制，以保障数控系统的可靠性。

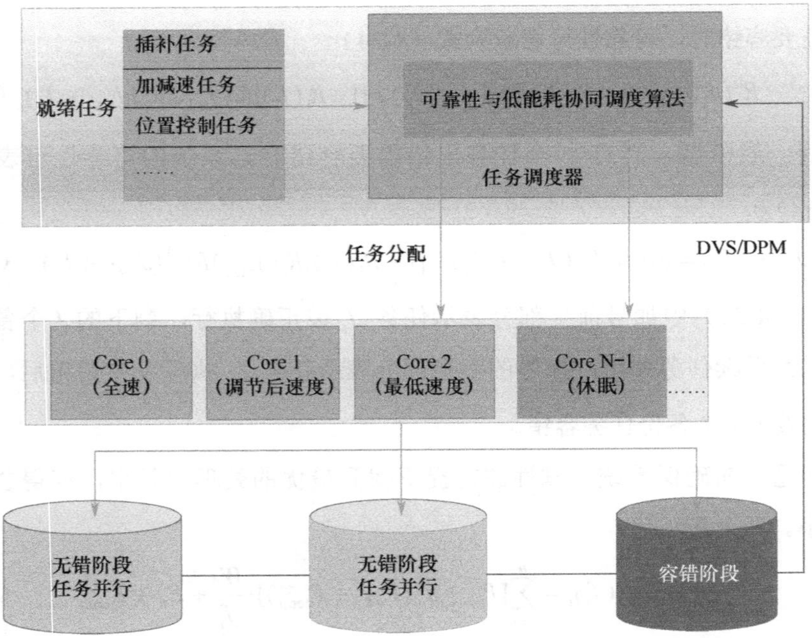

图 4.12　数控系统的低能耗与可靠性协同优化调度算法架构

2．非依赖有向无环图算法

非依赖有向无环图算法（Non-dependent Directed Acyclic Graph Algorithm，NDAGA）采用重定时技术将 DAG 的周期性任务变换为一组独立任务，算法首先在原始 DAG 的每条边上增加至少一个延迟。同时，为了避免在每条边上产生不必要的冗余，非依赖算法还需要实现每个节点的最小重定时值。依据此规则，利用式（4-29）计算每个节点的重定时值。

$$r(v)=\begin{cases}\max\{r[v],r[u]+1\}, & \text{如果}v\text{是}u\text{的父节点}\\ 0, & \text{如果}v\text{是叶子节点}\end{cases} \tag{4-29}$$

非依赖有向无环图算法先将每个节点的重定时值初始化为 0。将所有遍历出的叶节点加入队列 Q 中。Q 的尾部元素保存在名为 e_value 的变量中。采用广度优先的方法进行搜索判定。当节点 u 的父节点 v 是队列 Q 的尾部元素时，则不用将节点 v 加入 Q，从而避免冗余。每个节点在获得重定时值之后，基于此生成具有相互独立关系的重定时任务图 Gr。则算法的时间复杂度为 $O(n)$，主要来自对节点的出队入队操作。

3．低能耗与可靠性协同优化调度算法

为提高数控系统的可靠性，在多核平台上结合低能耗 DVS 技术和基于 N 模块冗余技术实现系统低能耗和可靠性协同优化，并提出低能耗与可靠性协同优化调度算法（Co-optimal Scheduling Algorithm for Low Power and Reliability on Multicore，CSALPRM）。如图 4.13 所示为容错模式下任务独占处理器过程，基于 N 模块冗余算法可分为两个阶段。

（1）无错阶段：首先并行执行每个任务的 $\lceil N/2 \rceil$ 个备份。所有任务运行完毕，比较这 $\lceil N/2 \rceil$ 个任务备份的执行结果。如果每个任务执行结果一致，则认为任务被正确执行。如果执行结果不一致，则当前任务进入容错阶段。

（2）容错阶段：启动执行备份任务，剩余任务的备份以独占模式执行并比较投票结果。由于在无错阶段 $\lceil N/2 \rceil$ 个任务备份已经被执行，因此在容错阶段，执行同一任务剩余的 $\lceil N/2 \rceil$ 个备份。

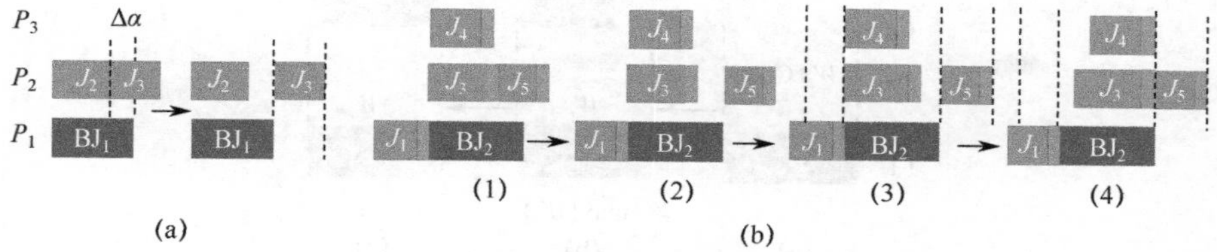

图 4.13　容错模式下任务独占处理器过程

在容错模式下，如图 4.13（a）所示，每个处理器最多允许一个任务与其并行执行。而图 4.13（b）中的第一步，J_2 在处理器 P_1 执行期间与处理器 P_2 上的 J_3 和 J_5，以及 J_2 交叉并行，任务在容错模式执行完 J_2 后，再返回无错模式执行，多核任务重叠将引起多处理器间的任务不同步。因此，需要对容错阶段的任务并行执行做出调整。如图 4.13（b）中所示，J_2 和 J_3 在空间上发生重叠，移动 J_3 及它的后续任务，直到 J_2 和 J_3 之间没有重叠，移动的时间量为 $\Delta\alpha$，即 J_2 任务的完成时间和 J_3 任务的开始执行时间之差。基于这个规则，在容错模式下实现了出错任务独占处理器，同时在空间上和其他处理器最多有一个任务并行执行。如图 4.13（b），经过 4 步可实现容错模式下独占处理器。

在任务被正确执行后，容错模式会把备份任务丢弃，释放空闲时间以降

低能耗。如图 4.14 所示，容错阶段可以被回收的空闲时间有 3 种。

（1）情况 I［见图 4.14（a）］：如果除 J_i 外没有任务，则从调度表中丢弃 J_i 时，释放的空闲时间是 $W_i+\mathrm{Com}_i$，其中，W_i 是 J_i 的最坏执行时间，Com_i 是比较结果（多数投票）或保存结果所需的能耗。

（2）情况 II［见图 4.14（b）］：如果 J_i 是执行时间最长的任务，释放的空闲时间为 $W_i-\max\{W_n\}$，则从调度中丢弃 J_i 之后，被回收的空闲时间为 $W_i-\max\{W_n\}+\mathrm{Com}_i$。

（3）情况 III［见图 4.14（c）］：如果存在执行时间大于 J_i 的任务 J_n，则在从调度中移除 J_i 后，将无空闲时间。因此，空闲时间可表示为式（4-30）：

$$\theta=\begin{cases} W_i+\mathrm{Com}_i，仅当J_i存在 \\ W_i-\max\{W_n\}，W_i \geqslant \max\{W_n\} \\ 0，W_i<W_n \end{cases} \tag{4-30}$$

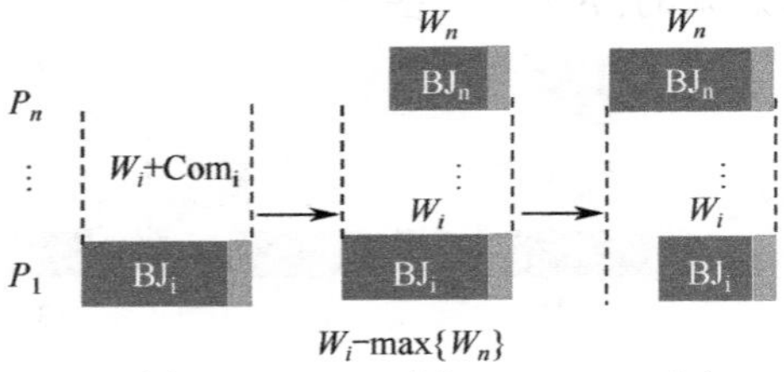

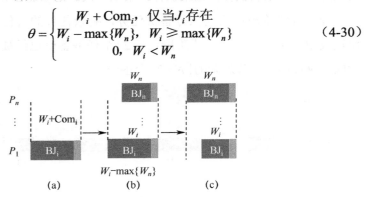

图 4.14　回收容错阶段的空闲时间

算法的时间复杂度是 $O(N\times M)$，主要来自函数 Tolerance_task(J_i)对调度序列任务中出错任务的查找，以及出错任务 J_i 独占处理器时移动其他处理器重叠任务所需的操作。其中，N 是调度序列 SQ 的任务数，M 是处理器个数。如图 4.15 所示为 Tolerance_task 算法伪代码。

```
Function Tolerance_task( J_i )
1.  For ( J_i in SQ)
2.  For (i=0; i<M; i++)
3.  If 处理器上的备份任务 BJ_i，有其他处理器上多个任务与其并行重叠执行，比如
J_{i+1} 和 J_{i+2}  then
4.  Δ = BJ_i 的完成时间− J_{i+2} 的开始执行时间（J_{i+2} 是其中最长执行时间任务）
```

图 4.15　Tolerance_task 算法伪代码

5. J_{i+2} 及其处理器上的后续任务向右移动 Δ
6. End if
7. End for
8. End for
9. 处理器以最大速度独占处理器执行备份任务 BJ_i，得到执行结果 $RT(BJ_i)$
10. Return $RT(BJ_i)$ and IR

图 4.15　Tolerance_task 算法伪代码（续）

如图 4.16 所示为 CSALPRM 算法伪代码。

输入：独立重定向图 Gr；D（任务截止时间）；
　　M（处理器个数）；每个任务设置 $\lceil N/2 \rceil$ 个任务备份
输出：调度序列和系统能耗
1. 初始化调度序列 $SQ=\phi$ 和当前调度时间长度 $L \leftarrow 0$
2. 为每个任务分配初始电压，按照任务处理时间降序排列
3. 为每个任务分配 N 个并行备份
4. 根据初始任务序列，将 $\lceil N/2 \rceil$ 个并行备份分配给不同的处理器，获得一个新的执行序列和调度时间长度
5. If $(L \leqslant D)$
6. 则新的 SQ 序列是可调度的，break;
7. Else
8. 转向步骤 10
9. End if
10. While (True)
11. If $(L > D)$
12. 选择调度序列中执行任务时间最长的任务 J_L，计算通信开销，增加该任务的电压，获得新调度序列和当前调度时间长度 L
13. ELse
14. 选择调度序列中执行任务时间最短的任务 J_S，计算通信开销，降低执行该任务的电压，增加任务执行时间 Δt
15. If $(L+\Delta t \leqslant D)$
16. 更新调度序列 SQ 和当前调度时间长度 $L=L+\Delta t$
17. Else
18. 获得新调度序列 SQ，break;
19. End if

图 4.16　CSALPRM 算法伪代码

20. End if
21. End While
22. 任务执行阶段，在不同处理器上同时得到一个任务 J_i 和 N 个不同备份任务的执行结果
23. If $[\mathrm{RT}(J_i)=\mathrm{RT}(J_i')]$
24. J_i 被正确执行，break;
25. 根据式（4-11）回收容错阶段 BJ_i 备份任务的空闲时间
26. Else
27. 无错模式中断，标记中断位置 IR
28. 启动容错模式，出错任务独占处理器，调用 Tolerance_task(J_i)

图 4.16 CSALPRM 算法伪代码（续）

4.3.3 能耗与可靠性实例分析

1．能耗实例分析

本节考虑调度一个有依赖关系的应用程序流，对其能耗进行优化。采用表 4.3 的任务实例，假设有 4 个处理器，每个处理器都支持动态电压调节。模型功耗为 $P=C_{\mathrm{ef}}\cdot S^2$，不失一般性地，假设 $C_{\mathrm{ef}}=1\mathrm{NF}$，电压和频率对应关系为（2V，1GHz）和（1V，0.5GHz）。这里时间的单位是 ms，功耗单位是 W。为了更好地阐明问题，假设处理器休眠状态下功耗为 0.1W，通过总线的读写通信功耗为 0.5W，每个任务之间的通信时间是 1ms。所有任务完成的截止时间是 17ms，如图 4.17（1）所示，该调度过程采用每个任务 2 个备份策略，所有处理器执行任务使用高电压。执行完毕后对比结果，如果相同则认为该任务被正确执行。当没有任务执行时，处理器进入休眠状态，这里先考虑所有任务都被正确执行。此时执行 4.17（2）的任务，总能耗为：E=2×20×5+2×12×3+2×12×3+2×4×1+2×0.5×4×1+2×0.5×1+2×0.5×1+2×4×1+2×0.1×7+2×0.1×5=368.4(mJ)。

图 4.17（2）是利用 DVS 技术和 DPM 算法，以及软件并行技术执行任务的情况。先根据非依赖算法将图 4.17（1）转化为图 4.17（2）再使用 CSALPRM 算法重新调度任务，调度结果如图 4.17（2）所示。该算法为了尽可能降低系统能耗，使用软件并行技术，则数据依赖迭代产生的空闲时间可以被回收，以降低处理器速度。但是需要考虑处理器内部通信开销，比如 J_1 与 J_2 和 J_3 与 J_5 之

间的通信开销。基于此，利用 DVS 技术和 DPM 算法回收空闲时间，降低系统能耗。所有任务在 15ms 调度后，处理器 P_3 和 P_4 剩下空闲时间，但由于空闲时间不足够长，所以不能补偿关闭或转换处理器状态开销，本节所提的算法将分配与任务 J_3 相同的电压。整个能耗为：E=2×6×3+2×6×2+2×2×1+2×5×10+2×1×2+2×1×3+2×0.5×3+2×0.5×1+2×0.5×2=180(mJ)。CSALPRM 算法调度任务比按正常顺序调度任务节约 51.14%的能耗。可见经过并行优化的算法能够大幅降低系统能耗。注意，以上实例只考虑任务不出错情形下的能耗。

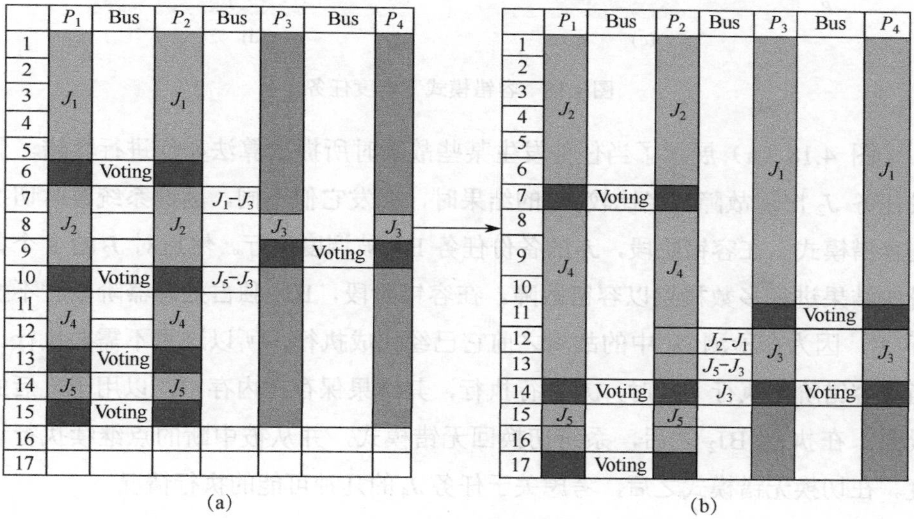

图 4.17　软件流水并行技术和 DVS 技术调度 DAG 任务

2．可靠性实例分析

如图 4.18 所示为容错模式下调度任务。当没有发生故障时，系统执行无错阶段的调度如图 4.18（a）所示，其中每个任务 J_i 的 1 个备份被执行并且比较它们的结果。如果结果相同，则将其作为系统的结果。当任务 J_i 备份执行的结果不同时，切换到容错模式，以独占处理器模式执行该任务。在容错阶段，执行 J_i 的第三个备份，对 3 个结果进行多数投票以容错故障。然后，再切换至无错阶段，从上次中断点继续执行，从而保证系统的可靠性。

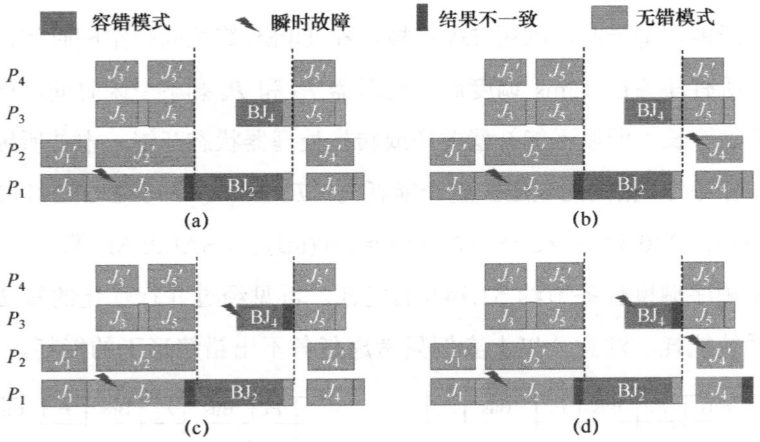

图 4.18 容错模式下调度任务

图 4.18（a）展示了当任务发生某些故障时所提出算法如何进行容错。假设任务 J_2 出现故障，当比较 J_2 的结果时，会发它们不同，因此系统暂时切换到容错模式。在容错阶段，J_2 的备份任务 BJ_2 被调度执行。然后对 J_2 的 3 个备份的结果进行多数投票以容错故障。在容错阶段，BJ_2 独占处理器阶段时不执行 J_3，因为在检测 J_2 中的故障之前它已经完成执行，所以这里不需要执行。当在容错阶段执行 BJ_2 时，J_4 并行执行，其结果保存在内存中，以用于之后的投票。在执行 BJ_2 之后，系统切换回无错模式，并从被中断的点继续执行调度。在切换无错模式之后，考虑关于任务 J_4 的几种可能的执行情况。

如果在无错阶段图 4.18（b）执行 J_4 期间一个备份任务执行发生故障，当对其进行投票时，系统不需要切换到容错模式，因为有 3 个备份，一个备份的结果在无错阶段中被获得，另一个备份的结果已经存在于内存中。

如果在无错阶段图 4.18（a）中执行 J_4 期间没有发生故障，则不再需要在先前的容错阶段中预先执行 J_4 的备份。

如果 BJ_4 的预先执行出现故障，那么在这种情况下，当系统在无错阶段中执行 J_4 时，若没有故障发生[见图 4.18（c）]，则将 BJ_4 的预先执行的结果丢弃，不影响最后的结果。然而，如果在无错阶段中 J_4 的执行也出现故障[见图 4.18（d）]，由于预先执行并存储的结果也有故障，3 个备份全部出错，此时系统不能容错该故障，调度失败。

事实上，系统的容错能力和备份任务数成正比，在 3 个备份中可以允许任何一个任务出错，在 4 个备份中可以实现任意两个错误的容错。一般来说，系统可容错每个任务的$\lceil N/2 \rceil$个故障[6]。在容错阶段，任务的预先执行（如图 4.18 中的 BJ_4）不仅可提高可靠性，而且不会对系统能耗产生显著影响，因为在容错阶段并行执行、预先执行不会增加任何时间开销。例如，从图 4.18 中可以看出，当系统必须在容错阶段中执行 BJ_2 时，与其并行的 BJ_4 预先执行，BJ_2 在独占处理器期间相比其他处理器在同一时间具有最长的执行时间，这意味着 BJ_4 的预先执行会延长 BJ_2 的执行。事实上，如果没有预先执行，在容错阶段将浪费处理器资源，因此，预先执行有助于容错阶段保留相对较少的空闲时间，从而将更多的空闲时间用于能耗管理。

如果 J_4 在后续的无错阶段没有发生错误，在容错阶段的预先执行可能变得无用，但是它对平均能耗的影响可忽略不计。这是因为仅当在无错阶段中发生故障时才预先执行。

从可靠性的角度来看，这种机制增强了系统的可靠性。从平均能耗的角度分析，考虑图 4.18 中的 J_2 和 J_4。假设任务执行出现故障的概率为 10^{-4}，J_2 和 J_4 的能耗分别为 12mJ 和 12mJ。当发生故障时，系统只在无错阶段执行 J_2，消耗 2×12=24(mJ)。如果在无错阶段中执行 J_2 期间发生故障，系统将在容错阶段执行 BJ_2 和 BJ_4，消耗(12+12)=24(mJ)。因此，执行 J_2 和 J_4 的平均能耗是$(1-10^{-4})24+10-4(24+24)=24.0028$(mJ)，这和没有故障发生时的能耗（24mJ）非常接近，平均能耗与无故障能耗相差小于 0.01%。因此，预先执行对能耗影响极小，可忽略不计。

3. 任务集的可调度性分析

定理 4.13　σ_k 是在某个处理器故障的情况下处理器 P_k 上的任务集。σ_k 的最长执行时间 $\Delta C_{\max}$ 由式（4-31）计算，σ_k 的容错截止时间 FD 由式（4-33）计算。如果 σ_k 满足 $\Delta C_{\max} \leqslant \mathrm{FD}$，则任务集 σ_k 可调度；否则任务集 σ_k 不可调度。

$$\Delta C_{\max}(\mathrm{J}_{\max}) = \sum_{J_i \in \sigma_k} \lceil \Delta C_{\max} / T_i \rceil \times \mathrm{C}_i + \sum_{J_i \in \sigma_k} (\varphi \times \Delta C_{\max}) \times \mathrm{D}_i \tag{4-31}$$

此时，

$$\varphi=\begin{cases}\left\lceil \dfrac{t}{T_i} \right\rceil, & 且 t \leqslant \mathrm{BJ}_i \\ \left\lceil \dfrac{t?\mathrm{BJ}_i}{T_i} \right\rceil + 1, & 且 t > \mathrm{BJ}_i \end{cases} \tag{4-32}$$

$$\mathrm{FD}(J_{\max})=\begin{cases} T_{\max}，无错阶段 \\ \mathrm{BJ}_{\max}，容错阶段 \end{cases} \tag{4-33}$$

证明：由于任务是根据优先级从高到低进行分配的，所以 $J_{\max}$ 是当前分配的任务，且 $\sigma_k-\{J_{\max}\}$ 已经是可调度的，只需保证 $J_{\max}$ 的 W_i 小于其截止时间即可。$J_{\max}$ 是 σ_k 中执行最长的任务且其 W_i 应该等于在时间 $\Delta C_{\max}(J_{\max})$ 内 σ_k 所需要的计算量。当出现处理器故障时，σ_k 上仅有容错阶段任务。

（1）任务在无错阶段每个周期 T_i 内都执行一次，故在时间 t 内共需执行 $\lceil t/T_i \rceil$ 次，当任务在处理器 P_k 上执行时，所需的计算时间为 $\lceil t/T_i \rceil \times C_i$。

（2）在容错阶段，第一个请求必须在恢复时间 BJ_i 内完成，而后续请求的周期都为 T_i，因此如果 $t \leqslant \mathrm{BJ}_i$，则仅第一个请求在时间 $[0,t]$ 被执行，即 $\varphi=\lceil t/T_i \rceil$，否则在时间 $[0,\mathrm{BJ}_i]$ 内请求执行一次，在 $[\mathrm{BJ}_i,t]$ 内请求执行式（4-32），此时 $\varphi=\lceil (t-\mathrm{BJ}_i)/T_i \rceil+1$。

综合（1）～（2），可由式（4-30）计算得到 $J_{\max}$ 的 W_i。至于 $J_{\max}$ 的容错截止时间，当 $J_{\max}$ 在无错阶段，$\mathrm{FD}(J_{\max})$ 为 $J_{\max}$ 的周期 $J_{\max}$；当 $J_{\max}$ 在容错阶段，由于 $T_{\max}>\mathrm{BJ}_{\max}$，只需保证 $J_{\max}$ 的第一个任务的 W_i 小于 $\mathrm{BJ}_{\max}$，则 $J_{\max}$ 在以后的周期中均可调度，故此时 $\mathrm{FD}(J_{\max})$ 为 $\mathrm{BJ}_{\max}$。显然，如果 $\Delta C_{\max} \leqslant \mathrm{FD}(J_{\max})$，则任务集 σ_k 可调度。证毕。

4.3.4 实验与分析

实验采用沈阳蓝天数控 GJ400，系统处理器采用支持动态电压调节的低功耗 64 位龙芯 3B-1500 处理器，该处理器允许调整的电压范围为 1.0～1.3V，对应可变的处理器频率为 1.0GHz～1.5GHz[83]。基于龙芯 CPU 的蓝天数控 GJ400 系统的核心功能模块如图 4.19 所示，其中运动控制器和 PLC 控制器负责进给驱动控制、主轴驱动控制及开关控制，可满足任务严格的实时性要求。任务管理器作为整个系统的管理中心，可以处理用户操作信息，并为运动控制器与

PLC 控制器传递处理后的任务加工信息。实验准备步骤与 4.2.4 节相似。

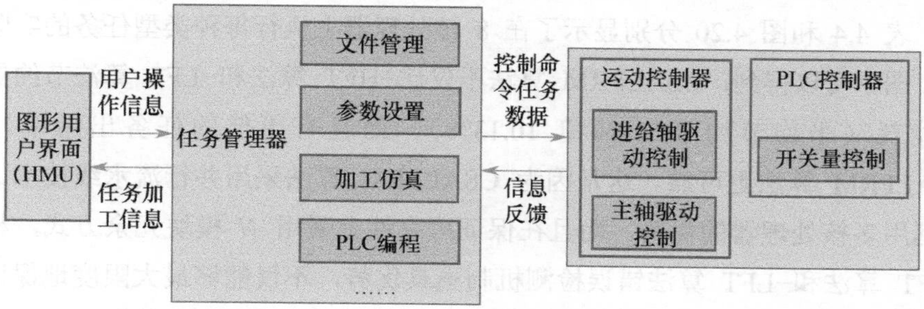

图 4.19　基于龙芯 CPU 的蓝天数控 GJ400 系统的核心功能模块

数控系统每执行一次轨迹插补任务的周期为 6ms，每次插补计算的结果通过命令寄存器分若干次传送到伺服控制单元，以控制机床各个坐标轴的位移，位置控制任务的周期为 3ms；每执行一次运动控制处理任务的时间为 15ms[13]。为了验证 CSALPRM 算法的效果，实验使用合成应用任务图。为此，使用任务图生成器 TGFF[14]。TGFF 基准套件包含合成任务图，每个任务的周期按照数控系统的实际周期产生，任务类型包括插补任务、加减速任务和运动控制任务。当处理器长时间没有任务调度时，进入睡眠模式并且仅有空闲能耗。数控系统可靠性试验的可靠性通过计算任务出错率 $[1-R(f_i)]$ 获得。使用参数 $\lambda_0=10^{-6}$ 个故障/s 和 d=3 对故障率进行建模[6]。对应最高和最低电压，故障率在 10^{-6} 个故障/s 和 10^{-3} 个故障/s 之间变化。为了考虑故障检测机制对能耗和可靠性的影响，使用文献中实现的两种类型的软件故障检测机制。

（1）重度故障检测机制（称为+HFT 算法）：具有高故障检测开销但有相对高的故障覆盖率。对于这种情况，假设系统使用基于代码和数据的冗余，一致性检查和控制流检查的多种故障检测机制为不同故障类型实现了高故障覆盖率。

（2）轻故障检测机制（称为−LFT 算法）：具有相对低的故障检测开销及低故障覆盖率。对于这种情况，假设系统使用较少的机制来降低检测覆盖率，以降低故障检测开销。

1．能耗和可靠性分析

表 4.4 和图 4.20 分别显示了在 8 核处理器上执行每种类型任务的实验结果。图中可以得到：CSALPRM 算法不仅比+HFT 算法和–LFT 算法节约更多的能耗（平均节约 15.18%和 10.13%），而且有更低的任务出错率，即 CSALPRM 算法更可靠。这是因为 CSALPRM 算法采用并行流水线技术，充分利用多核处理器的优势，而且在保证可靠性上采用 *N* 模块冗余方式，相比+HFT 算法和–LFT 算法错误检测机制更具优势，不仅能够最大限度地保证系统可靠性，而且在系统未出错时回收多余的空闲时间，以降低能耗。

表 4.4　不同任务下算法的出错率对比

任务实例	任务出错率 PoF		
	+HFT	–LFT	CSALPRM
插补任务	$10^{-4.35}$	$10^{-2.35}$	$10^{-8.65}$
加减速任务	$10^{-4.69}$	$10^{-2.4}$	$10^{-8.52}$
运动控制任务	$10^{-4.15}$	$10^{-2.65}$	$10^{-8.41}$

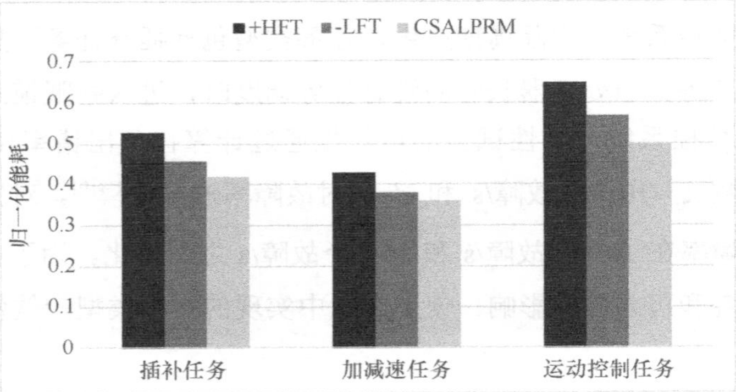

图 4.20　不同任务下 3 种算法的能耗对比

2．处理器个数对能耗和可靠性的影响

从图中 4.21 可以看出，在任务数量不变的情况下，随着处理器数量的增加，3 种算法的能耗都在降低，这是因为处理器数量越多，其处于空闲的概率就越大，用于 DVS 调节处理器速度的空闲时间就多，消耗的能耗少。但 CSALPRM 算法的能耗始终最低，这是因为 CSALPRM 算法将周期性依赖任务转化为独立任务，可以实现更高层级的任务并行，充分利用处理器的空闲时

间以降低能耗，同时，对长时间处于空闲的处理器采用 DPM 技术让其进入睡眠模式，进一步降低能耗。从图 4.21 可以看出，随着处理器数量的增加，任务出错率降低，系统可靠性增强，这是因为处理器数量越多，处理器用于容错阶段的时间就越多，从而增强了系统的可靠性。本书所提的 CSALPRM 算法，始终保持较低的出错率，说明本书所提的算法采用的 N 模块冗余方式具有优越性。

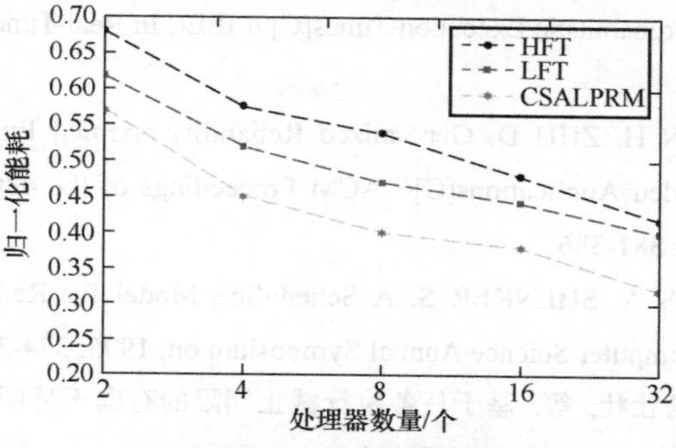

(a) 不同处理器数对能耗的影响

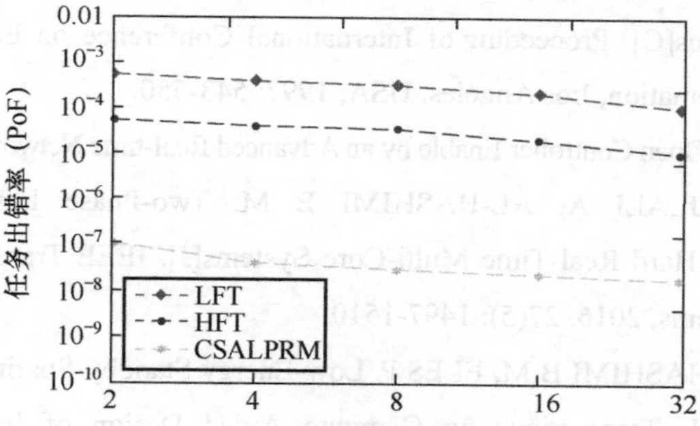

(b) 不同处理器数对可靠性的影响

图 4.21　不同处理器数量对能耗和可靠性的影响

4.4　本章参考文献

[1] WEISER M, WELCH B, DEMERS A, et al. Scheduling for Reduced CPU Energy[C]// Usenix Conference on Operating Systems Design and Implementation. USENIX Association, 1994: 13-23.

[2] 邓昌义，郭锐锋，段立明，等. 开放式数控系统的低能耗和可靠性调度算法[J/OL]. 计

算机集成制造系统, 2018, 24(6): 10.

[3] 刘娴, 郭锐锋, 邓昌义. 主/副版本模型中预分配容错实时调度算法[J].计算机研究与发展, 2015, 52(3): 760-768.

[4] MELHEM R, MOSS D, ELNOZAHY E. The Interplay of Power Management and Fault Recovery in Real-Time Systems[J]. IEEE Transactions on Computers, 2004, 53(2): 217-231.

[5] ZHU D, AYDIN H, CHEN J J. Optimistic Reliability Aware Energy Management for Real-Time Tasks with Probabilistic Execution Times[C] // IEEE In Real-Time Systems Symposium, 2008: 313-322.

[6] ZHAO B, AYDIN H, ZHU D. Generalized Reliability-oriented Energy Management for Real-time Embedded Applications[C]// ACM Proceedings of the 48th Design Automation Conference, 2011: 381-386.

[7] YAO F, DEMERS A, SHENKER S. A Scheduling Model for Reduced CPU Energy[J]. Foundations of Computer Science Annual Symposium on, 1995: 374-382.

[8] 许荣斌, 刘鑫, 杨壮壮, 等. 基于任务执行截止期限的有向无环图实时调度方法[J]. 计算机集成制造系统, 2016, 22(2): 455-464.

[9] SAWADA C, AKIRA O. Open Controller Architecture OSEC-II: Architecture Overview and Prototype Systems[C]. Proceeding.of International Conference on Emerging Technologies and Factory Automation, Los Angeles, USA, 1997: 543-550.

[10] FABRIZIO Meo. Open Controller Enable by an Advanced Real-time Network (OCEAN)[R]. 2005.

[11] SALEHI M, EJLALI A, AL-HASHIMI B M. Two-Phase Low-Energy N-Modular Redundancy for Hard Real-Time Multi-Core Systems[J]. IEEE Transactions on Parallel & Distributed Systems, 2016, 27(5): 1497-1510.

[12] EJLALI A, AL-HASHIMI B M, ELES P. Low-Energy Standby-Sparing for Hard Real-Time Systems[J]. IEEE Transactions on Computer-Aided Design of Integrated Circuits and Systems，2012, 31(3): 329-342.

[13] 刘娴, 郭锐锋. 数控系统中基于预分配的混合任务调度算法[J]. 计算机集成制造系统, 2015, 21(6): 1529-1535.

[14] DICK R P, RHODES D L, WOLF W. TGFF Task Graphs for Free[C]// Hardware/Software Codesign, 1998. (CODES/CASHE '98) Proceedings of the Sixth International Workshop on IEEE Xplore, 1998: 97-101.

第 5 章　工业实时操作系统多核处理器低功耗调度算法

5.1　相关研究概述

目前，许多不同架构的处理器，如 X86、MIPS、alpha 和 ARM 都可用于数控系统[1]。为了充分利用当前的 PC 技术升级 CNC 系统，软硬件平台需要满足兼容性。同样地，也可以使用不同的 CPU 架构来支持系统的扩展。因此，现在的调度算法不仅需要满足实时性要求，而且需要考虑操作系统的可移植性。

低功耗调度算法通常用于解决 3 种类型任务的调度：周期性任务、非周期性任务和混合任务。周期性任务以规则的间隔交替安排，即以恒定间隔调用的任务。到达时间不定期的任务是非周期性任务。例如，非周期性任务可以是以不规则的时间间隔到达的工作流。混合任务包括周期性任务和非周期性任务。最早期限（Earliest Deadline First，EDF）调度策略是开发低功耗算法最常用的调度策略。Shin 等人提出了一种用于混合任务的在线低功耗算法[2]，为了平衡能耗和响应时间，CBS/DRA-W 算法基于现有的在线 DVS 算法来调度周期性任务集，利用常带宽服务器回收非周期性任务的空闲时间。Lee 等人提出了一种用于混合任务模型的在线 DVS 算法[3]。Wang 等人根据多处理器的动态能耗和静态能耗建立能耗模型[4]，利用能量参数对多核处理器进行优化的实时调度策略被用于为每个处理器分配任务。然而，OJFPF 算法的时间复杂度为 $O(n^3)$。Doh 等人提出了一种分配能量和利用率的混合任务集算法，包括周期性任务和非周期性任务。采用总带宽服务器（Total Bandwidth Server，TBS）[4]，在给定的能量预算中，算法能够找到为混合任务提供的优化电压，使得所有周期性任务可以在其截止时间内完成，并且所有非周期性任务可以获得最短的响应时间，但是该算法仅使用 EDF 调度策略来调度离线静态任务。

当前研究主要集中在对单处理器场景下混合任务调度算法的研究。针对处理器架构和不同操作系统对实时操作系统兼容性影响的研究较少。为了更好地发挥低功耗嵌入式平台的优势，本章提出了一种高精度、高扩展的低功耗调度算法[5]。

5.2 多核处理器低功耗调度算法介绍

中国科学院计算技术研究所设计的龙芯 3B 处理器采用 64 位处理器架构，CPU 频率范围为 1.0～1.5 GHz，对应于 1.0～1.3 V 的电压[4]。为了使龙芯 3B 处理器发挥其优势和效率，提出了一种用于混合任务的能量敏感的实时调度算法（EARTAMT）。EARTAMT 算法的目标是尽可能减少数控系统的能耗，同时满足实时任务对时序约束和响应时间延迟的要求。基于低功耗嵌入式平台的调度示例如图所示 5.1。混合任务通过功耗管理中心的调度器将任务分配到不同的处理核心上，实现任务的负载均衡，同时根据任务的执行情况，动态调节处理器的速度和状态。

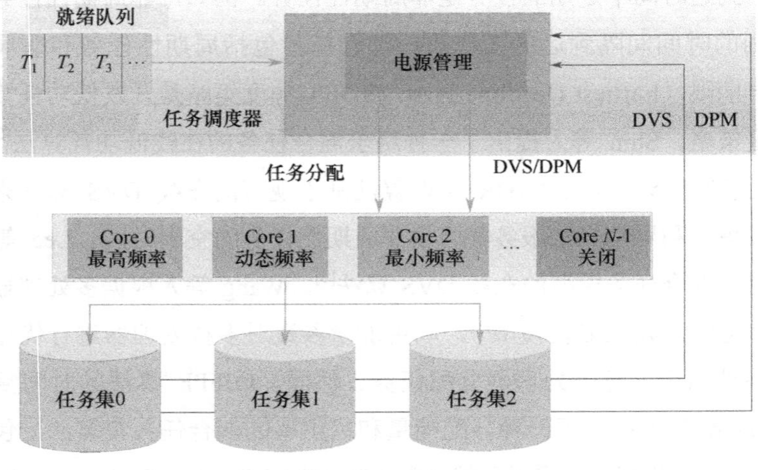

图 5.1 基于低功耗嵌入式平台的调度示例

5.2.1　混合任务系统调度模型

1. 功耗模型

CMOS 电路的功耗分为静态功耗和动态功耗[2]。静态功耗 P_s 主要是基本电路的功耗。动态功耗包括速度相关的功耗 P_{dep}，以及与速度无关的功耗 P_{ind}。与速度无关的功耗 P_{ind} 可以表示为：$P_{dep} = C_{ef} \cdot S^m$，这里 C_{ef} 为有效负载电容，S 为任务运行的速度，m 是一个与系统无关的常数（$2 \leqslant m \leqslant 3$）。因此，降低处理器执行速度可以带来显著的节能效果。

假设多处理器有 M 个单元 CPU，可以在活跃模式、空闲模式和睡眠模式之间切换。当处理器处于睡眠模式时，功耗主要来自 P_{ind}。虽然处理器可以通过调节速度降低功耗，但是这种操作本身也需要能量消耗和时间开销。如果处理器空闲，则处理器的功耗为 P_{idle}。E_0 是从空闲模式到睡眠模式的状态转换开销。当处理器的空闲时间大于 $t_0 = 2E_0 / P_{idle}$ 时，可以将处理器置于睡眠模式来降低系统的功耗[4]。

2. 任务模型

考虑周期性任务集 T，$T = \{T_1, T_2, T_3, \cdots, T_n\}$ 表示每个相互独立的任务。在最坏情况下，任务集的总利用率为 U_P。T_i 可以由三元组（AC_i, C_i, P_i）表示，AC_i 是实际的执行时间，C_i 是任务在最高处理器速度下的最坏执行时间，P_i 是两个连续执行实例和相对截止时间之间的最小时间段。对所有任务，假定 D_i 等于 P_i。T_i 的绝对截止时间为 $d_i = r_i + D_i$。$\mathrm{rem}_i(t)$ 为剩下的执行时间，$w_i(t)$ 为最坏情况下剩余执行时间。非周期性任务到达时间是随机的，$J = \{J_1, J_2, J_3, \cdots, J_n\}$ 代表相互独立的非周期性任务。J_i 可以由三元组（AC_i, C_i, R_i）表示，AC_i 是实际的执行时间，C_i 是任务在最高速度下的执行时间，R_i 是任务被释放的时间。处理器速度由最高速度归一化[S_m,1]。假设执行速度与任务执行时间呈线性关系。

5.2.2　EARTAMT 算法

（1）常带宽服务器（CBS）。

CBS 基于 EDF 调度策略应用在动态优先级系统中[6]。CBS 由服务器的预

算 q_s 及两元组 (Q_s,T_s) 表示，Q_s 表示服务器的最大预算，T_s 是服务器的周期。$U_s=Q_s/T_s$ 表示 CBS 的带宽。当非周期性任务的释放时间晚于 t 且执行未完成时，服务器将处于活跃模式。当服务器不处于活跃模式时，它进入空闲模式。当一个新的非周期性任务到达时，服务器按照先进先出策略调度非周期性任务[5]。在每个进度点 t，J_k 的截止时间等于当前服务器 d_k 的截止时间。当任务 J_k 完成执行时，当前的服务器预算被分配给下一个任务。如果没有就绪的非周期性任务，则服务器进入空闲模式。当服务器的利用率低于预算时，按以下规则更新。

当 $q_s=0$ 时，设置服务器预算 $q_s=Q_s$，则相应的截止时间 $d_{k+1}=d_k+T_s$。

当服务器进入空闲模式时，如果一个非周期性任务 J_k 到达，并且 $q_s \geqslant (d_k-r_k)\cdot U_s$，则 $q_s=Q_s$，$d_{k+1}=r_k+T_s$；否则任务 J_k 的截止时间为 d_k。

根据文献[6]，CBS 的周期任务集的总利用率为 U_p，带宽为 U_s，满足 EDF 调度策略的必要条件为 $U_s+U_p \leqslant 1$。任务的最坏执行时间为 $w_i(t)$，剩余执行时间为 $\mathrm{rem}_i(t)$。可以使用的空闲时间为 ST，$\mathrm{ST_p}$ 表示由周期任务产生的空闲时间，$\mathrm{ST_s}$ 表示由服务器产生的空闲时间。

定义 5.1 t_i（$i=0,1\cdots,n$）是周期性任务调度点，$t_0=0$ 包括其起始执行时刻，抢占后恢复执行的时刻，以及任务完成执行的时刻。

定义 5.2 $\mathrm{HP}(T_i,t)$ 表示在时刻 t 比任务 T_i 有更高优先级的任务集合。

定义 5.3 C_{as} 是在非周期性任务在时间区间 $[t_{i-1}, t_i]$ 中已经执行的时间片的总和。

定义 5.4 $h_\beta(t_1,t_2)$ 是任务集 β 在最坏执行时间的总和，任务设置在区间中的释放时间大于或等于 t_1，截止时间必须小于或等于 t_2。

定理 5.5 区间 $[t_1,t_2]$ 使用 EDF 调度策略调度独立任务集 β 可行的约束条件为：当且仅当 $h_\beta(t_1,t_2) \leqslant t_2-t_1$。

可以通过延迟队列（Delay Queue，DQ）和运行队列（Run Queue，RQ）来实现基于优先级的实时调度器，其中，DQ 包含已完成的任务，RQ 包含在处理器上正在运行的任务。最初，所有的任务根据其优先级排列并保存在 DQ 中。当任务被释放时，它将从 DQ 移动到 RQ，并设置 $w_i(t)=\mathrm{rem}_i(t)=C_i$。随着任务的执行，$w_i(t)$ 和 $\text{rem}_i(t)$ 都在减少。在任务 T_i 完成后，将 T_i 移至 DQ 并设置 $w_i(t)=0$。

（2）离线速度。

在每个处理器上，当系统利用率低于 1 时，处理器将产生空闲时间。设置离线速度 $S_f=\max\{S_{\text{crit}},U_p+U_s\}$，如果 $U_p+U_s\geqslant S_{\text{crit}}$，则 $S_f=U_p+U_s$。系统总的利用率为 $(U_p+U_s)/S_f=1$，则算法是可调度的，并且有空闲时间可以被回收。如果 $U_p+U_s<S_{\text{crit}}$，则 $S_f=S_{\text{crit}}$。系统总的利用率小于 1，算法是可调度的。S_{crit} 是可以节约能耗的最优速度，在 S_{crit} 速度下算法可以获得最低能耗。

（3）来自周期性任务的空闲时间。

文献[7]中指出，任务实际执行时间总是小于最坏执行时间。如果任务提前完成，就会产生空闲时间。通过扫描 DQ 来查找已经完成的较高优先级任务并计算其空闲时间 ST_p，ST_p 计算公式如（5-1）：

$$\text{ST}_\text{p}=\sum_{T_i\in\{\text{HP}(T_i,t)\wedge w_i(t)\}=0}U_i \tag{5-1}$$

（4）来自服务器的空闲时间。

当服务器空闲时，不会安排非周期性任务，但是其负载小于服务器带宽，此时服务器将产生空闲时间。在两个相邻的调度点 t_{i-1} 和 t_i 之间，如果服务器有空闲时间，则其空闲时间如式（5-2）所示，否则如式（5-3）所示。

$$\text{ST}_\text{s}=U_s(t_i-t_{i-1}) \tag{5-2}$$

$$\text{ST}_\text{s}=U_s(t_i-t_{i-1})-C_{\text{as}} \tag{5-3}$$

1．处理器时间预分配 EARTAMT-First 算法

图 5.2 所示为 EARTAMT-First 算法伪代码。将所有任务按照截止时间降序排列（第 6～8 行）。EARTAMT-First 算法从队列顶部选择一个任务，并分配给最适合的处理器。如果此时最适合的处理器不能处理该任务，算法会根据利用率尝试调用下一个处理器（第 10～16 行）。如果将任务分配给处理器，就会相应地增加处理器的利用率。在最坏的情况下，算法必须检查每个单元处理器上的每个任务即需要检查 *N*×*M* 次。因此，EARTAMT-First 算法的时间复杂度为 *O*(*N*×*M*)，其中 *N* 是所有任务的数量。

```
EARTAMT-First:
1.      For all processor i = 1 to M all do
2.      Compute  U_m for each i on each processor
3.      U_idle = 1 − U_m
4.      Soft processor with  U_idle  in descending order;
5.      End for
6.      For all task i = 1 to N do
7.      Sort task-set with deadline in descending order
8.      End for
9.      For all tasks i = a to E do
10.     For all processors j = 1 to M do
11.     If U_j + U_ji ≤ 1 then
12.     Assign i to j
13.     U_j + = U_ji
14.     Break
15.     End for
16.     End for
```

图 5.2　EARTAMT-First 算法伪代码

2. 混合任务调度算法 EARTAMT-S

图 5.3 所示为 EARTAMT-S 算法伪代码。当任务 T_i 的空闲时间被使用时，设置 $U_i = 0$。当 $ST < t_0$，设置处理器速度为 S_{min}（第 32 行）。当 RQ 中没有任务时，处理器将处于空闲模式。如果任务释放时间间隔大于空闲间隔，则关闭处理器以达到节能目的。然而，很难确定下一个非周期性任务的具体释放时间，因此，将处理器速度设置为 S_{min}。同时，有必要将其运行速度 S 与临界速度 S_{crit} 进行比较，当 $S_i < S_{crit}$ 能耗最优时，设定 $S_i = S_{crit}$（第 36 行）。EARTAMT-S 算法的时间复杂度主要由两部分组成：①回收空闲时间需要扫描整个 DQ，其时间复杂度为 $O(n)$；②将新任务插入 RQ 中，其时间复杂度也为 $O(n)$。因此，EARTAMT-S 算法的时间复杂度为 $O(n)$。

```
EARTAMT-S:
1.      S = 1, t is the current scheduling point.
2.      For all task i = 1 to all do
3.      Sort task set with deadline task in DQ
```

图 5.3　EARTAMT-S 算法伪代码

4. End for

5. While true do{

6. If T_i is released

7. remove T_i from delay queue to RQ

8. $w(t)_i = U_i = C_i$

9. If J_k is released

10. Set D_i with CBS

11. At the adjacent scheduling point t_{i-1} and t_i

12. If T_i is activated

13. $w(t)_i = w(t)_i - (t_i - t_{i-1})$

14. $U_i = U_i - (t_i - t_{i-1})$

15. If J_k is activated

16. Update $w(t)_i$ with CBS

17. If T_i is finished

18. Set $w(t)_i = 0$

19. Move T_i to DQ

20. If J_k is finished

21. Remove J_k from RQ

22. If T_i is preempted by higher-priority tasks then

23. $w(t)_i = w(t)_i - (t_i - t_{i-1}) \cdot S_i$

24. If J_k is preempted by higher-priority tasks then

25. Move J_k to DQ

26. Calculates the available slack time for a periodic task T_i

27. $ST = ST_p + ST_s$

28. If no task is activated and $RQ \neq \phi$ then

29. If $ST > t_0$

30. Shut down the processor

31. Else

32. $S = S_{min}$

33. If $RQ \neq \phi$ then

34. $S_i = w(t)_i / (ST + U_i)$

35. If $S_i < S_{crit}$

36. $S_i = S_{crit}$

37. Else

38. $S = S_i$

39. End while}

图 5.3　EARTAMT-S 算法伪代码（续）

5.3 实例分析

表 5.1 中有 16 个任务，其中包括 8 个周期性任务（T）和 8 个非周期性任务（J）。T_i = (AC_i , C_i , P_i)，AC_i 是任务的真实执行时间，C_i 是最高速度下任务的执行时间，P_i 是两次连续执行实例之间的最短间隔时间。将处理器分为两组，每组有两个处理器。EARTAMT-First 算法首先将任务分配给处理器，然后使用 EARTAMT-First 算法调度处理器上的任务。CBS 可以由（2, 4）表示。CBS 在区间[0, 20]调度任务集。

表 5.1　实例任务集合

T	AC	C	P	T	AC	C	P
T_1	1.5	2	5	T_5	1	2	12
T_2	0.8	1	10	T_6	1	1	12
T_3	1.8	3	10	T_7	2	2	16
T_4	1.4	2	10	T_8	2	4	16
J	AC	C	R	J	AC	C	R
J_1	1	1	2	J_5	1	2	2
J_2	2	1	7	J_6	1	2	7
J_3	2	2	12	J_7	1	1	12
J_4	1	1	13	J_8	2	2	13

表 5.1 的任务组由 EARTAMT-First 安排调度。由于周期性任务 T_1 和 T_2 的总利用率 $U_p = 0.5$，将 T_1 和 T_2 分配给处理器 0，这时在处理器 0 上周期任务集占据处理器最大利用率。因此，后续任务 T_3 和 T_4 被分配给处理器 1。T_5 和 T_6 被分配给处理器 2。T_7 和 T_8 被分配给处理器 3。当 t = 2 时，释放出两个非周期性的任务 J_2 和 J_5。J_1 被分配给处理器 0，处理器负载 0.25 小于服务器带宽 0.5。而 J_5 的利用率为 0.5，不能再将任务分配给处理器 0。将 J_5 分配给处理器 1。根据 EARTAMT-First 算法，所有任务都将分配给其他处理器，如图 5.4 所示。

用 EARTAMT-S 算法来调度处理器 0 上的任务。在 $t = 0$ 时，任务 T_1 完成较早，空闲时间为 $2 - 1.5 = 0.5$。在 $t = 1.6$ 时，服务器空闲时间为 $0.5 \times 1.5 = 0.75$，在 $t = 2$ 时，可用的空闲时间为 $0.75 + 0.5 = 1.25$，处理器速度为 $1/2.25 = 0.8$，T_1 被非周期性任务 J_1 抢占了处理器。周期性任务集的总利用率为 $U_p = 0.5$。在处理器 0 上，服务器的利用率是 $U_s = 0.5$，总利用率为 $U_p + U_s = 1$，非

周期性任务 J 总是以离线速度 $S_{of}=1$ 运行。在 $t=2$ 时，服务器的空闲时间为 $0.5\times0.5=0.25$。在 $t=3$ 时，T_2 在最坏情况下的剩余空闲时间为 $1-(2-1.5)\times0.8=0.6$，此时处理器速度为 $0.6/(0.25+0.6)=0.71$，在 $t=3.56$ 时，任务 T_2 完成执行。然后，处理器 0 进入睡眠模式直到任务 T_1 在 $t=5$ 时再次被释放。在 $t=5$ 时，服务器空闲时间为 $(5-2)\times0.5-1=0.5$，任务 T_1 的执行速度为 $2/(2+0.5)=0.8$，T_1 在 $t=6.88$ 时完成执行。在 $t=7$ 时，J_2 开始被调度，在 $t=8$ 时完成执行。之后处理器再次进入睡眠模式直到 $t=10$ 时有任务被释放。在 $t=10$ 时，T_1 将以速度 $S=1$ 被调度。剩余的任务调度过程如图 5.5 所示。

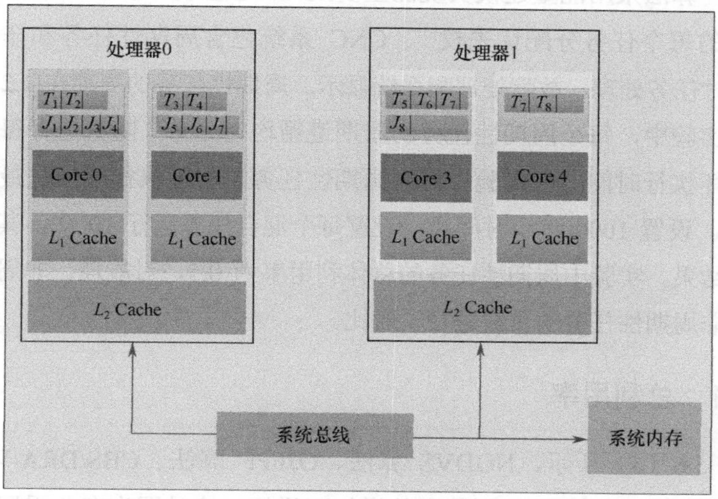

图 5.4　分配任务给每个处理器

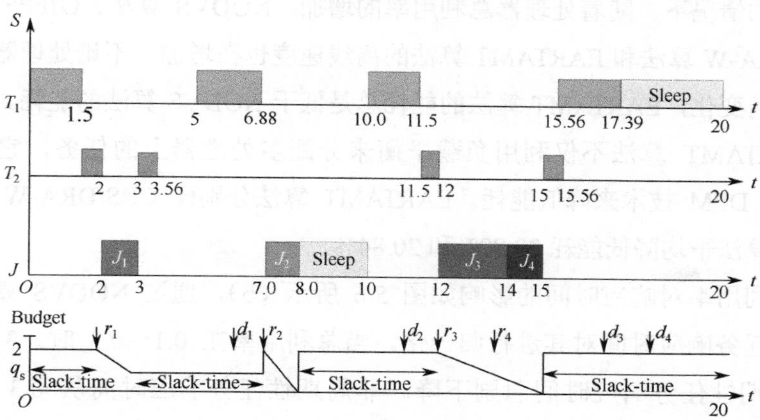

图 5.5　EARTAMT-S 算法调度混合任务示例

5.4 实验与分析

在基于 OHP-CNC 的信息物理数控系统平台中使用龙芯 3B[2]对 EARTAMT 算法进行评估。将 EARTAMT 算法与 CBS/DRA-W 算法的性能进行了比较，并将其与 OJFPF 算法的性能也进行了比较。CBS/DRA-W 算法是使用 WSE 方案的 CBS 的 DRA 修改版本，具有约束期限的完全抢占式混合任务的最优调度器[2]。OJFPF 算法采用能量建模实现能量参数化，按任务长度及本地优先级为多处理器中的每个任务分配优先权[4]。CNC 系统包含周期性任务和非周期性任务，如实时任务处理、故障处理和系统显示。周期性任务的周期在[1.2, 9.6]的范围内。在实验中，每个周期性任务的周期遵循均匀分布，随机选择每个周期性任务的最坏执行时间。在实验中假设周期性任务的实际执行时间是最坏执行时间的 10%。设置 100000 个时间片，设置每个混合任务运行 10 次，其结果作为最终实验结果。实验中周期性任务的总体利用率为 0.5，对能耗、非周期响应时间，以及非周期性任务的负载进行了对比。

5.4.1 总利用率

如图 5.6（a）所示，NODVS 算法、OJFPF 算法、CBS/DRA-W 算法和 EARTAMT 算法的能耗随总利用率的增加而增加。这是因为在非周期性任务负荷不变的情况下，随着处理器总利用率的增加，NODVS 算法、OJFPF 算法、CBS/DRA-W 算法和 EARTAMT 算法的离线速度也在增加。不论处理器的总利用率如何变化，EARTAMT 算法的能耗总是低于 NODVS 算法的能耗。这是因为 EARTAMT 算法不仅利用负载平衡来分配多处理器上的任务，它还采用 DVS 和 DPM 技术来降低能耗。EARTAMT 算法分别比 CBS/DRA-W 算法和 OJFPF 算法平均降低能耗 28.89%和 20.84%。

总利用率对响应时间的影响如图 5.6 所示（b），通过 NODVS 算法的非周期性任务响应时间对其进行归一化。当总利用率在 0.1～0.3 时，3 种算法的非周期性任务响应时间急剧下降。非周期性任务响应时间从 0.3 增加到 0.6。这是因为负载越少，安排非周期性任务的机会就越多。随着负载的增加，用于非周期性任务的处理器资源减少。EARTAMT 算法的非周期性任务响应时间高于 OJFPF 算法和 CBS/DRA-W 算法。这是因为在 EARTAMT 算法中，非周期性任务总是以离线速度运行，每个处理器保留一部分用于调度非周期性任务的资源。OJFPF 算法采用优先策略，非周期任务将获得更多的服务机会。CBS/DRA-W 算法以最高速度安排非周期性任务执行，并用 DVS 技术来延长周期性任务的执行，对非周期性任务的响应时间产生了负面影响。如图 5.6（b）所示，EARTAMT 算法对非周期性任务的平均响应时间分别比 CBS/DRA-W 算法和 OJFPF 算法高 0.93%和 0.44%。

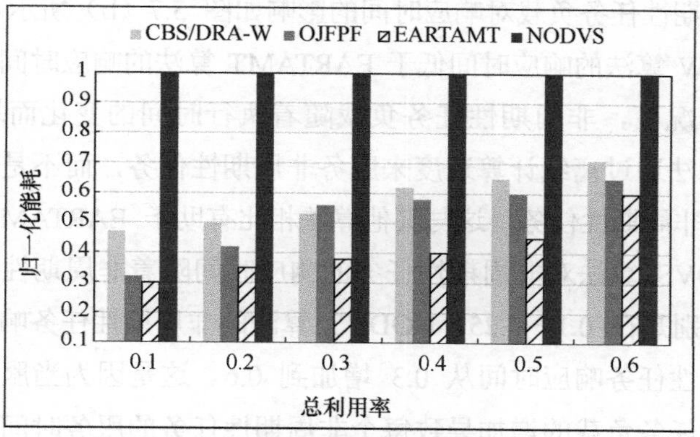

(a) 总利用率对能耗的影响

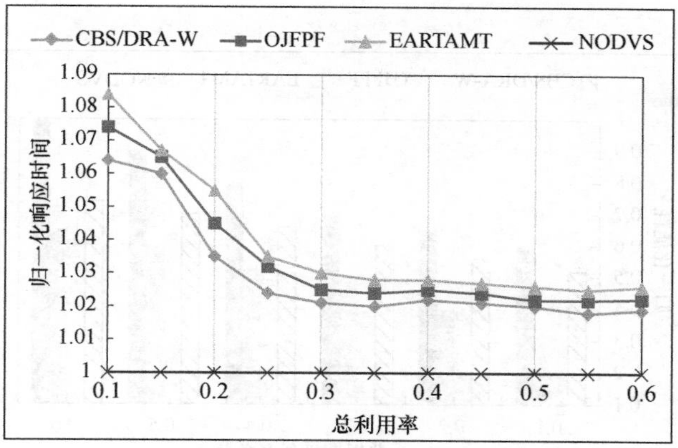

(b) 总利用率对响应时间的影响

图 5.6　几种算法的实验结果 1

5.4.2 非周期任务负载

NODVS 算法用于使非周期性任务负载的能耗标准化为 0.6。如图 5.7（a）所示，随着非周期性任务负载的增加，每种算法的能耗增加。原因是随着非周期性任务负载的增加，系统的总利用率增加。这意味着安排非周期性任务的机会将会更大。EARTAMT 算法的能耗始终低于 OJFPF 算法和 CBS/DRA-W 算法，表明 EARTAMT 算法更适合调度非周期性任务。实验结果表明，EARTAMT 算法比 CBS/DRA-W 算法和 OJFPF 算法分别节能 20.68%和 14.15%。非周期性任务负载对响应时间的影响如图 5.7（b）所示。OJFPF 算法和 CBS/DRA-W 算法的响应时间低于 EARTAMT 算法的响应时间。这是因为在带宽不变的情况下，非周期性任务负载随着执行时间的变化而增加。同时，EARTAMT 算法通过离线计算速度来服务非周期性任务，而不是使用最高处理器速度来服务非周期性任务，这与其他算法相比有助于 EARTAMT 算法增加响应时间。NODVS 算法对非周期性任务的响应时间随着非周期性任务负载的增加而增加。特别是在 0.1～0.25，NODVS 算法的非周期性任务响应时间急剧增加，而非周期性任务响应时间从 0.3 增加到 0.6。这是因为当服务器带宽不变时，非周期性任务负载的增加导致每个非周期性任务的服务时间减少。结果表明，EARTAMT 算法的平均响应时间比 CBS/DRA-W 算法高 0.28%，比 OJFPF 算法高 0.38%。

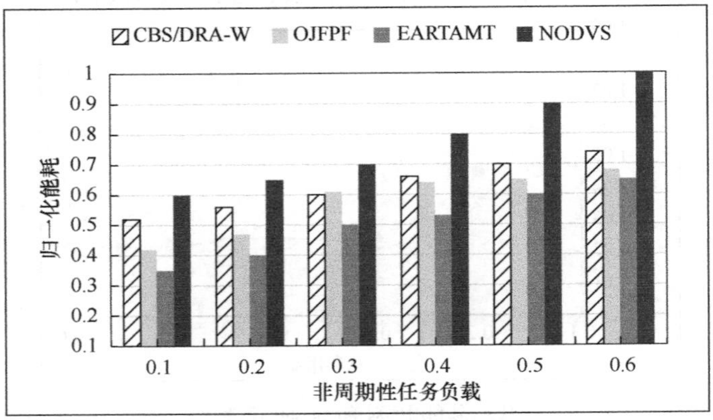

(a) 非周期性任务负载对能耗的影响

图 5.7　几种算法的实验结果 2

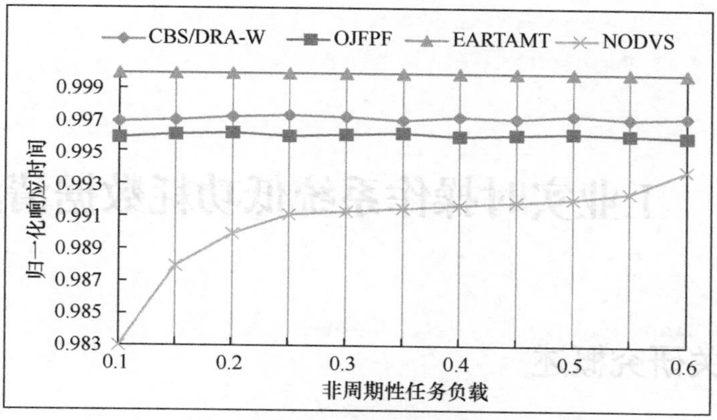

（b）非周期性任务负载对响应时间的影响

图 5.7　几种算法的实验结果 2（续）

5.5 本章参考文献

[1] BLEM E, MENON J, VIJAYARAGHAVAN T, et al. ISA Wars: Understanding the Relevance of ISA being RISC or CISC to Performance, Power, and Energy on Modern Architectures[J]. ACM Transactions on Computer Systems, 2015, 33(1): 1-34.

[2] SHIN D, KIM J. Dynamic Voltage Scaling of Mixed Task Sets in Priority-driven Systems[J]. IEEE Transactions on Computer-Aided Design of Integrated Circuits and Systems, 2006, 25(3): 438-453.

[3] LEE C H, KANG G S. On-Line Dynamic Voltage Scaling for Hard Real-Time Systems Using the EDF Algorithm[C]// Real-Time Systems Symposium, 2004. Proceedings. IEEE International. IEEE, 2004: 319-335.

[4] WANG G , LI W, HEI X. Energy-aware Real-time Scheduling on Heterogeneous Multi-Processor[C]// Information Sciences and Systems. IEEE, 2015: 1-7.

[5] DENG C Y, GUO R F, XU X, et al. A New High-performance Open CNC System and Its Energy-aware Scheduling Algorithm[J]. International Journal of Advanced Manufacturing Technology, 2017. (93): 1513-1525.

[6] BAGHERI B, YANG S, KAO H A, et al. Cyber-physical Systems Architecture for Self-Aware Machines in Industry 4.0 Environment[J]. IFAC-PapersOnLine, 2015, 48(3): 1622-1627.

[7] HUANG J, DU D, DUAN Q, et al. Modeling and Analysis on Congestion Control in the Internet of Things[C]. In Proceedings of the 2014 IEEE ICC International Conference. IEEE, 2014.

第 6 章 工业实时操作系统低功耗数据清洗算法

6.1 相关研究概述

随着无线传输技术、Ad Hoc 网络技术和低功耗传感技术的飞速发展，以无线传感器网络为核心的新型无线传感器网络可以实现工业设备智能监控系统[1]。然而，无线传感器网络收集的原始数据可能会因传感器的电池电量下降而变得不准确和不可靠[2-3]。另外，不稳定的网络也会引入噪声或导致采集数据异常。噪声可以分为 4 种情况：不完全、不精确、重复和缺失[4-5]。因此，传感器数据采集需要适当的机制，如数据清洗算法，以确保可靠性和准确性。还有一个关键问题是能耗。为了最大化传感器的生命周期，电路、架构、算法和网络协议需要节能。在系统级可以部署 DVS 和 DPM，通过将传感器设置为不同的节能模式甚至根据事件的紧急程度关闭来减少能耗[6]。因此，有必要开发一种提供可靠数据、跟踪机器状态变化的算法，用于采集数控机床加工过程中的数据，并将结果传递到下一个层级。

数据可以直接由传感器采集或从控制器获得。通过无线或有线的方法将采集的数据传输到本地和云服务器。一方面，由于采集数据类型的多样性，需要对数据类型采用统一的特定协议，如 MTconnect[7]和 OPC-UA[8]。另一方面，还需要数据清洗算法以处理原始数据，确保数据的有效性[9]。

传感器的数据通常是不可靠的，获得的数据速率通常在 60%～70%[10]。为了获得足够的数据，需要对传感器进行充分的部署以定期采样。然而，当传感器集中分布时，通常会产生重复采样[11]。将重复的数据发送到云服务器会导致时间延迟，以及网络资源的浪费[12]。因此，利用数据清洗算法在传感器端消除冗余和不可靠的数据是明智且必要的。清洗数据的目的是减少冗余数据、能耗和网络中的时间延迟。

目前有两种类型的时空相关传感器数据清洗技术：集中式清洗和局部网络清洗。针对集中式数据清洗，Jeffery 提出了一种算法，将感知数据与时间和空间相关，以恢复丢失的数据并删除孤立点[13]。文献[14]中提出了一种加权移动平均算法，以减少本地节点样本的能耗，并通过使用本地节点和邻居节点测试的组合来增加感知数据的响应。然而，集中式清洗算法不能满足实时性要求，因为大量感知数据需要先被发送到汇聚点集中处理[15]。此外，传输大量数据导致的能耗也使得难以实施集中式清洗。文献[16]中提出了在 WSN 中异常检测的层次框架，其中数据在传送到云服务器前先在传感器中进行预处理。然而，文献中没有讨论如何通过不同传感器节点之间的数据相关性和分布特征来识别事件异常值。为了解决这个问题，用邻居投票方法进行故障或事件异常检测[17]。这些方法的准确性受邻居节点数的限制。文献[18]中提供了一种局部网络异常检测算法，该算法从邻居投票算法得出是否存在异常，但没有考虑功耗。

无线设备对功耗有严格的要求。大多数现有网络中的传感器只有有限的电池电量，在设计和规划阶段管理功耗至关重要[19]。有关能源效率路由的大多数研究只关注系统的一部分而不是整体系统[20]。高性能应用通常会消耗更多的能量，从而降低电池寿命并削弱整个网络[21]。事实上，并不总是需要峰值计算，因为处理器的工作频率可以根据工作负载进行动态缩放。DVS 的目标是管理电源和工作频率。DPM 是降低系统功耗但又没有显著降低系统性能的有效技术，其基本思路是在不需要时关闭设备或组件[22]，当空闲时间足够长时，节能算法将系统置于睡眠模式。

6.2　系统信息模型

6.2.1　系统调度模型

考虑一个周期性任务集 $J=\{J_1,J_2,\cdots,J_n\}$，任务集的最坏情况总利用率为 U_p。J_i 可以由三元组表示（AC_i, C_i, P_i）。AC_i 是任务 J_i 的真实执行时间。C_i 是任务最坏执行时间。P_i 是相对截止时间 D_i 两次连续任务实例最小周期。假设所有任务的 D_i 等于 P_i。假定执行速度与任务执行时间呈线性关系。若要在不同节点上调度任务 J_i，则需要在这些节点间进行通信。在这种情况下，直到通信完成并且接收到 J_i 通信延迟的结果，才能执行 J_i。但是，如果把所有任务都分配在同一个节点上，则通信延迟的结果被认为是 0，J_i 可以在 J_m 完成后开始执行。

6.2.2 能耗模型

传感器在距离 d（小于阈值 d_o）处发送和接收 1 bit 数据的能耗分别定义为 $E_{tr}(l,d)$ 和 $E_{re}(l)$：

$$E_{tr}(l,d)=E_{el}\cdot l+\varepsilon_{amp}\cdot l\cdot d^2 \tag{6-1}$$

$$E_{re}(l)=E_{el}\cdot l \tag{6-2}$$

E_{el} 和 ε_{amp} 是硬件参数[23]，一个传感器在处理器频率 f 和供电电压 V_d 下执行 N 个时钟周期所消耗的能耗为 E_{com}：

$$E_{com}(V_d,f)=NCV_d^2+V_d\left(I_o\cdot e^{\frac{V_d}{n\cdot V_T}}\right)\cdot\left(\frac{N}{f}\right) \tag{6-3}$$

$$f\cong K(V_d-c) \tag{6-4}$$

这里 V_T 是热电压，C,I_o,K 和 c 是相应的依赖参数。

表 6.1 描述了不同级别模式下的能耗。每个节点可以处于如图 6.1 所示的活跃模式、空闲模式或睡眠模式，其包括不同组件模式的特定组合[24]。表 6.1 列出了组件在几种不同的睡眠模式下的状态变化，这些睡眠模式是根据传感器的实际操作条件进行选择的。一般来说，睡眠模式越“深”，则能耗越少，但唤醒时间越长。

表 6.1 不同级别模式下的能耗

等 级	模 式	传感器、模拟数字转换器	能 耗
S_0	活跃	On	T_x,R_x
S_1	空闲	On	R_x
S_2	睡眠	On	R_x
S_3	睡眠	On	Off
T_x =transmit，R_x =receive			

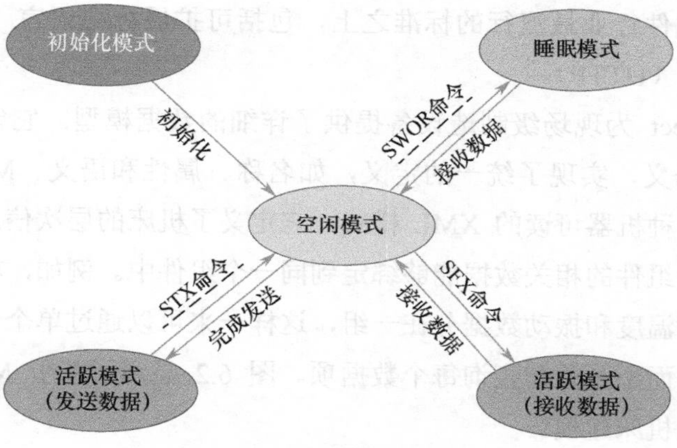

图 6.1　传感器各种模式切换过程

6.2.3　数据模型

在无线传感器网络中，若感知节点与前一时段相比，当前值具有较大的波动，则会引起较大的不确定性，需要相邻节点的更多信息。弹性空间是随着感知数据的波动而变化的相邻空间，确保每个节点具有较高的空间相关性[25]。弹性空间模型定义如式（6-5）所示。

$$\mathrm{SP}=\left\lceil R\cdot \mathrm{e}^{\alpha\cdot\varDelta^2}\right\rceil \tag{6-5}$$

其中，SP 是相邻空间的大小，表示相邻节点的最高相关性；R 是当前邻域空间的全局相关系数（$0<R\leqslant1$）；e 是数学常数；$\varDelta$ 表示测量值的变化量，即当前测量值与前一周期值之差；α 表示波动调整参数（$\alpha>0$）。

6.3　低功耗数据清洗算法介绍

6.3.1　数据交换标准：MTConnect

现代制造系统通常包括使用其专有通信协议的不同提供商的制造设备[26]。因此，制造系统中的数据通常因机器而异。这给 CPMTS 的数据交换、集成和管理造成困难。MTConnect 是一种轻量级、开放式和可扩展的协议，专为车间设备和软件应用之间的数据交换而设计，是解决数据格式交换困难的可行解决方案。MTConnect 允许制造系统中的不同实体及其相关设备共享数据[27]。它建立在制造和软件行业最流行的标准之上，包括可扩展标记语言（XML）和超文本传输协议（HTTP）。

MTConnect 为现场级制造设备提供了详细的数据模型。它定义了制造数据的词汇和语义，实现了统一的定义，如名称、属性和语义。MTConnect 标准还提供了一种机器可读的 XML 模式，它定义了机床的层次信息模型。分层结构使得相同组件的相关数据能够绑定到同一个组件中。例如，将从不同传感器获得的主轴温度和振动数据分在一组，这样一来可以通过单个命令检索所有相关数据项，而不是分别查询每个数据项。图 6.2 显示了基于 MTConnect 数据格式的数控机床建模。

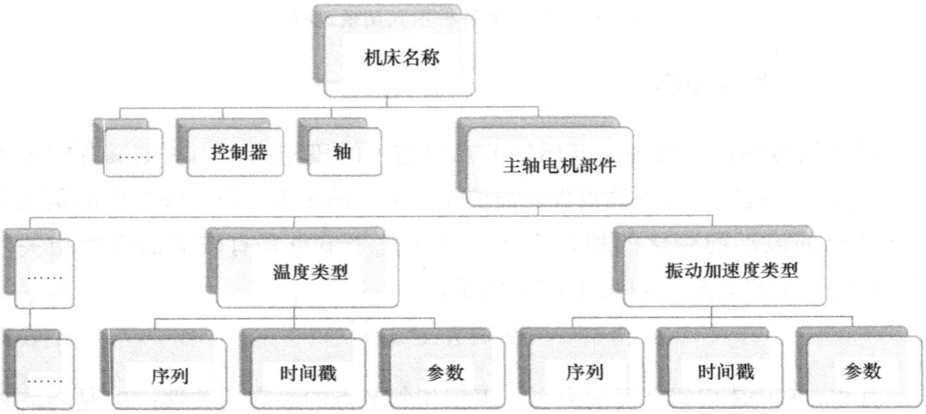

图 6.2　基于 MTConnect 数据格式的数控机床建模

6.3.2　网内节能数据清洗算法

假设传感器 m 可以由（x, y, z）表示。$N(m)$ 是传感器 m 的相邻集合。在数据清洗算法中，两个节点越接近，它们之间的相关性就越高。该算法使用高斯径向基函数 GRBF 根据两个节点之间的欧氏距离来测量相关性[14]。

定义 6.1　$\text{dis}(m,n)$ 是节点 m 和 n 之间的欧氏距离，用于找出异常值。

$$\text{dis}(m,n)=\sqrt[2]{(x_m-x_n)+(y_m-y_n)+(z_m-z_n)} \tag{6-6}$$

定义 6.2　GRBF 用于测量节点之间的空间相关性，$r(m,n,\beta)$ 表示空间相关性。

$$r(m,n,\beta)=\mathrm{e}^{\frac{-\text{dis}(m,n)^2}{2\beta^2}} \tag{6-7}$$

式中，e 是常数；β 是函数的宽度参数。通过调整参数 β，可以在数据清洗过程中消除数据的远距离和低相关性。为了平衡整个邻域空间的相关性，该算法可以计算每个节点与本地主节点 m 之间的相关系数，如式（6-8）所示。

$$R(m)=\frac{\sum_{n\in N(m)} r(m,n,\beta)}{|N(m)|} \tag{6-8}$$

式中，$R(m)$ 是邻域空间的全局相关系数；$N(m)$ 是 $|N(m)|$ 的邻近传感器集合的数量，$n\in N(m)$；m 是的相邻传感器个数。

设置弹性空间的下限 γ 和上限 δ，采集传感器数据去除噪声和异常值识别方法如下。

（1）以 MTConnect 格式存储采集数据，从中获取传感器采集数据和值的时间。当数据与历史数据相比波动较大时，使用相邻传感器测量值消除不确定性数据。

（2）如果相邻空间 SP 大于传感器的测量值，则使用邻域的加权平均值来消除噪声：

$$\tilde{x}(m,t)=x(m,t)+\frac{\sum_{n\in N(m)} x(n,t)\cdot r(n,m,\beta)}{|N(m)|} \tag{6-9}$$

$x(n, t)$是传感器 n 在时间 t 的原始测量值。$\tilde{x}(m,t)$ 是传感器 m 在时间 t 的校正值。节点 n 的测量值的权重 $r(n,m,\beta)$ 可以通过式（6-7）计算。

（3）如果邻域空间 SP 小于或等于 δ，则使用测量值和加权平均值的最近邻测量值，以消除噪声：

$$\tilde{x}(m,t)=\frac{x(m,t)+\sum_{n\in N(m)} x(n,t)\cdot r(n,m,\beta)}{|N(m)|+1} \tag{6-10}$$

根据定义，DCAES-IDCAE 算法伪代码如图 6.3 所示。

算法第 1～6 行计算相邻空间的大小，第 7～17 行确定相邻空间是否超出弹性空间，第 18～22 行查找异常数据，第 25 行将清洗的数据发送到汇聚节点。由于主传感器需要与其他相邻传感器进行通信，所以算法时间方面的性能主要取决于通信延迟。

DCAES-IDCAE 算法：

1. Select a master sensor m_r from acquisition sensors
2. Calculate $\mathrm{dis}(m,n)$ and $r(m,n,\beta)$;
3. If sensors are not selected Then
4. sensors are going into sleep mode until the wake-up;
5. If m_r obtained a significant deviation from the previous data Then
6. The data is obtained from the neighbour sensor and the data is manipulated;
7. Input the elastic space lower γ and the upper δ , current measurable value and previous period correction value;
8. For (node $i=0$; $k<N(m)$; k++)
9. {
10. Calculate m_r of neighbourhood spatial correlation R_i , Δ_I , and SP_i ;
11. If $\mathrm{SP}_i > \delta$
12. $N_i = \delta$
13. Else if $\mathrm{SP}_i < \gamma$
14. $N_i = \gamma$
15. Else
16. $N_i = \mathrm{SP}_i$
17. }
18. Obtain the data of neighbouring sensors with the highest spatial correlation $\mathrm{SP}_{\max}$;
19. If $\mathrm{SP}_{\max} > \delta$
20. Calculate the weighted average of neighbour sensors;
21. Else
22. Calculate local nodes and neighbour sensors to measure the weighted average;
23. Update the energy consumption of m_r by equation(6-3);
24. Put other sensors into sleep mode waiting to wake-up;
25. Send data to the sink sensor;

图 6.3　DCAES-IDCAE 算法伪代码

由于任务映射和调度的离散特征，所以调度可能会在截止时间之前产生一些空闲时间。传感器的不平衡工作量和通信调度也会产生 CPU 空闲时间。在 DVS 阶段，可以通过调整频率来降低 CPU 的空闲时间，从而降低能耗。当空闲时间足够长时，可以使用 DPM，让 CPU 进入不同的睡眠模式。

DCAES-ESSAS 算法伪代码如图 6.4 所示。

DCAES-ESSAS 算法:

1. $S = S_{\min}$, t is the current scheduling point
2. For all event job i=1 to all do
3. Sort task set with deadline task in DQ
4. End for
5. While true do{
6. If J_k is activated Then;
7. J_k is scheduled and update $\text{rem}_i(t)$;
8. If J_k is finished Then
9. Remove J_k from RQ
10. Calculates the available slack time ST for the task J_k;
11. If $\text{RQ} \neq \phi$, then
12. $S_i = w(t)_i / (\text{ST} + U_i)$
13. If no task is activated and $\text{RQ} = \phi$ Then
14. {
15. Calculates the Slack_time;
16. System into idle model;
17. If A task is active(external) Then
18. System comes back to active model;
19. If $\text{Slack\_time} > t_0$ Then
20. System into sleep-state;
21. If no task is active in the sleep-state Then
22. System into deep-sleep-state;
23. If task is coming(external) Then
24. System comes back to sleep-model;
25. If the task is valid event Then
26. System comes back to active model;
27. }
28. End while}
29. Update the energy consumption of all active node;

图 6.4　DCAES-ESSAS 算法伪代码

首先，处理器初始化最低速度（第 1 行）。所有任务按截止时间的降序排序，并添加到截止时间队列 DQ（第 2～4 行）。其次，当任务提前完成时，空闲时间被回收，将任务从运行队列（RQ）中移除。调节处理器速度，用于其余任务（第 6～12 行）。最后，DPM 技术可以根据空闲时间的长度（第 13～26 行），让传感器进入睡眠模式或深度睡眠模式，从而实现 DVS 和 DPM 的协同优化调度。DCAES-ESSAS 的时间复杂性主要来自排序任务和回收空闲时间，即 $O(n)$。

6.3.3 汇聚节点通信的低功耗协议

接收器以两种方式发送收集的数据。第一种是本地 CNC 系统通过有线路由器实时反馈数据至控制机床。第二种是通过 GPRS 向远程健康诊断云服务器发送数据。机床网络实现了自组网络协议，汇聚节点与采集节点之间通过三次握手实现通信[28]。设计一个队列可以管理传感器节点。如图 6.5 所示，sink 从

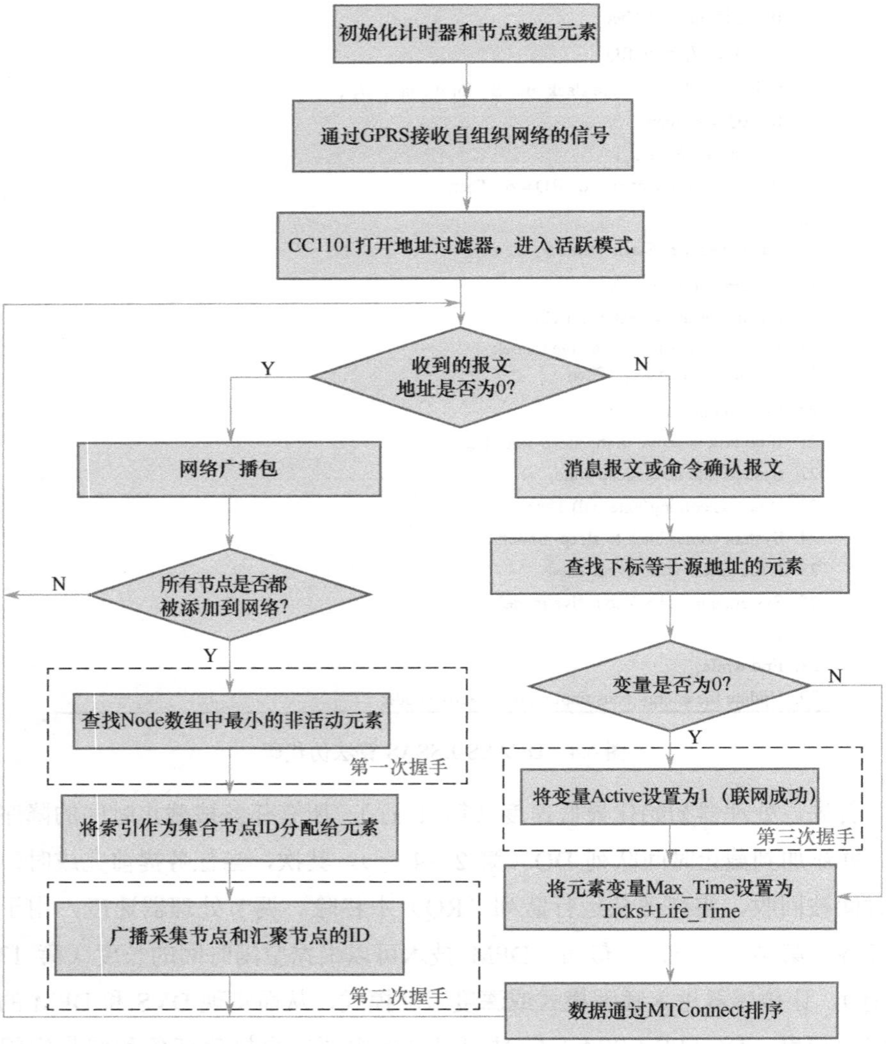

图 6.5　汇聚节点的低功耗协议

目的地接收命令确认包。当节点因电路故障或电池耗尽而无法正常工作时，接收器需要从自组织网络中删除这些“死”节点。

在网络协议的实现中，Tick_Check 函数用于查找其成员变量 Max_Time 等于节点结构数组中 Ticks 和 Active 为 1（网络状态）的数组元素。由于这些“死”节点通过接收器从 Ad Hoc 网络中被删除，所以数组元素的 Max_Time 成员变量将被覆盖。每当处理器硬件定时器中断时，Tick_Check 功能将被执行一次。硬件定时器中断的触发周期被设置为 10ms，这意味着汇聚节点每 10ms 检查一次网络故障节点。

6.4 实例分析

作为示例，表 6.2 为数据清洗算法清洗数据过程举例。由 1 个主节点 0 和 3 个节点来演示 DCAES-IDCAE 算法。$\bar{X}(t_1)$ 是时间 t_1 的前一周期值，$X(t_2)$是 t_2 时的当前测量值。Δ 是当前测量值与前一周期值的差值。弹性空间的上限和下限分别设定为 14 和 4。R 是每个节点与本地主节点 0（$0<R\leqslant 1$）的相关性系数。α 是波动调整参数，这里 $\alpha=0.5$。当前测量值 $X(t_2)$与先前值 $\bar{X}(t_1)$ 相比具有较大的波动时，相邻节点用于消除测量值的不确定性。由于第一相邻空间 SP = 35.909142 大于弹性空间 14 的上限，所以邻域的加权平均值被用于通过式（6-9）去除噪声。$r(n,m,\beta)$ 可以通过式（6-7）计算，这是节点 n 的测量值的权重，这里 $R(1)=0.95$，$R(2)=0.98$，$R(3)=0.89$。$R(0)$是其他节点 $R(1, 2, 3)$ 的平均值，$\bar{X}(t_2)$ 由 DCAES-IDCAE 算法修改为 34.044352。

表 6.2　数据清洗算法清洗数据过程举例

节　点	$\bar{X}(t_1)$	$X(t_2)$	Δ	R	SP	$\bar{X}(t_2)$
0	35.56355	32.86434	−2.69921	0.94	35.909142	34.044352
1		36.26367	0.70012	0.95		
2		35.58566	0.02211	0.98		
3		36.86362	1.30007	0.89		
0	32.56366	33.86368	1.30002	0.935	2.1767159	31.06079
1		31.54269	−1.02097	0.95		
2		33.16363	0.59997	0.98		
3		31.36356	−1.2001	0.89		

当邻域SP = 2.1767159小于弹性空间δ = 4的下限时，节点 0 的测量值和加权平均的其他邻近节点的测量值通过式（6-10）去除噪声，$\bar{X}(t_2)$ 修正为31.06079。

6.5 实验与分析

本节使用振动故障来测试所提算法的性能。径向钻孔机是常用的机床，可用于钻削、铰孔和修改刮面。DCAES-IDCAE 算法用于清洗采集的振动数据。本实验采用 Z3050X16 径向钻孔机。选择 A/B 双臂径向钻机主轴箱作为试样。A 组主轴箱采用特殊检测设备进行检测，符合精密加工要求。B 组主轴箱没有通过测试，被标记为异常机器。在实验中，HMS-CPMT 采用低功耗嵌入式处理器 MSP430 和无线 RF 收发器 CC1101。汇聚节点集成了可与每个节点进行通信的异构网关。数据格式遵循 MTConnect，数据存储在 MTConnect 代理存储库中。表 6.3 为基于 MTConnect 的数据采集示例。

表 6.3 基于 MTConnect 的数据采集示例

机　器	组　件	类　型	序　列	时 间 戳	数　值
M1	C1	振动加速度	11	2017-04-26T02:02:36.483034	35.56367
			12	2017-04-26T02:02:37.594045	34.14571
			13	2017-04-26T02:02:37.693075	28.65562
			14	2017-04-26T02:02:37.804056	28.07524
			15	2017-04-26T02:02:37.915051	34.77705
			16	2017-04-26T02:02:38.034055	33.96236
			17	2017-04-26T02:02:38.151053	27.49765
			18	2017-04-26T02:02:38.294055	32.25249
			19	2017-04-26T02:02:38.402056	22.29572
			20	2017-04-26T02:02:38.514058	34.59113
			21	2017-04-26T02:02:38.637054	21.29226
			22	2017-04-26T02:02:38.754035	26.30168
			23	2017-04-26T02:02:38.898050	21.79475
			24	2017-04-26T02:02:39.004045	35.56367

6.5.1 数据清洗实验

本节将 DCAES-IDCAE 算法与基于需求的自适应故障检测器（DAFD）算

法进行比较，验证算法是否可以清洗冗余数据，同时保持原始数据的完整性。在实验中，振动采集节点的采样频率为 1～8 Hz，采样周期为 0.1s。每个主轴的总加速度样本数为 200 个。在 A 组和 B 组下，样品在 2000 rpm/s 下进行 X 轴加速度数据采样。弹性空间的上限和下限分别设为 14 和 2，最接近局部节点的 9 个节点的空间相关性为{0.98,0.86,0.83,0.76,0.72,0.68,0.62,0.44,0.38}。最后，获得两组主轴箱数据，正常状态和异常状态下的主轴振动加速度波形如图 6.6 所示。

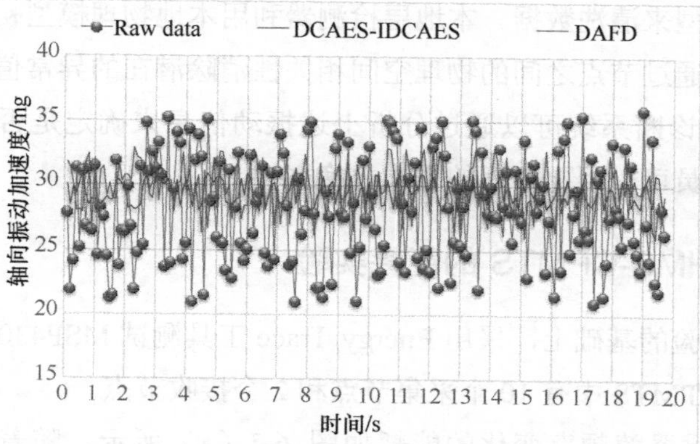

(a) A组轴向振动加速度波形

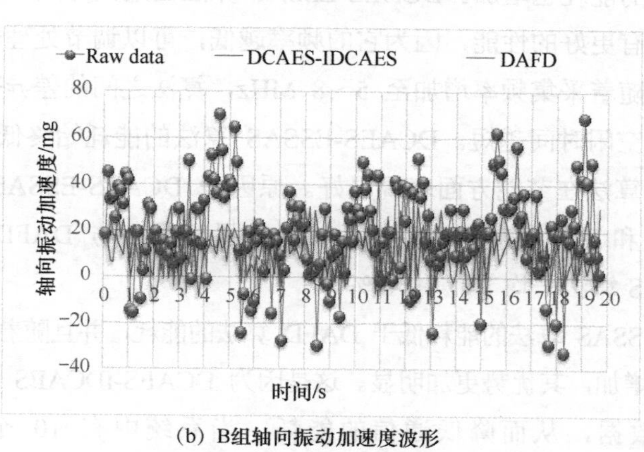

(b) B组轴向振动加速度波形

图 6.6　正常状态和异常状态下的主轴振动加速度波形

从图 6.6（a）可以看出，正常状态下的轴向振动加速度波形是一个温和的波动曲线。200 个原始样品的平均值为 28.6mg，与标准偏差约 4.32mg。轴向振动加速度波形为B组挥发性剧烈曲线，原始样本平均值为22.57mg，与标准偏差约18.69mg。

从图中可以看出，与DAFD算法相比，DCAES-IDCAE算法可以更有效地提高数据压缩性和准确度。A组振动加速度波动采用DCAES-IDCAE算法消除噪声后，波形比B组稳定。通过比较两组振动加速度数据和波形可以看出，主轴组装不正确的B组的轴向加速度比运动中的正常状态大（平均值大），波动也较大（方差大），如图6.6（b）所示，原因是DCAES-IDCAE算法利用两层模型来清洗数据。本地层检测器利用本地物理模型初步滤除潜在错误，而第二层通过节点之间的物理空间相关性消除潜在的异常值。本地数控系统或远程健康诊断系统可以通过分析上述振动信息来确定是否发生故障。因此，车床操作员可以用更合理的方式替换主轴。

6.5.2 HMS-CPMTS 的能耗实验

在上述实验的基础上，采用Energy Trace工具测试MSP430处理器的能耗情况。HMS-CPMTS中有10个采集节点和2个接收节点。

12个传感器随频率变化的能耗如图6.7（a）所示。随着采集频率的升高，每种算法的能耗也增加。DCAES-ESSAS算法在采集开始时（1～4MHz）表现得更好，有更好的性能，因为它的频率越低，可以调节处理器消耗更少的能量。然而，随着采集频率增加至5～8 MHz，算法之间的差异变小。这是因为频率越高，空闲时间越短。DCAES-ESSAS算法的能耗始终低于DAFD算法，表明所提算法在节能方面表现更好。原因是DCAES-ESSAS算法在系统级采用DVS和DPM来管理能耗。实验结果表明，与DAFD算法相比，DCAES-ESSAS算法平均节能19.48%。

DCAES-ESSAS算法的能耗低于DAFD算法的能耗，并且随着图6.7（b）中传感器数量的增加，其优势更加明显。这是因为DCAES-IDCAES算法可以清洗本地节点的数据，从而降低通信的能耗。当系统中有10个传感器时，DCAES-ESSAS算法的能耗明显低于DAFD算法和非优化算法。这是因为所有传感器不需要保持最高速度运行。DCAES-ESSAS算法平均与8.6个传感器进行通信，并且DCAES-ESSAS算法可以动态调整处理器频率，从而降低能耗，同时确保任务截止时间不受影响。在系统级别，不工作的传感器可以根据情况进入不同的睡眠模式，以进一步降低能耗。DCAES-ESSAS 算法采用系统级 DVS 和 DPM 来管理能耗，与 DAFD 算法相比性能更好。汇聚节点网络协议的优化也可以降低能耗。虽然 DAFD 算法可以减少冗余数据以节省能耗并降低时延，但 DAFD 算法过于保守，没有考虑在任务和系统层甚至网络层优化能耗。结果表明，DCAES-ESSAS 算法的平均能耗比 DAFD 算法低 33.58%，比非优化算法的平均能耗低 58.16%。

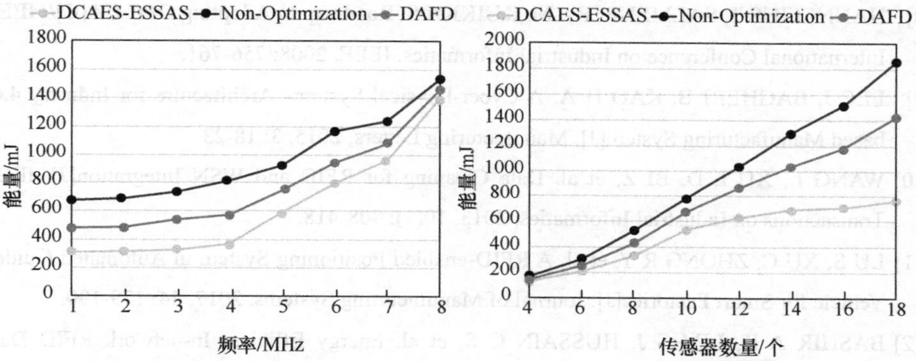

(a) 12个传感器随频率变化的能耗　　(b) 传感器数量对能耗的影响

图 6.7　传感器消耗的平均能耗

6.6　本章参考文献

[1] GAMBA, GIOVANNI, FEDERICO Tramarin, et al. Retransmission Strategies for Cyclic Polling over Wireless Channels in the Presence of Interference[J]. IEEE Transactions on Industrial Informatics, 2010, (6)3: 405-415.

[2] HUANG C T, THAREJA S, SHIN Y J. Wavelet-based Real Time Detection of Network Traffic Anomalies[C]// SECURECOMM and Workshops. IEEE, 2007: 309-320.

[3] MORE A, RAISINGHANI V. A Node Failure and Battery-aware Coverage Protocol for Wireless Sensor Networks[J]. Computers & Electrical Engineering, 2017, 64: 200-219.

[4] ZHONG R Y, DAI Q, QU T, et al. RFID-enabled Real-time Manufacturing Execution System for Mass-customization Production[J]. Robotics and Computer-Integrated Manufacturing, 2013, 29(2): 283-292.

[5] ZHONG R Y, HUANG G Q, DAI Q Y, et al. Mining SOTs and Dispatching Rules from

RFID-enabled Real-time Shopfloor Production Data[J]. Journal of Intelligent Manufacturing, 2014, 25(4): 825-843.

[6] PUGHAT A, SHARMA V. A Review on Stochastic Approach for Dynamic Power Management in Wireless Sensor Networks[J]. Human-centric Computing and Information Sciences, 2015, 5(1): 4.

[7] XU, XUN. Machine Tool 4.0 for the New Era of Manufacturing[J]. The International Journal of Advanced Manufacturing Technology, 2017. 92(5-8): 1893-1900.

[8] HANNELIUS T, SALMENPERA M, KUIKKA S. Roadmap to Adopting OPC UA[C]// IEEE International Conference on Industrial Informatics. IEEE, 2008: 756-761.

[9] LEE J, BAGHERI B, KAO H A. A Cyber-Physical Systems Architecture for Industry 4.0-based Manufacturing System[J]. Manufacturing Letters, 2015, 3: 18-23.

[10] WANG L, XU L D, BI Z, et al. Data Cleaning for RFID and WSN Integration[J]. IEEE Transactions on Industrial Informatics, 2013, 10(1): 408-418.

[11] LU S, XU C, ZHONG R Y, et al. A RFID-enabled Positioning System in Automated Guided Vehicle for Smart Factories[J]. Journal of Manufacturing Systems, 2017, 44: 179-190.

[12] BASHIR A K, LIM S J, HUSSAIN C S, et al. Energy Efficient In-network RFID Data Filtering Scheme in Wireless Sensor Networks[J]. Sensors, 2011, 11(7): 7004-21.

[13] JEFFERY S R, ALONSO G, HONG W, et al. Declarative Support for Sensor Data Cleaning[C]// International Conference on Pervasive Computing. Springer-Verlag, 2006: 83-100.

[14] ZHUANG Y, CHEN L, WANG X S, et al. A Weighted Moving Average-based Approach for Cleaning Sensor Data[C]// International Conference on Distributed Computing Systems. IEEE, 2007: 38-38.

[15] LEI J, BI H, XIA Y, et al. An In-network Data Cleaning Approach for Wireless Sensor Networks[J]. Intelligent Automation & Soft Computing, 2016, 22(4): 599-604.

[16] XU L, YEH Y R, LEE Y J, et al. A Hierarchical Framework Using Approximated Local Outlier Factor for Efficient Anomaly Detection [J]. Procedia Computer Science, 2013, 19: 1174-1181.

[17] SUNG Jib Y, YOON Hwa C. An Adaptive Fault-Tolerant Event Detection Scheme for Wireless Sensor Networks[J]. Sensors, 2010, 10(3): 2332.

[18] BRANCH J, SZYMANSKI B, GIANNELLA C, et al. In-Network Outlier Detection in Wireless Sensor Networks[J]. Knowledge & Information Systems, 2013, 34(1): 23-54.

[19] LOPEZ T S, KIM D, CANEPA G H, et al. Integrating Wireless Sensors and RFID Tags into Energy-Efficient and Dynamic Context Networks[J]. Computer Journal, 2009, 52(2): 240-267.

[20] HEO J, HONG J, CHO Y. EARQ: Energy Aware Routing for Real-Time and Reliable Communication in Wireless Industrial Sensor Networks[J]. IEEE Transactions on Industrial Informatics, 2009, 5(1): 3-11.

[21] ROUNTREE B, LOWNENTHAL D K, SUPINSKI B R D, et al. Adagio: Making DVS Practical for Complex HPC Applications[C]//International Conference on Supercomputing, 2009, Yorktown Heights, Ny, Usa, June. DBLP, 2009: 460-469.

[22] DENG C Y, GUO R F, XU X, et al. A New High-performance Open CNC System and Its Energy-aware Scheduling Algorithm[J]. International Journal of Advanced Manufacturing Technology, 2017. (93): 1513-1525.

[23] BASU P, KE W, LITTLE T D C. Dynamic Task-Based Anycasting in Mobile Ad Hoc Networks[J]. Mobile Networks & Applications, 2003, 8(5): 593-612.

[24] SINHA A, CHANDRAKASAN A. Dynamic Power Management in Wireless Sensor Networks[J]. IEEE Computer Test & Design, 2001, 18(2): 62-74.

[25] FANG L, DOBSON S, HUDGES D. An Error-free Data Collection Method Exploiting Hierarchical Physical Models Of Wireless Sensor Networks[C]// ACM Symposium on PERFORMANCE Evaluation of Wireless Ad Hoc, Sensor, & Ubiquitous Networks. ACM, 2013: 81-88.

[26] KOREN Y, WANG W, GU X. Value Creation Through Design for Scalability of Reconfigurable Manufacturing Systems[J]. International Journal of Production Research, 2016, 55(5): 1227-1242.

[27] DENG C, GUO R, LIU C, et al. Data Cleansing for Energy-saving: a Case of Cyber-physical Machine Tools Health Monitoring System[J]. International Journal of Production Research, 2017.

[28] WHEELER A. Commercial Applications of Wireless Sensor Networks Using ZigBee[J]. IEEE Communications Magazine, 2007, 45(4): 70-77.

第7章 面向工业实时操作系统的边缘计算检测算法

7.1 相关研究概述

7.1.1 数字孪生

NASA已经将数字孪生技术应用于航空航天飞机的健康维护和支持中，取得了良好的效果[1-2]。Schroeder利用数字孪生探索自动化技术，并证明其在不同系统的数据交换中非常有用[3]。Tao Fei提出了数字孪生技术车间（Digital Twin Shopfloor，DTS）的概念[4]，详细给出了DTS的体系结构、系统组成、运行机制和关键技术[5]。Aitor Moreno提出了一种为冲床构建数字孪生的方法，该方法用于开发CNC加工的交互式编程应用程序[6]。为了使典型的制造设备更加智能，对数控机床进行了数字孪生研究，提出了机床与数字空间的映射方法[7]。许多领先的工业企业，如PTC、西门子、GE和ANSYS也在数字孪生概念的指导下开发了各种应用程序[8]。

数字孪生技术主要用于故障诊断、预测性维修和性能分析。现有的数字孪生研究总是关注复杂系统的设计、操作和维护（如航空发动机维护、汽车生产、风力涡轮机等），而很少致力于探索数字孪生在单元级设备中的应用。

7.1.2 边缘计算

边缘计算技术旨在提高已建立的“孪生”的计算效率，减轻对云的压力。边缘设备以一定的频率收集数据，并将数据发送到相应的数据接收端[9]。数据接收端将接收一组或多组在时间上具有严格顺序的观察序列。这些时间序列数据准确地记录了特定参数的实时变化，反映了该参数在一定时间范围内的趋势和规律。然而，在实际的数据采集场景中，边缘设备在数据采集和传输数据的过程中总会出现一些异常。文献[10]对实际边缘数据集的数据异常检测进行了相关研究，通过边缘设备很难获得高质量的数据。

目前，边缘计算检测算法主要包括 6 种类型：基于统计的检测算法[11]、基于距离的检测算法[12]、基于密度的检测算法[13]、基于神经网络的算法[14]、基于支持向量机的算法[15]和聚类分析算法[16]。时间序列数据有一些特殊的性质，异常检测算法需要考虑其特点。大多数算法基于模式识别和聚类，用于时间序列数据领域的异常检测[17]。Vlachos 等人[18]提出了一种精确周期检测的非参数算法，并介绍了一种新的时间序列周期距离算法。Cattivelli 等人[19]提出了一种基于扩散策略的分布式检测算法，用于检测高斯噪声下的已知确定性信号。在许多应用中，由空间分布的节点进行的测量在统计上是相关的。其他研究人员考虑了使用高斯马尔可夫随机场[20-21]的相关观察，以在集中场景中设计 Neyman-Pearson 检测器。在分散场景中具有相关性测量的分布式检测算法的设计值得更多的研究。Fujimaki 等人[22]提出了一种新的异常检测系统，该系统主要使用相关向量回归和数据自回归进行异常检测。Cai 等人[23]通过构造分布式递归计算策略和 *k*-最近邻快速选择策略，提出了一种新的时间序列数据异常检测算法。

然而，这些算法主要针对单个边缘源数据的异常检测监控工作。在物联网中，不同边缘源数据之间往往存在大量已知的相关性，这些相关性可能揭示数据趋势或某种规律，并帮助我们有效地识别相应的异常数据，以提高孪生关系建立的准确性。

7.2 边缘计算检测算法介绍

各种数据采集设备采集的数据可以直接传输到云计算中心进行数据存储，利用强大的云计算中心完成相应的异常检测和数据清洗工作。这也被称为基于云计算的集中式大数据处理模型。随着边缘设备上数据量的增加，边缘设备生成的数据受到网络带宽和云的影响越来越大，因此需要对现有的集中式大数据处理模型进行调整，将云计算模型的部分计算任务迁移到边缘设备，在减缓网络带宽压力的同时，降低云计算中心的计算负载。

本章提出的边缘计算检测算法（ECDA_RT）将从边缘数据本身的一元离群点和边缘设备之间的多元参数相关性两个方面检测边缘数据的异常，然后对两个不同的检测结果进行数据融合处理，完成最终的多源边缘数据异常检测，如图 7.1 所示为边缘计算检测算法运行机制。

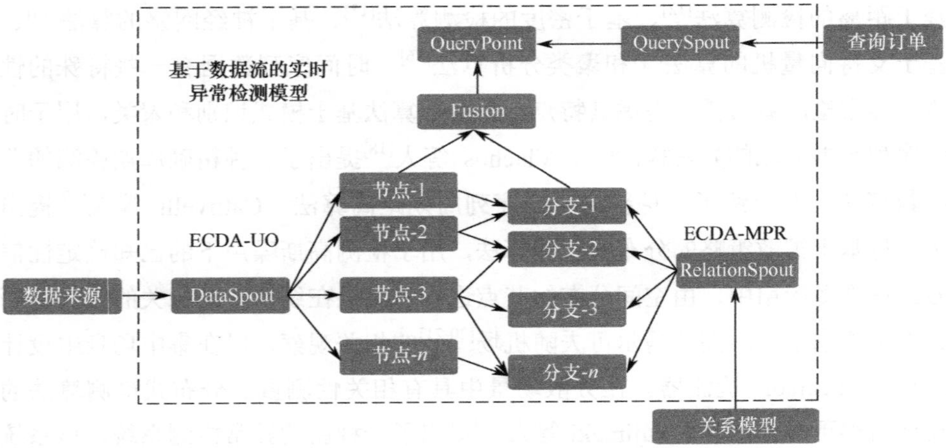

图 7.1　边缘计算检测算法运行机制

DataSpout 接收采集的数据，并将其发送到每个节点，以检查单边数据的时序连续性。若数据喷口接收的数据量大且参数类型多样，则数据划分模块可以对数据进行划分，并将划分后的数据传输到一元离群点边缘计算检测算法（ECDA-UO）的分叉处进行单边数据定时连续性检测。RelationSpout 将接收用户发送的边缘数据的不同参数之间的关系模型。RelationSpout 将关系模型发送到边缘计算多参数关系检测算法（ECDA-MPR）的分支中，用于检测边缘设备的关系。如果关系模型集较大，也可以考虑用数据划分模块来划分，再重新发送到相应的 ECDA-MPR。ECDA-UO 在完成定时相关检测后，其多个节点将相应的边缘数据发送到对应的 ECDA-MPR，并在 ECDA-MPR 进行数据关系检查。同时，ECDA-UO 还将把定时连续性检查的结果发送给 Fusion。在 ECDA-MPR 中的对应关系被检测出来后，ECDA-MPR 还会将相关检测结果发送给融合模块，完成最终的多源边缘数据异常检测。用户还可以将相应的查询信息发送给 QuerySpout，QuerySpout 会接收用户的查询信息，根据用户的请求和输出查询相应的数据异常。

7.2.1　一元离群点边缘计算检测算法

本节将给出一元和多元参数关系数据异常值检测的定义。

定义 7.1　由边缘设备采集并以时序数据的形式传输的一元数据，可简化为：

$$\mathrm{TS}_m=\{S_1,S_2,\cdots,S_i,\cdots,S_m\} \tag{7-1}$$

$$S_i=\{s_1,s_2,\cdots,s_j,\cdots,s_n\} \tag{7-2}$$

其中，$1\leqslant i\leqslant m$，$1\leqslant j\leqslant n$，TS_m 为多源边缘数据的时间序列表示的数据集，m 表示集合中数据的数量。在式（7-1）中，S_i 表示单边数据，在式（7-2）中，n 表示 S_i 的长度。其中，s_j 表示特定采集时间的数据值，$s_j=(v_j, t_j)$，t_j 表示 s_j 的时间戳，v_j 表示 t_j 的数据值，t_j 在时间序列中严格递增。

根据上面单边数据的时间序列表示 S_i，将引入滑动窗口[24]来存储 S_i 的部分数据，并将滑动窗口的长度设置为 Lensw，忽略滑动窗口中的时间序列数据。对于标签，给出了滑动窗口中时间序列数据离群点分布的定义。

$$\mu=\sum_{i=1}^{n}v_i/n \tag{7-3}$$

$$\sigma=\sqrt[2]{\sum_{i=1}^{n}(v_i-\mu)^2/n} \tag{7-4}$$

定义 7.2　滑动窗口中的部分时间序列可简化为 $\mathrm{ST}_n=\{v_1, v_2,\cdots, v_t,\cdots, v_n\}$（$1\leqslant t\leqslant n$），则 n 点的均值定义为均值 $\mu(3)$和方差$\sigma(4)$。在正态分布假设下，如果 v_t（$1\leqslant t\leqslant n$）和滑动窗口中所有数据的一元异常分布，则 $\mu+3\sigma$区域包含99.7%的数据。如果平均值μ超过3σ，则该值可以标记为异常值。

根据这些定义，ECDA-UO 算法的描述如下。

```
Ωab=∅ ;   /* Initialization parameter set */
Hashmap   MapForUO=new HashMap(); /*A new Hashmap to store exception parameters */
qTS=InitQueue(Lensw), listSW=InitList(Lensw); /* Initialize data queue and sliding window list */
while TS.length()>Lensw
    caclcSWD is (SW,TS,Lensw); /* Output Lensw from TS into SW and calculate Outlier */
    IF  μ(v_i) >3 σ  && Len>εsize
            qTS.enQueue(tssub); /* Put the subsequence tssub into the queue qTS */
    End if
```

```
        while qTS.length()≠0/ Select tssub from the queue qTS to judge again */
            tssub=qTS.deQueue();
          if calcValue  μ (tssub) > 3 σ &&tssub.length<εsize
              Ωab=Ωab∪tssub /*Put tssub into Ωtssub */
        else
              qTS.enQueue(tssub);  /*Reduce the lenmove of tssub again, create a new tssub */
          End if
        End while
    mapForUO.put(abID,tssub); /*Put outliers into Hashmap*/
    Return mapForUO. / * End of algorithm */
```

7.2.2 多元参数关系的边缘计算检测算法

获取的边缘数据通常有一定的关系，可以使用边缘设备之间的关系来确定边缘数据是否存在异常。

定义 7.3 根据多源时间序列 $\text{TS}_m=\{S_1, S_2,\cdots, S_m\}$中已知的某种相关性，对 S_m 进行必要的组合和变换，以获得满足多元线性相关性的时间序列 S_k'，并将其放入相关参数集 Ω_k 中，表示为 $\Omega_k=\{S_1',S_2',\cdots,S_k'\}$。

根据定义 7.3，对满足已知相关性的 TS_m' 的部分时间序列集 TS_{sub}' 进行必要的组合和变换操作，使其成为具有线性相关性的多源时间序列 TS_k'，并分别将其放入不同的参数集 Ω_k 中，然后验证边缘数据的实际观测值与 Ω_k 之间是否满足相应的线性相关性约束。将使用 SW 的 TS_m 作为起点，并执行 TS_m 的相关性检测。然而，TS_m 中可能没有相应的线性相关性或非线性相关性，因此需要先将 TS_m 转换为具有线性相关性的多源时间序列 TS_k'，以保证后续测试的顺利进行。基于上述考虑，ECDA-MPR 算法的描述如下。

```
Input: Exception ID list listForab, mapForUO, mapForMPR;
Output: Exception result set Ωresult.

    ΩR=ΩE=Ωm= ∅ ,Ωresult= ∅ ; /* Initialize the parameter set and exception result set */
    Ωdel=Ωadd= ∅ ; /* Initialize 2 temporary collections for integration of exception data */
    Hashmap  mapForResult=new HashMap(); /*Built a Haspmap to store exception results*/
    Hashmap  mapForMPR=new HashMap(); /*Built a Haspmap to store exception parameters */
    listTS=InitList(TS)
    while length(Ωk)≠0
```

```
        item= Dequeue(Ω_k);
        stp_i=listTS.get(p_i); /* Fetches the corresponding data by the sensing timing p */
      corr=corrDetc(item, stp_i, stp_j…); /* Verify relevant time series data meets constraints */
      If corr is true
        R=Ω_R∪item; /* Incorporate parameters of related time series data intoΩ_R*/
      Else
        Ω_E=Ω_E∪item;
      End if
    End while
    Ω_m=Ω_E-Ω_R; /* Get the exception parameter set */
    Ω_c=mapForUO.get(abID);  /* Get the exception parameter set */
    If Ω_m≠∅  &&Ω_c≠∅ /* Both algorithms are enabled* /
          for each ab_m in Ω_m
            if ab_m ∉ Ω_c
              Findvalue(ab_m, Ω_m); /*Find ab_i ∉ {Ω_k−ab_m}*/
              Ω_del=Ω_del∪ab_i;
          End if
        End for
        for each abc∈Ω_c &&abc∈Ω_R
          Findvalue (abc,Ω_R); /*寻找 ab_i∈Ω_k−abc*/
          Ω_add=Ω_add∪ab_i;
        End for
    Ω_result=Ω_c∪(Ω_m−Ω_del)∪Ω_add;
      If Ω_result≠∅ /* The loop ends and the exception in Request is stored in Hashmap*/
        for each ab_i in Ω_result
            mapForResult.put (abID,ab_i)/* Store abnormal results in Hashmap*/
        End for
      End if
    End if
  End for
  Return mapForResult. / * End of algorithm */
```

ECDA-MPR 算法结合了定时和相关算法获取的边缘数据的异常结果集，主要优化了 ECDA-UO 算法的异常检测结果，补充了 ECDA-UO 算法找不到的数据异常，也剔除了相应的无异常数据。根据 ECDA-MPR 算法的详细流程，ECDA-MPR 算法的复杂度为 $O(n^2)$。

7.3 原型开发

原型系统中的边缘数据采集设备——加速度计分离和加速度计连接如图 7.2 所示，可拆卸和连接的加速度计与机床一起使用。原型系统可以收集的数据项包括刀具编号、刀具位置、主轴速度和机器状态。由于 Python 在 PC 和控制器之间的通信速度有限，收集数据的周期为 1～2s。当与 G 代码相关联时，在低频下收集的刀具位置和主轴速度数据仍然可以帮助识别机床的操作。收集的边缘数据存储在本地 PostgreSQL 数据库中。用户可以通过有效的用户名和密码访问数据。

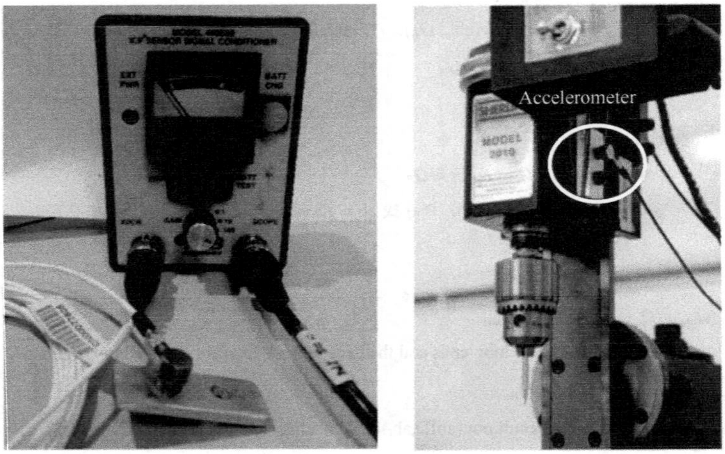

图 7.2　加速度计分离（左图）和加速度计连接（右图）

通过 MTConnect 格式传输的边缘数据是使用 National Instruments PCI-6221 数据采集卡采集的，如图 7.3 所示为屏蔽连接器块 SCC-68。它能够对模拟和数字信号进行采样，并与基于 Linux 的驱动程序兼容。它还为信号调节器 SCC-ACC01 提供了放大加速度信号的能力。我们可以得到机器各轴的实际位置、速度和加速度。每个轴都连接到一个编码器，这里的编码器是一个相对编码器，提供与其速度成正比的频率。虽然可以立即测量主轴的速度，但必须对数据进行进一步处理，以确定实际的加速度和加速度变化率。一种方便的方法是将所有编码器连接到显示器，显示每个轴的实际位置和主轴速度，并在开始采集前将所有机器轴定位在坐标系的零点。位置传感器是输出数字序列的光学编码器，其顺序根据运动的方向而变化。运动的距离和方向是通过读取序列并解析它来确定的。

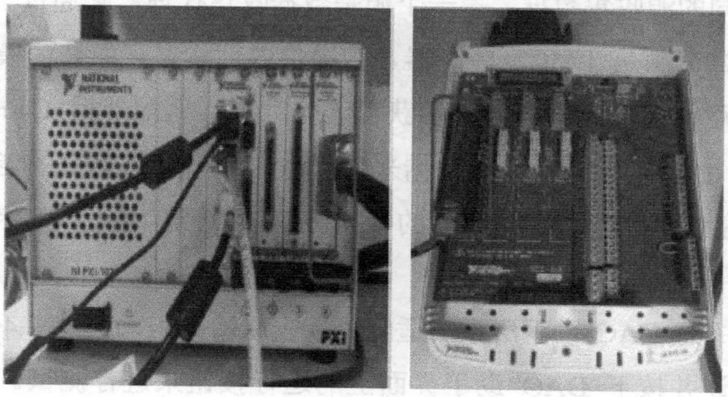

图 7.3　屏蔽连接器块 SCC-68

7.3.1　MTConnect 代理

MTConnect 代理是提供 MTConnect 接口的主要部分。它用 HTTP 作为代理来处理 MTConnect 请求并响应相应的 MTConnect 数据流。在最好的情况下，代理嵌入控制器中，直接从控制器内部发送数据。对不能直接支持的机器，MTConnect Standard 提供了一个版本的代理，它分为两个部分：代理本身和 MTConnect 适配器。虽然代理仍然提供 MTConnect 接口，但它不再直接向控制器提供数据，而是先从 MTConnect 适配器获取数据。这种分离允许 MTConnect 代理保持广泛的多功能性，同时适配器可以高度定制以满足控制器的要求。在代理中，设备的数据样本存储在长度可配置的缓冲区中。存储在该缓冲区中的每个新样本都标有毫秒级精确的时间戳和唯一的增量序列 ID，以标识数据样本的原始顺序。

7.3.2　MTConnect 适配器

适配器是一个软件应用程序，它从设备收集数据，并以标准格式将这些数据流传输到代理[25]。如果使用了代理并从适配器分离，收集的数据将先被发送到 MTConnect 适配器。虽然适配器和代理通过标准端口（如 TCP/IP）进行通信，但是适配器可以直接连接到机器的控制器或传感器，很容易建立到专用硬件平台的连接。作为机床和 MTConnect 代理之间的连接，适配器的任务是从两个不同的源收集数据。第一个源是数据收集代理，它通过 TCP 代理提供数据。第二个源是 EMC2 控制器，它提供内部状态，如处理模式、命令位置或其他与路径相关的信息。为了获得这些数据，适配器用 C++编写了一个基于 EMC2 控制器的插件。从数据采集代理传输附加数据值的能力是通过扩展适配器功能实现的。之后，收集的数据被打包成带有时间戳的字符串，并通过 TCP 连接传递给代理。

适配器中的 DAQ 助手用于从适配器接收原始数据，如图 7.4 所示。通过打开加速度计并按下 DAQ 助手界面上的运行按钮来进行测试。一旦出现波（小波动），如图 7.4 左侧所示，则说明加速度计已连接。

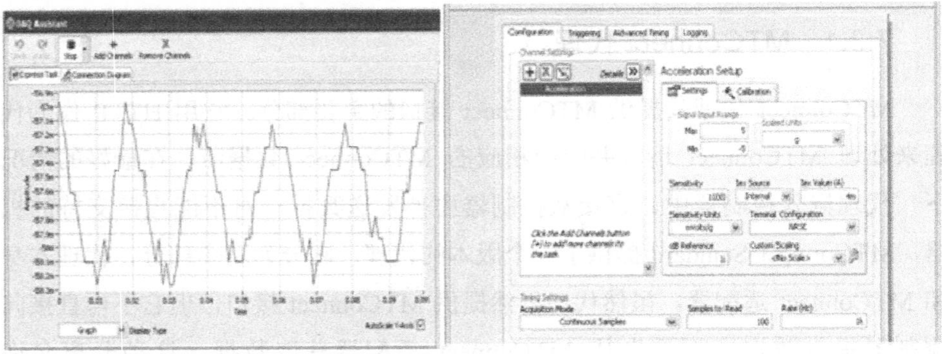

图 7.4　适配器中的 DAQ 助手

7.3.3　局部 DT

客户端是一个使用 MTConnect 标准的 DT 模型映像接口。如图 7.5 所示，主窗口的右侧区域是为在设备浏览器中可视化而选择的数据项。数据项包括显示在上方区域的实际值和其他信息（如时间戳、数据项单位或子类型）。如果数据项类型为“sample”，则过去的值也会随时间绘制。为了消除与 MTConnect 或底层协议的差异，MTConnect 的每个级别都尽可能透明。

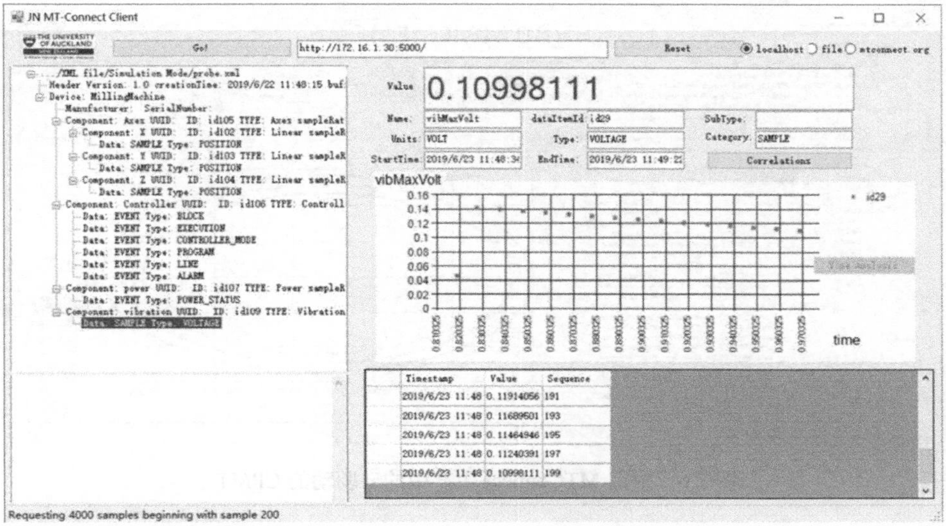

图 7.5　使用 MTConnect 标准的在生产中使用本地数据驱动的 CPMT

基于对生产前、生产中、生产后全加工过程的实验分析，构建 CPMT 全图的要求，客户端将使用 Microsoft，以及 NET 和 Visual Studio 2018 来实现。绘图区域是使用 Visual Studio 的 Microsoft 图表控件扩展实现的，它提供了一种绘制不同类型图形的方法。一旦控件元素嵌入 GUI，就可以通过 Visual Studio IDE 配置其外观。数据可视化是通过绘制运行时提供的数据来实现的。绘图区域的第一个图形绑定到传递的值列表。这些值列表是通过读取 *X* 轴的 getTimeScaleAsList 和 *Y* 轴的 getSampleValueAsList 直接从存储在设备结构中的 DataSequence 对象获得的。

7.3.4　云中 DT

通过对实时数据的分析，将不可见的处理过程显示出来，如图 7.6 所示。使用 MTConnect 可实时显示生产中的云驱动 CPMT 客户端。

DT 数据包括物理数据和虚拟数据：①从车间和机床的传感器收集的物理

数据；②来自虚拟模型和生产系统（ERP、MES）的虚拟数据。生产中的云驱动 CPMT 可实现优化资源管理、过程控制和生产计划三大功能。

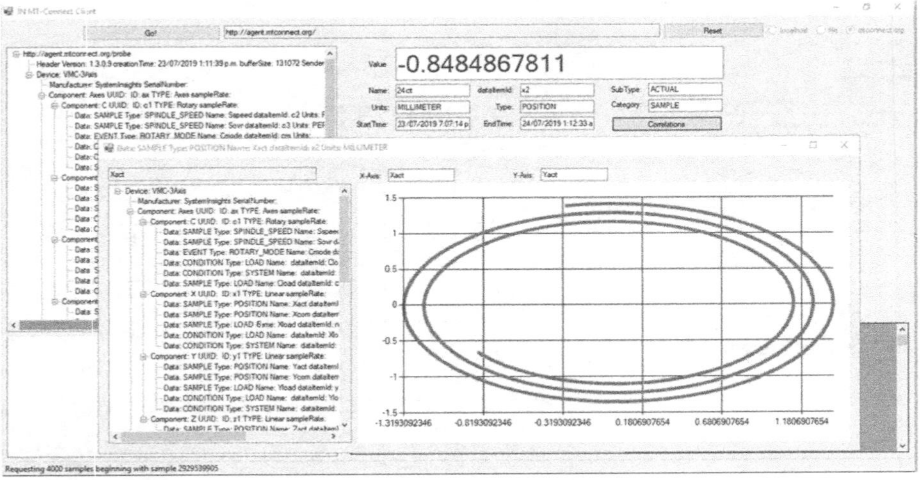

图 7.6　使用 MTConnect 生产中的云驱动的 CPMT

第一，在优化资源管理方面，原材料和加工设备要根据零部件的生产任务进行分配。从钢筋机械/热分析数据中获得虚拟数据，从钢筋和机床的虚拟模型中获得运行故障数据。基于上述数据，对数据进行关联、聚类、回归等处理。来自车间的服务可以为当前加工任务设计钢筋和机床的分配计划。

第二，在过程控制方面，实际执行任务之前可将方案传输到虚拟机床进行验证，可以发现机床存在的问题，包括刀具和工件之间的碰撞和摩擦等。同时，可以较小的成本重复仿真，通过迭代测试来优化加工方案，获得更高的加工精度。

第三，在生产计划方面，机床按照加工计划工作，数控系统可实时获取刀具位置、主轴转速、进给速度等信息。虚拟机床可以根据这些数据更新其状态。同时，将虚拟模型与处理状态进行比较，如果结果不一致，CPMT 的服务将对过程进行评估，以确定结果是否存在物理干扰等。

根据结果，虚拟数控机床将实时生成命令，以规范加工或改变加工计划。在制造完成后，需要测试尺寸、精度、平衡等指标。如果虚拟产品中的指标符合要求，则加工后的产品合格，否则需要维修。

7.4 算法实验

7.4.1 测试验证集

为了验证边缘计算算法的异常检测能力，将机床的插补过程作为测试验证集。根据加减速类型的不同，速度控制可分为线性、三角、指数加减速、S曲线和二次曲线加减速。在通常情况下，位移曲线、速度曲线、加速度曲线和加速度变化率曲线之间存在导数关系。图 7.7 所示为基于 4 条位移曲线的速度、加速度和加速度变化率示意图。

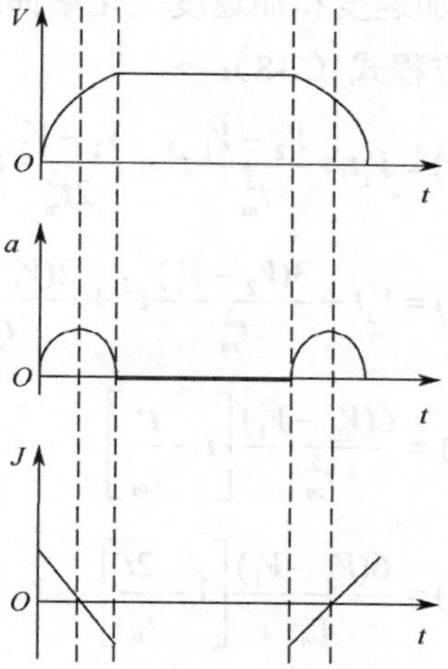

图 7.7　基于 4 条位移曲线的速度、加速度和加速度变化率示意图

1. 验证数据集的构建

验证数据集由机器速度、加速度、加速度变化率等组成，$D(u)$代表位移，a_1～a_4代表系数：

$$D(u) = a_0 + a_1 u + a_2 u^2 + a_3 u^3 + a_4 u^4 \tag{7-5}$$

根据上述导数关系，速度 V、加速度 a 和加速度变化率 J 分别为：

$$\begin{cases} V(u) = a_1 + 2a_2 u + 3a_3 u^2 + 4a_4 u^3 \\ a(u) = 2a_2 u + 6a_3 u + 12a_4 u^2 \\ J(u) = 6a_3 + 24a_4 u \end{cases} \tag{7-6}$$

其中 $u=t/t_m$：t_m 为加速或减速过程实际使用的时间，t 为加速或减速设定的操作时间，$t\in[0, t_m]$。开始和结束时必须满足式（7-7）所示的边界条件：

$$\begin{cases} D(0)=0 \\ V(0)=V_1 \\ V(1)=V_2 \\ a(0)=0 \\ a(1)=0 \end{cases} \tag{7-7}$$

其中，V_1 和 V_2 是加工轨迹段的起始速度和结束速度。通过边界条件式（7-7），位移、速度、加速度和加速度变化率曲线，可以计算式（7-5）中的系数，并将其代入曲线方程式（7-8）：

$$\begin{cases} D(t)=V_1 t+\dfrac{V_2-V_1}{t_m^3}t^3+\dfrac{V_1-V_2}{2t_m^3}t^4 \\ V(t)=V_1 t+\dfrac{3(V_2-V_1)}{t_m^2}t^2+\dfrac{2(V_1-V_2)}{t_m^3}t^3 \\ a(t)=\dfrac{6(V_2-V_1)}{t_m^2}\left[t-\dfrac{t^2}{t_m}\right] \\ J(t)=\dfrac{6(V_2-V_1)}{t_m^2}\left[1-\dfrac{2t}{t_m}\right] \end{cases} \tag{7-8}$$

2．实验案例

在验证数据集中共选择 100 000 条传感器数据，并且传感器数据的实际观察值如表 7.1 所示。根据相应的加速度原理，很容易发现 $D(t)$和 $\Delta V/\Delta t$，以及 $a(t)$和 $\Delta V/\Delta t$ 具有非线性相关性。

然后，利用相关系数公式计算速度数据集。将本章提出的算法用于异常数据的验证。根据检测结果，在 100 000 个边缘数据中，有 460 个 V、$\Delta V/\Delta t$、$a(t)$异常数据。异常数据的总数可以表示为 AB_{sum}，成功检测的异常数据可以表示为 AB_{cor}，异常数据的检测精度 AB_{ac} 可表示为：

$$AB_{ac}=AB_{cor}/AB_{sum} \tag{7-9}$$

表 7.1　传感器数据的实际观察值

线加速度		S 曲线加速度		二次曲线加速度	
时间/s	速度/（mm/s）	时间/s	速度/（mm/s）	时间/s	速度/（mm/s）
0～0.08	3.25～26	0～0.14	1-25	0～0.34	1.08-25
0.08～0.4	24	0.14～0.4	25	0.34～0.42	25
0.4～0.48	24～1	0.4～0.58	25～1.06	0.42～0.68	25～1.36
0.48～0.6	1～24	0.58～0.66	1.06～19.5	0.68～0.86	1.36～14.5
0.6～0.72	24～2.82	0.66～0.82	19.5～1.06	0.86～0.93	14.5～7.06
0.72～0.8	2.82～24	0.82～0.94	1.06～26	0.93～1.24	7.06～26
0.8～1.72	24	0.94～2	26	1.24～2.25	26
1.72～2	24～2.63	2～2.24	26～1.08	2.25～2.44	26～4.28
2～2.26	2.63～24	2.24～2.36	1.08～26	2.44～2.56	4.28～18.9
2.26～2.32	24	2.36～2.32	26	2.56～2.78	18.9～1.08
2.32.6～2.46	24～1	2.3～2.59	26～1.08	—	—

7.4.2　异常检测结果分析

1．ECDA-UO 算法和 ECDA-MPR 算法数据异常检测

ECDA-UO 算法利用边缘数据本身的时间连续性计算相对离群点距离，可以检测单源边缘数据的异常。如图 7.8 所示，使用一元参数，可以检测框 1、2 和 3 中边缘数据的异常。然而，ECDA-UO 算法只考虑单源边缘设备数

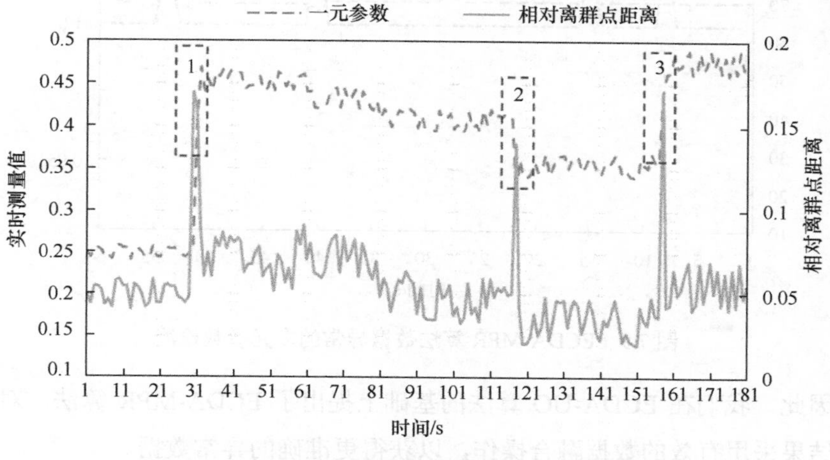

图 7.8　ECDA-UO 算法数据异常的一元参数检测

据固有的时间序列连续性，而忽略了多源边缘数据之间的相关性。因此，可能存在一元参数无法有效检测某些数据异常的问题。

ECDA-MPR 算法主要使用感测数据中的多元参数来检测边缘数据中可能存在的异常。如果 ECDA-MPR 算法只考虑边缘设备之间的关系，而忽略边缘数据本身的时间序列连续性，则可能出现两个问题：

（1）如果参数集 Ω_k 中的元素较少，很难通过边缘设备之间的关系准确定位异常边缘数据。考虑参数集 ω_2 中的一组线性关系序列 $TS_2=\{S_1, V_2\}$。经过多元参数的关系检验，我们发现传感器数据（S_1, V_2）中存在异常数据。如图 7.9 中方框 1、方框 2、方框 4、方框 5 所示，在（S_1, V_2）中存在数据异常，无论是 S_1 还是 V_2 异常，或者两者都异常，都很难被定位。

（2）如果参数集合 Ω_k 中的所有参数同时存在异常，则多元参数可能无法成功检测到相应的数据异常。如图 7.9 中方框 3 所示，当 $TS_2=\{S_1, V_2\}$，S_1 和 V_2 同时存在数据异常，且异常数据也满足相应二元线性模型的约束时，则多元参数无法检测到相应的异常数据。

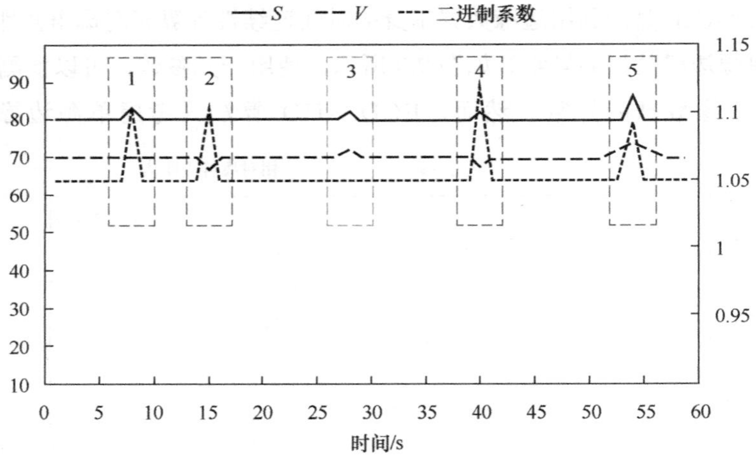

图 7.9　ECDA-MPR 算法数据异常的多元参数检测

因此，我们在 ECDA-UO 算法的基础上提出了 ECDA-MPR 算法，对两个测试结果采用有效的数据融合操作，以获得更准确的异常数据。

2．异常检测准确度比较

ECDA-UO 算法在 4 曲线加减速数据集中只能找到 460 个异常数据中的 334 个异常数据（AB_{ac}=0.73）。ECDA-MRP 算法利用多元参数关系从 460 个异常数据中找到 420 个异常数据（AB_{ac}=0.91），可以准确定位异常数据。本章提出的 ECDA-MRP 算法可以对一元和多元参数关系数据离群点进行数据融合操作。因此，ECDA-MRP 算法的检测结果明显优于 ECDA-UO 算法。基于数据集中的所有边缘数据，使用 ECDA-UO 算法、ECDA-MRP 算法和基准算法（AD-IP[25]、AD-KNN[23]）检测传感器数据的异常，并在图 7.10 中比较和分析实验结果。ECDA-MRP 算法的检测结果明显优于 ECDA-UO 算法。虽然这两种比较基准算法都基于时间序列重要点分割和基于快速选择策略的 *k*-最近邻搜索来寻找相应的异常数据，但都没有很好地利用多元参数关系之间的“广泛”相关性，从而无法有效识别多源相关数据异常。因此，ECDA-MRP 算法不仅具有强大的异常检测能力，还可以减轻云服务中心的压力。

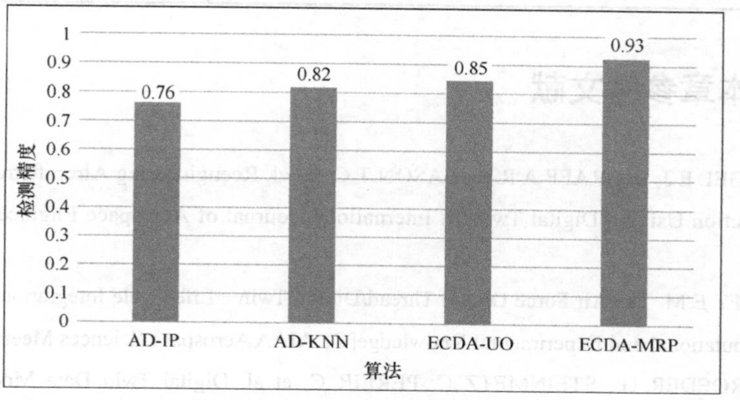

图 7.10　几种算法异常检测精度的比较

7.4.3　边缘计算和云计算耗时

在数据收集过程中，每台机器的传感器将收集到的数据聚集在机器中，然后将数据传输到边缘节点。边缘计算测试是使用上一节的数据集执行的。当边缘节点接收到的数据达到阈值，或者等待时间达到阈值时，当前接收到的数据全部传输到默认的 DataSpout 端口，并将相关数据分发给 ECDA-UO 算法程序，开始定时连续性检测。在 ECDA-UO 算法完成定时相关性检测后，将相应的边缘数据发送给相应的 ECDA-MPR 算法进行数据相关性检测。同时，ECDA-UO 算法将定时连续性检查结果发送给 Fusion。ECDA-MPR 算法还将相应的相关性检测结果发送给 FP，以获得更准确的检测结果。

根据不同的处理方法，边缘计算和云计算的耗时比较如表 7.2 所示。云计算接收数据的规模更大、带宽压力更大，其网络传输时间明显长于边缘计算。因为云中心节点的计算能力比较强，所以花在异常检测上的时间比边缘计算短。由于数据量和带宽的压力，所以综合下来云计算的处理时间相对较长。因此，ECDA-MPR 算法的异常检测性能更好。

表 7.2　边缘计算和云计算的耗时比较

操　作	边缘计算中的耗时/ms	云计算中的耗时/ms
接收	256.3	342.1
保存	156.3	281.6
ECDA-UO	2.3	2.8
ECDA-MPR	0.76	0.9

7.5　本章参考文献

[1] TUEGEL E J, INGRAFF A R ea, EASON T G , et al. Reengineering Aircraftstructural Life Prediction Using a Digital Twin[J]. International Journal of Aerospace Engineering, 2011, 1-14.

[2] KRAFT E M. The Air Force Digital Thread/Digital Twin—Life Cycle Integration and Use of Computational and Experimental Knowledge[C]. AIAA Aerospace Sciences Meeting, 2015.

[3] SCHROEDER G , STEINMETZ C, PEREIR C, et al. Digital Twin Data Modeling with Automation ML and A Communication Methodology for Data Exchange[J]. IFAC Pap OnLine, 2016, 49(30): 12-17.

[4] TAO F, ZHANG M, CHENG J, et al. Digital Twin Workshop: A New Paradigm for Future Workshop[J]. Computer Integrated Manufacturing Systems, 2017, 23(1): 1-9.

[5] TAO F, CHENG J, QI Q, et al. Digital Twin-driven Product Design, Manufacturing and Service with Big Data[J]. International Journal of Advanced Manufacturing Technology, 2018, 94, (9-12): 3563-3576.

[6] MORENO A, VELEZ G , ARDANZA A, et al. Virtualization Process of A Sheet Metal Punching Machine Within the Industry 4.0 Vision[J]. Int J Interact Des Manuf (IJIDeM),

2017, 11(2): 365-373.

[7] LUO W, HU T, ZHANG C, et al. Digital Twin for CNC Machine Tool: Modeling and Using Strategy[J]. Journal of Ambient Intelligence and Humanized Computing, 2019, 10(3): 1129-1140.

[8] MAGARGLE R, JOHNSON L, MANDLOI P, et al. A Simulationbased Digital Twin for Model-driven Health Monitoring and Predictive Maintenance of An Automotive Braking System[C]. The international modelica conference, Prague, Czech Republic, 2017.

[9] LIU B F, ZHANG Y F, ZHANG G , et al. Edge-cloud Orchestration Driven Industrial Smart Product-service Systems Solution Design Based on CPS and IIoT[J]. Advanced Engineering Informatics, 2019, 42: 100984.

[10] SHARMA A, CHEN H, MIN D, et al. Fault Detection and Localization In Distributed Systems Using Invariant Relationships[C]. IEEE/IFIP International Conference on Dependable Systems & Networks. 2013.

[11] HAN M, JIN L, KANG A, et al. A Statistical-Based Anomaly Detection Method for Connected Cars in Internet of Things Environment[J]. Internet of Vehicles - Safe and Intelligent Mobility. 2015.

[12] LIAO G , LI J. Distance-Based Outlier Detection for Distributed RFID Data Streams[J]. Journal of Computer Research & Development, 2010, 47(5): 930-939.

[13] XIA S, XIONG Z, YUN H, et al. Relative Density-based Classification Noise Detection[J]. Optik - International Journal for Light and Electron Optics, 2014, 125(22): 6829-6834.

[14] GUO Z, WONG W, LI M. Sparsely Connected Neural Network-based Time Series Forecasting[J]. Information Sciences, 2012, 193(11): 54-71.

[15] MOURAO-MIRANDA J, HARDOON D, HAHN T, et al. Patient Classification as An Outlier Detection Problem: An Application of the One-Class Support Vector Machine[J]. Neuroimage, 2011, 58(3): 793-804.

[16] WANG J, CHIANG J. A Cluster Validity Measure With Outlier Detection for Support Vector Clustering[J]. IEEE Transactions on Systems Man & Cybernetics Part B Cybernetics A Publication of the IEEE Systems Man & Cybernetics Society, 2008, 38(1): 78-89.

[17] FU T. A Review on Time Series Data Mining[J]. Engineering Applications of Artificial Intelligence, 2011, 24(1): 164-181.

[18] VLACHOS M, YU P, CASTELLI V, et al. Structural Periodic Measures for Time-Series Data[J]. Data Mining & Knowledge Discovery, 2006, 12(1): 1-28.

[19] CATTIVELLI, FEDERICO, SAYED H, et al. Distributed Detection Over Adaptive

Networks Using Diffusion Adaptation. Signal Processing[J]. IEEE Transactions on. (2011) 59. 1917 - 1932.

[20] ANANDKUMAR A, TONG L, SWAMI A. Detection of Gauss-Markov Random Fields With Nearest-Neighbor Dependency[J]. IEEE Trans. Inf. Theory, 2009, 55(2): 816-827.

[21] ANANDKUMAR A. Scalable Algorithms for Distributed Statistical Inference[M]. 2009.

[22] FUJIMAKI R, YAIRI T, MACHIDA K. An Anomaly Detection Method for Spacecraft Using Relevance Vector Learning[M]. 2005.

[23] CAI L, THORNHILL N, KUENZEL S, et al. Real-time Detection of Power System Disturbances Based on k-Nearest Neighbor Analysis[J]. IEEE Access, 2017, (99): 1-1.

[24] LEI R, WEI Y, JIN C, et al. A Sliding Window-based Multi-stage Clustering and Probabilistic Forecasting Approach for Large Multivariate Time Series Data[J]. Journal of Statistical Computation & Simulation, 2017, 87(13): 1-15.

[25] LIU C, VENGAYIL H , LU Y , et al. A Cyber-Physical Machine Tools Platform Using OPC UA and MTConnect[J]. Journal of Manufacturing Systems, 2019, 51: 61-74.

[26] ZHOU D, LIU Y, MA W, Time Series Anomaly Detection. Journal of Computer Engineering and Applications, 2008, 44 (35): 145-147.

第 8 章　基于云边协同的工业实时操作系统任务卸载方法

8.1　相关研究概述

云计算有充足的计算和存储资源用于复杂的大数据分析，但其实时性较差。边缘计算通过将计算和服务集中在数据源附近来减轻云的压力。Zamora-Izquierdo 等人[1]设计了局部、边缘和云层 3 层框架，使用边缘层监督局部任务，云层收集全周期环境温度精准农业的聚合历史信息。Tang 等人[2]在边缘和云之间执行动态资源分配，使用最佳算法将数据从云传输到边缘并向它们分配资源。Qi 等人[3]分析了 CPS 和 DT 对时间尺度上在单元级、系统级和复杂系统级生成数据的不同要求和用途，提出了智能制造的理想解决方案，在不同级别的 CPS 和 DT 上利用边缘计算、雾计算和云计算。Yang 等人[4]提出了一种开放、可扩展的智能云制造系统架构，该架构拥有协作边缘和云计算，通过部署分层边缘网关来支持延迟敏感型应用的实时响应。Zhang 等人[5]针对 twin 的计算效率，开发了一种基于边缘计算技术的信息物理数控系统，该机床根据边缘数据本身的一元异常值和边缘单元之间的多元参数相关性来检测边缘数据中的异常值，缩短了映射延迟并减少了云中的工作量。

目前，边缘计算技术发展迅速，云边协同技术可能实现边缘计算与云计算的协同耦合，释放数据价值[6]，广泛应用于各个行业。然而，在基于工业实时操作系统的设备应用中，边缘计算仅用于数据融合阶段[5]，这并没有最大限度地发挥云边协同的效用。针对上述问题，本章创新性地提出了一种基于云边协同的工业控制系统架构，如图 8.1 所示，该架构利用边缘计算和云计算的互补特性，为现有工业实时操作系统与工业设备融合的服务化转型提供了新的思路和途径。

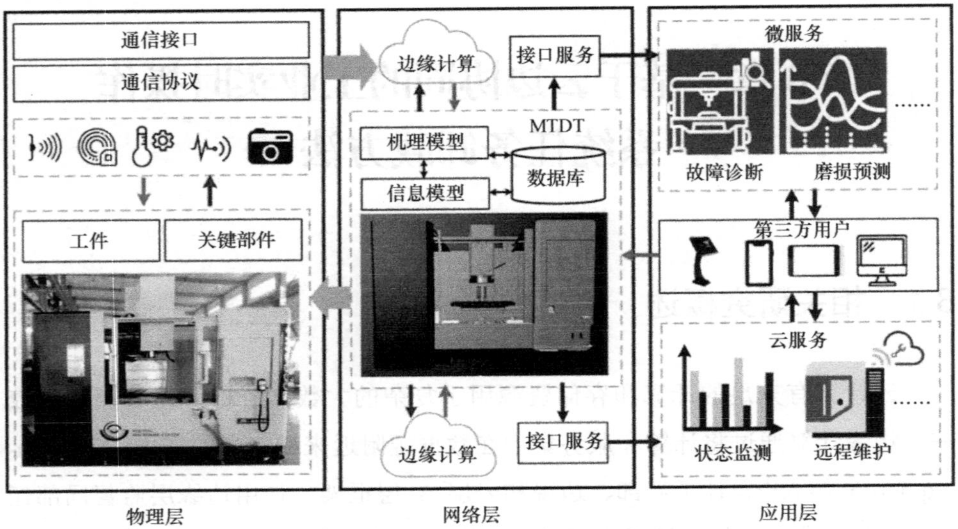

图 8.1　基于云边协同的工业控制系统架构

8.2　云边协同方法

8.2.1　系统模型

这项工作的主要目的是在建议的框架下最大限度地降低服务延迟，服务延迟[7]是完成任务请求所需的时间。边缘位于终端设备和云之间，云包含具有计算能力的海量设备，可以处理大多数服务请求，以降低整体服务延迟。

图 8.2 所示为本章提出的任务处理流程。本章旨在尽可能地在边缘处理时延迟敏感型任务。这意味着云只训练模型，处理边缘无法处理的任务。CPMT 提供的大多数实时服务，如刀具磨损监测和故障诊断，都依赖以深度神经网络（Deep Neural Network，DNN）为代表的机器学习算法。因此，假设所有任务都是在云中预训练 DNN 模型过程的机器学习任务，输出是通过执行推理获得的。在捕获数据后，任务被切片，为每个模型切片创建相应的容器管道并进行评估。最后根据卸载需求在边缘节点和边缘服务器之间分配任务。

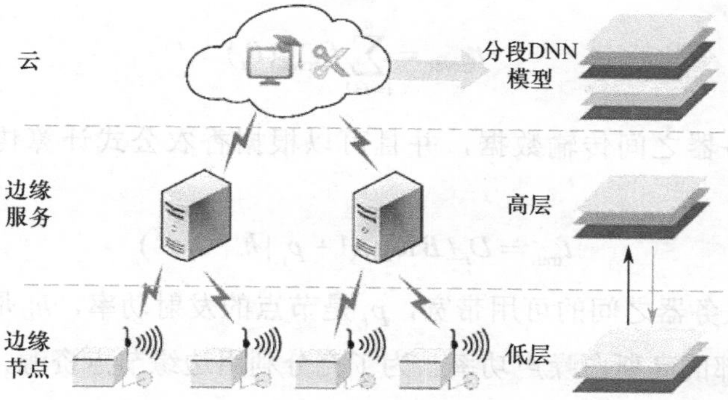

图 8.2　任务处理流程

1．网络模型

本章中的归一化网络模型定义如下：边节点的集合是　，　$=\{N_i \mid i=1,2,\cdots,N\}$，$|\quad|=N$。任何节点 $N_i \in N$ 都拥有一个任务。如果单个节点包含多个任务，则可以将该节点拆分为多个虚拟节点，并且每个节点只包含一个任务。任务可以在本地（边缘节点）执行，也可以卸载到边缘服务器执行，再将结果传输回边缘节点。假设所选服务器包含任务执行所需的资源。

2．任务模型

根据神经网络结构对任务进行切片，将任务 R 分成 n 个子任务，$R=\{R_i \mid i=1,2,\cdots,n\}$。$D_i$ 表示子任务 R_i 执行后输出数据的大小。l_R 表示任务 R 的截止时间。每个任务 R 可以留在本地（边缘节点），作为一个整体卸载到服务器，或者部分卸载到边缘服务器执行。任务段点记为 j，它位于第 j 个子任务执行之后。对于不同类型的神经网络层，不同的层配置会导致延迟的显著变化。文献[8]改变各种神经网络层的可配置参数，并测量每种配置的延迟，以构建每种类型层的延迟预测模型，从而在不执行 DNN 的情况下估计 DNN 组成层的时延。基于此，节点执行子任务 R_i 的延迟表示为 $f_{\text{node}}(R_i)$，服务器执行子任务 R_i 的延迟表示为 $f_{\text{server}}(R_i)$，其中 $i=1,2,\cdots,n$。

任务 R 的服务延迟 T_R 由节点执行延迟、服务器执行延迟和传输延迟组成。其中，边缘节点任务执行延迟为：

$$t_{\text{node}}=\sum_{i=0}^{j} f_{\text{node}}(R_i) \tag{8-1}$$

边缘服务器执行延迟为：

$$t_{\text{server}} = \sum_{i=j+1}^{n} f_{\text{server}}(R_i) \tag{8-2}$$

在节点和服务器之间传输数据，并且可以根据香农公式计算传输延迟，如式（8-3）：

$$t_{\text{tran}} = D_i / B \log_2(1 + p_i |h_i|^2 / \sigma^2) \tag{8-3}$$

B 是节点和服务器之间的可用带宽，p_i 是节点的发射功率，h_i 是信道增益，σ^2 是信道内部的高斯白噪声功率。为了充分利用边缘节点资源，减少数据丢弃，本章采用多指令流单数据流（Multiple Instruction single Datastream，MISD），以流水线结构处理任务。

如图 8.3 所示，节点并行执行，服务器通过非抢占 CPU 分配任务串行执行。每经过一个时间片 τ，系统输出一组处理结果，$\tau = \max\{t_{\text{node}}, t_{\text{tran}}, t_{\text{server}}\}$。当流水线稳定且满载时，可以保证每个时间段内数据处理的速度最高[9]。此时，系统吞吐量速率 $\theta = 1/\tau$，吞吐量速率越高，丢弃的数据就越少。

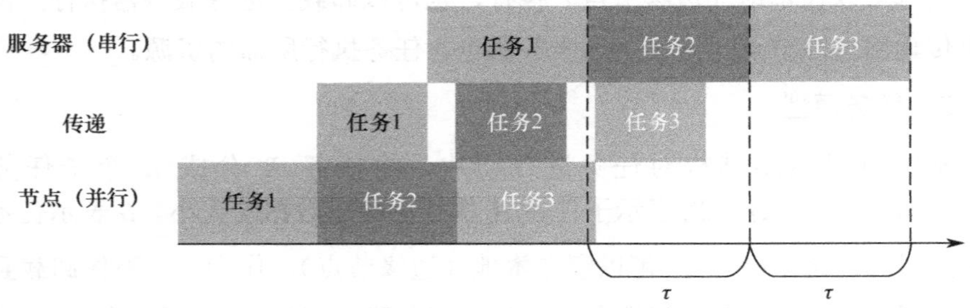

图 8.3　MISD 流水线结构

8.2.2　卸载策略

DNN 模型的卸载段点取决于其拓扑结构，这反映在每层的计算量和数据大小的变化中。此外，网络状态和设备负载等动态因素也会影响卸载段点的选择。我们提出了一种智能地分割任务并制定卸载策略的方法。它包括两个阶段，静态配置和服务执行。在静态配置阶段，配置边缘节点和服务器从云数据库中获取 DNN 层频谱的延迟预测模型，并存储在相应的节点和服务器上。在服务执行阶段，系统分析 DNN 层类型，提取其配置，并使用存储的预测模型来评估节点和服务器上每层执行的延迟。此外，结合当前网络条件，制定针对特定优化目标（响应速度/负载平衡）的卸载策略。根据卸载策略，通过跨节点和服务器分配任务来执行 DNN。

1．卸载策略 1：最快响应

任务响应速度是衡量服务质量的重要指标，也是边缘计算任务卸载的重要优化目标，我们开发了卸载策略（算法 1）来提高响应速度。图 8.4 展示了新任务到达服务器时的 3 种可能场景：①服务器忙，新任务需要等待前一个任务完成；②新任务在不等待服务器的情况下到达，但是服务器会产生空闲时间；③新任务到达时服务器恰好空闲。请注意，前面任务的服务器执行延迟是 mt_{server}，那么任务 R 的服务延迟 $\text{TR} = \max\{t_{\text{node}} + t_{\text{tran}}, mt_{\text{server}}\} + t_{\text{server}}$。

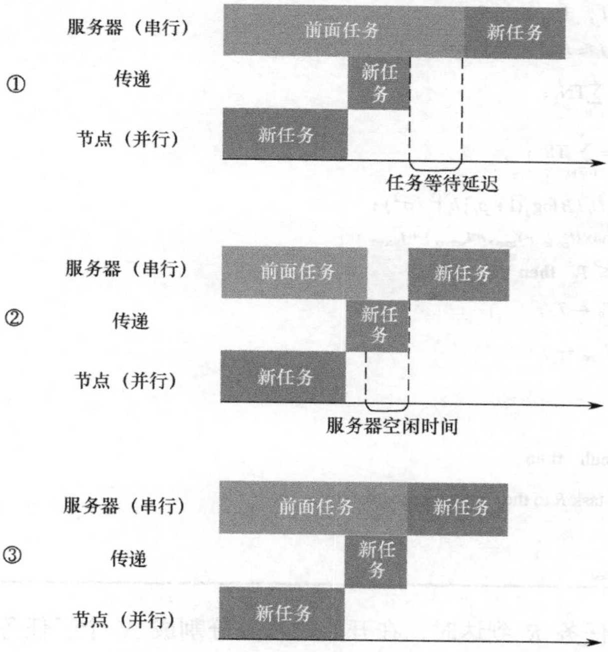

图 8.4　新任务到达服务器时的 3 种可能场景

卸载策略 1：最快响应（算法 1）具体实现过程如下。

Algorithm 1 Offloading Strategy: Fastest Response

1: **Input:**
2: N：number of the subtasks
3: $\{ R_i \mid i = 1, \cdots, N \}$：the i-th subtask

4: D_i : output data size of R_i

5: $f(S_i)$: latency of executing R_i

6: l : deadline of task R

7: B: current available bandwidth

8: m: current number of nodes that connect to the server

9: **Output:**

10: Offloading Strategy: the offloading segment point J_{best}

11: **procedure**

12: **for each** i in $1,\cdots,N$ **do**

13: $\text{TN}_i \leftarrow f_{\text{node}}(R_i)$;

14: $\text{TS}_i \leftarrow f_{\text{server}}(R_i)$;

15: **end for**

16: Let $T_R \leftarrow l$, $J_{\text{best}} \leftarrow null$;

17: **for** $j = 0, j \leqslant N, j = j+1$ **do**

18: $t_{\text{node}} = \sum_{i=0}^{j} \text{TN}_i$;

19: $t_{\text{server}} = \sum_{i=j+1}^{N} \text{TS}_i$;

20: $t_{\text{tran}} = D_i / B\log_2(1 + p_i |h_i|^2 / \sigma^2)$;

21: $T_j = \max\{t_{\text{node}} + t_{\text{tran}}, mt_{\text{server}}\} + t_{\text{server}}$;

22: **if** $T_j \leqslant T_R$ **then**

23: $T_R \leftarrow T_j$;

24: $J_{\text{best}} \leftarrow j$;

25: **end if**

26: **end for**

27: **if** $J_{\text{best}} = \text{null}$ **then**

28: Send task R to the Cloud for processing;

29: **end if;**

30: **return** J_{best}

当一个新任务 R 到达时，在开始时将其分割成 N 个子任务，并在节点和服务器上初始化每个子任务的执行延迟，分别用 TN_i 和 TS_i 表示（算法 1 第 12～15 行）。接下来，尝试在每个候选段点对任务进行切片，并根据算法 1 第 17～21 行中的模型计算相应的服务延迟 T_j。最后，比较每个候选段点对应的服务延迟，并选择服务延迟最短的一个段点作为卸载段点输出（算法 1 第 22～25 行）。注意，如果所有候选段点对应的服务延迟均超过任务延迟，则边缘无法处理任务 R 并将其发送到云（算法第 27～29 行）。

2. 卸载策略 2：负载平衡

众所周知，边缘服务器的计算能力比边缘节点强得多，并且为了保证节点任务的响应速度，算法 1 倾向于将大部分任务迁移到服务器上。然而，车间中边缘节点的数量通常比边缘服务器的数量更多。这种卸载方式可能导致服务器过载，在新任务到达时可能没有服务器资源可用，不利于系统可扩展性的提升，造成大量节点计算资源的浪费。为了避免上述问题，我们提出了一种新的任务卸载算法，在保证任务实时性和吞吐量的基础上，最大化服务器访问节点的数量。

卸载策略 2：负载均衡（算法 2）具体实现过程如下。

Algorithm 2 Offloading Strategy: Load Balance

1: **Input:**

2: N: number of the subtasks

3: $\{ R_i \mid i=1,\cdots,N \}$：the i-th subtask

4: D_i: output data size of R_i

5: $f(R_i)$: delay of executing R_i

6: l: deadline of task R

7: B: current available bandwidth

8: θ: the threshold of throughput rate

9: **Output:**

10: Offloading Strategy: the offloading segment point J_{best}

11: M: the number of nodes that can connect to the server

12: **procedure**

13: **for each** i in $1,\cdots,N$ **do**

14: 　　$\text{TN}_i \leftarrow f_{\text{node}}(R_i)$;

15: 　　$\text{TS}_i \leftarrow f_{\text{server}}(R_i)$;

16: **end for**

17: Let $J_{\text{best}} \leftarrow$ null，$P \leftarrow \varnothing$

18: **for** $j=0, j \leqslant N, j=j+1$ **do**

19: 　　$t_{\text{node}} = \sum\limits_{i=0}^{j} \text{TN}_i$;

20: 　　$t_{\text{server}} = \sum\limits_{i=j+1}^{N} \text{TS}_i$;

21: 　　**for** $M_j = 0$ **do**

22: 　　　　$\tau_j = \max\{ t_{\text{node}}, t_{\text{tran}}, t_{\text{server}} \}$，$\theta_j = 1/\tau_j$;

23: 　　　　$T_R = t_{\text{node}} + t_{\text{tran}} + M_j t_{\text{server}}$;

```
24:         if T_R ≤ l then
25:             M_j = M_j + 1;
26:         end if
27:     end for
28:     if θ_j ≥ θ then
29:         P ← P ∪ {p_j}, p_j = (j, M_j, θ_j);
30:     end if
31: end for
32: Select the p_j with maximum M_j in P
33: J_best ← j
34: return J_best;
```

与算法 1 类似，算法 2 首先初始化节点和服务器上每个子任务的执行延迟（第 13～16 行），并计算每个候选段点对应的节点 t_{node} 和服务器 t_{server} 的执行延迟（第 18～20 行）。传输延迟由实际测量得到，并根据系统模型（第 21～23 行）计算吞吐量速率和业务延迟。该算法计算满足实时性要求的候选段点 j 对应的服务器可访问节点 M_j 的最大数量，并将满足吞吐量要求的候选段点存储在集合 P 中（第 24～31 行）。最后，在集合 P 中搜索 M_j 的最大值，并返回其对应的段点作为卸载段点（第 32～34 行）。

8.3 案例研究

数控机床处于复杂的加工环境中，故障信息复杂且故障率高。PHM 旨在将历史数据与机器学习算法相结合，提前预测故障或进行维护，显著减少停机时间和维护成本[10]。

PHM 依靠数控系统提供的故障报警信息，提示操作员尽早快速解决数控机床故障，确保生产顺利进行。然而，在当今的数控设备制造业中，机床种类繁多，除公共标准定义的机床故障外，每个机床制造商的产品故障信息各不相同。这种异构故障信息将导致每台数控机床成为一个信息孤岛，车间或工厂很难实现机床故障信息的统一编码显示、存档、集成和共享。这给 PHM 服务的提供带来了很大的阻碍，也给机床水平集成带来了设备可靠性隐患。

基于设备的历史信息建立机床故障的 DT 模型，实现数控机床故障信息的统一表示，通过传感器采集和计算机技术分析机床环境、加工对象，以及设备的温度、负载、位置的变化，为机床提供故障诊断和预测性维护。本节以机床 PHM 服务为例，进一步论证所提出的基于云边协同的工业控制系统架构的可行性和优势，包括物理设备和实验环境的引入、网络层机床故障 DT 模型的建立和部署，以及应用层提供的刀具 PHM 服务。

8.3.1　物理装置和实验环境

图 8.5 展示了工作流程和实验环境。基于 LinuxCNC 开源平台开发了 OPC UA 服务器和机床 PHM 应用服务，并集成到 CNC 控制器中。本节使用 RaspberryPi 4B 作为边缘节点，将 SIMATIC NANOBOX PC 作为边缘服务器，分别应用于云、边缘服务器和边缘节点，由 Kubernetes、KubeEdge 和 Edge X Foundry 平台构建的云边协同环境。云收集状态信息作为模型训练集来训练诊断和预测模型。将训练好的模型部署到边缘节点和服务器上。在边缘分析实时数据，用于机床故障诊断和预测，PLC 向 CNC 系统或主计算机提供故障代码。用户通过 CNC 控制器控制面板和云服务或微服务的 API，对故障字典数据库中的故障代码进行检索，为操作员提供决策支持。

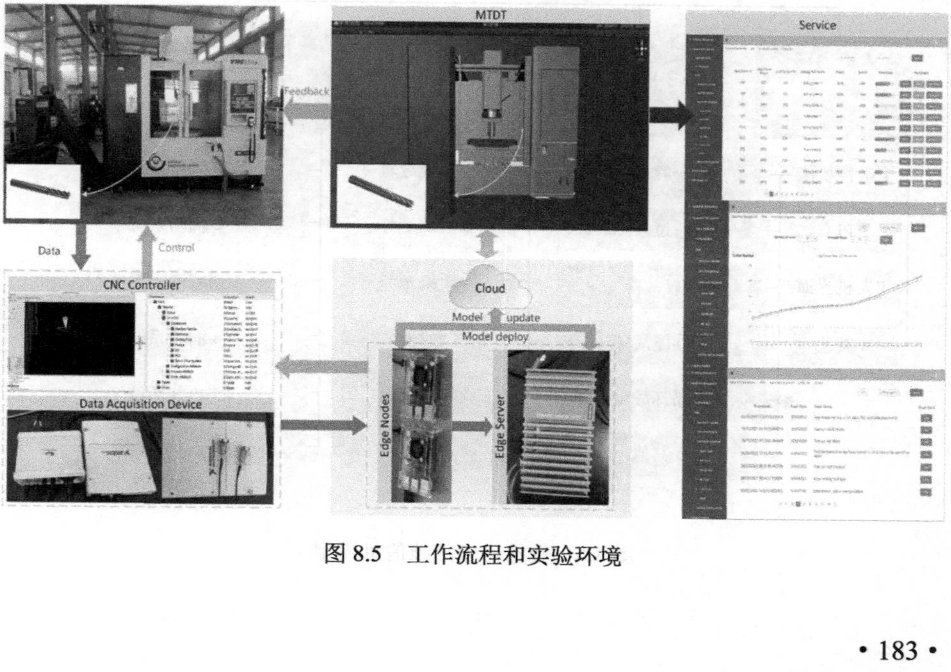

图 8.5　工作流程和实验环境

8.3.2　网络层：MTDT 建模和部署

1. 数控机床故障信息数据字典

本节基于标准的“数控设备故障信息数据字典——数控机床”建立了故障信息模型。首先，分析数控机床故障信息的故障成分和层次，对不同厂家的数控机床进行统一的故障分类和编码。然后，建立一个“数控机床故障信息数据字典”，方便用户快捷地查看数控机床的相关故障信息。数控机床故障信息数据字典由机床故障代码和故障信息卡两部分组成。故障代码是机器故障信息的唯一索引，故障信息卡包含故障代码、故障名称、故障等级、故障参数、故障反馈、故障内容、建议处理和系统延续方法。

数控机床故障信息模型如图 8.6 所示。数控机床故障可分为 4 类：数控控制器故障、伺服驱动和电机故障、功能部件故障和机床附件故障。根据信息模型对数控机床故障进行编码，故障代码共 9 位，第 1 位表示故障的分类，第 2～3 位和第 4～5 位分别表示一级和二级目录的故障，从 01 开始编码。不能归类的故障将被分到“其他”。第 6～9 位表示具体的故障信息，从 0001 开

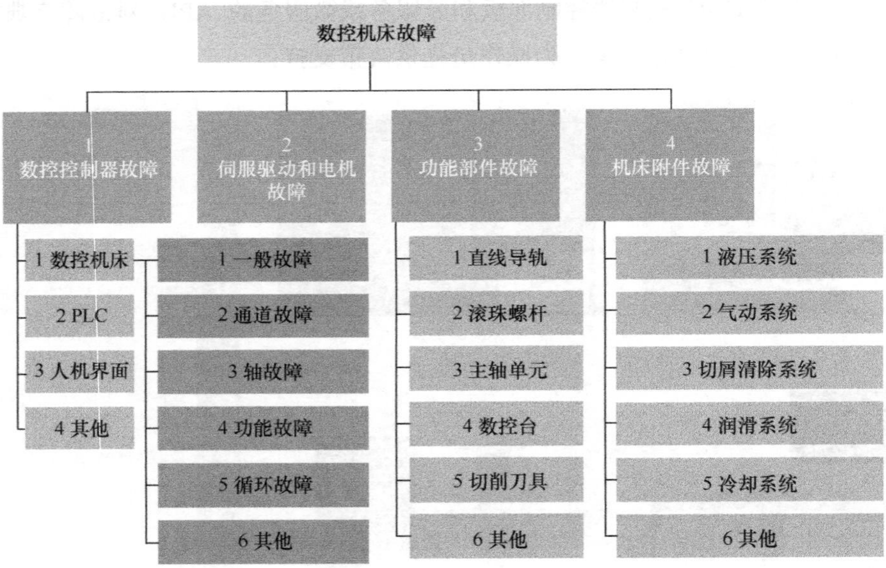

图 8.6　数据机床故障信息模型

始编码。如果故障类别下没有对应的主要或次要故障目录，则对应的位置用 00 编码。为了便于理解，图 8.7 给出了“数控机床温度过高”的故障编码示例。

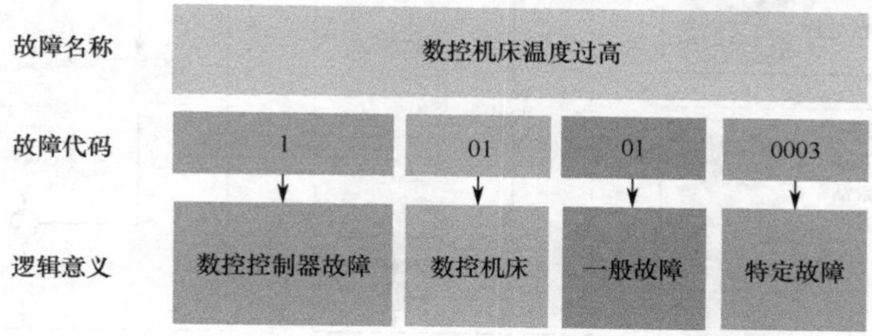

图 8.7　“数控机床温度过高”的故障编码示例

2. 网络层：PHM 的建模和部署

数控机床是不同子系统和部件的组合，每个子系统和部件都有其故障诊断和预测的机理模型。作为数控机床的重要组成部分，刀具的健康状况直接影响加工质量和精度，刀具的使用是 PHM 服务中用户最关心的问题之一。本节以刀具磨损诊断和预测为例，介绍机床故障 DT 模型的建立和应用方法。

刀具磨损可能的干扰因素很多，每种刀具都有特定的磨损曲线。由于刀具需要咬合和切削液，所以直接测量加工过程中的刀具磨损是不可行的。此外，目前还没有准确的基于物理的刀具磨损评估模型。传统的刀具磨损诊断通常基于工人的经验，这种方式可能导致不及时或过度维修。为了解决上述问题，文献[11]中建议使用残差网络实时监测刀具磨损。考虑到预测刀具状况对数据驱动智能制造的重要性，本节引入一种时间卷积网络（Time Convolutional Network，TCN）来预测刀具磨损情况。切削工具和子任务划分的 PHM 模型如图 8.8 所示。与神经网络分层划分任务相比，本节中子任务的选择提供了更少的候选分段点，简化了任务分割过程。

在本节中，将 IEEE PHM 2010 挑战数据集用于训练刀具磨损模型。该数据集记录了在相同的加工条件下加工不锈钢工件（HRC-52）的 Roders Tech RFM760 高速数控铣床的实时数据，使用 6 个三花键碳化钨球尖铣刀大约 315 个切削周期，并在加工过程中收集 X 轴、Y 轴和 Z 轴力，三轴加速度和声波发射传感器信号，所有这些数据采样频率均为 50 kHz。

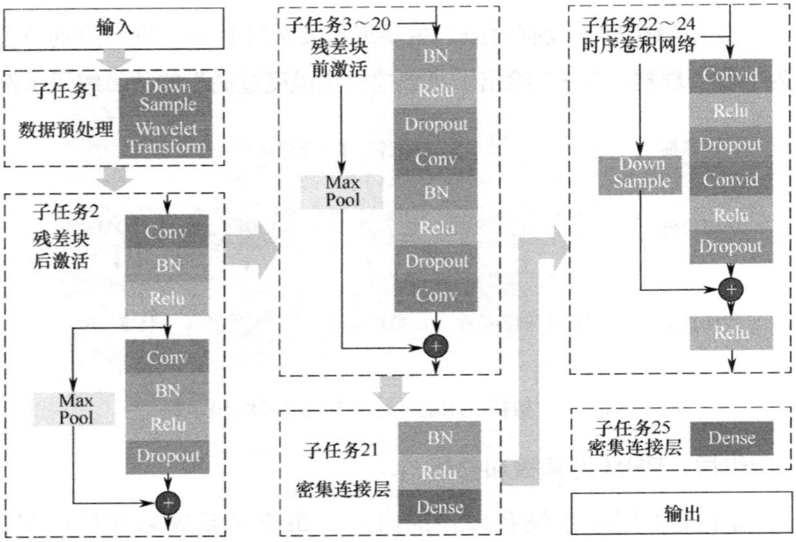

图 8.8　切削工具和子任务划分的 PHM 模型

根据 8.2.2 节提出的卸载策略部署刀具 PHM 的训练模型。首先，初始化节点和服务器上每个子任务的执行延迟，由于子任务的执行延迟仅取决于硬件设备的计算能力，因此相同的硬件只需要初始化一次。图 8.9 展示了每个子任务的执行延迟、数据传输延迟、边缘节点执行延迟和输出数据维度。

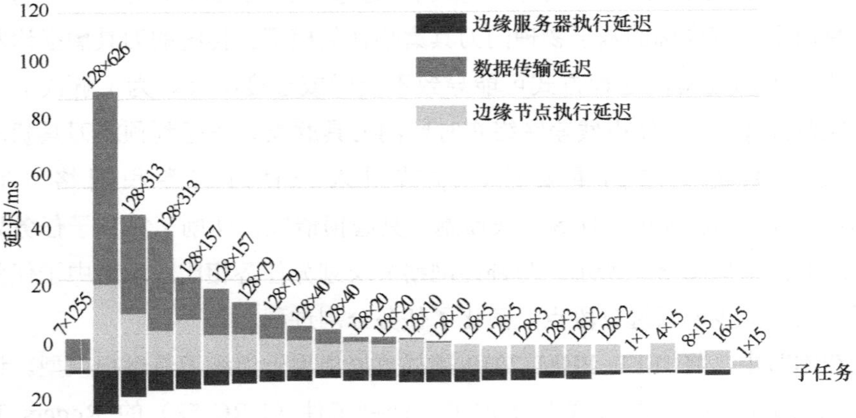

图 8.9　每个子任务的执行延迟、数据传输延迟、边缘节点执行延迟和输出数据维度

任务的截止时间设置为 500ms，吞吐量阈值设为$\theta = 30\%$。图 8.10 中分别展示了根据两种卸载策略选择的输出卸载段点。算法 1 使用单个服务器连接到

单个节点，以任务卸载的最快响应为目标，因此选择服务延迟最短的候选段点作为卸载段点。当服务器到节点的关系是一对一时，通过将整个任务卸载到服务器执行，可以获得最快的响应。

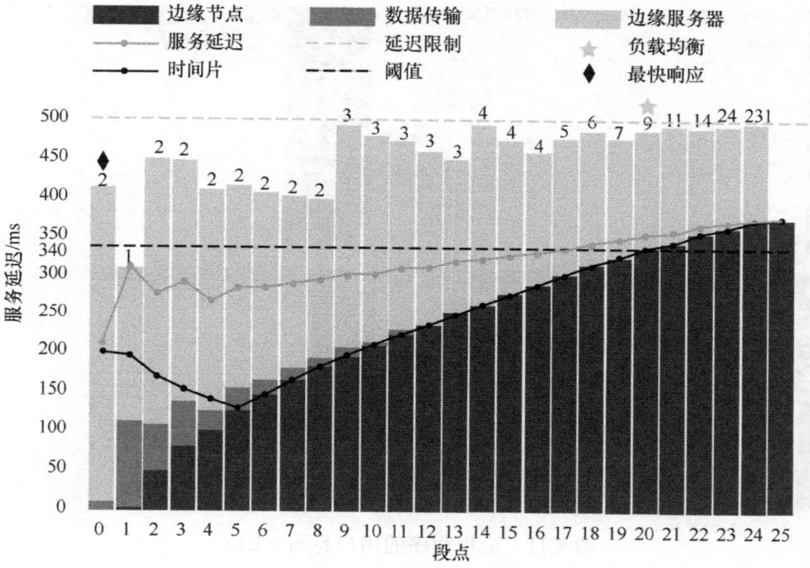

图 8.10　卸载段点

算法 2 旨在平衡负载。在满足任务实时性和吞吐量要求的同时，选择服务器可访问节点数最多的候选段点作为卸载段点。时间片描述了吞吐量，其吞吐量阈值对应 340ms 时间片。条形上方的数字表示对应该候选切片的服务器的可访问节点的最大数量。星形符号标记由算法 2 产生的卸载段点，即在前 20 个子任务留给节点处理之后，剩余的子任务被卸载到服务器处理。此时服务器可以访问 9 个节点，吞吐量为 30.58%。

8.3.3　应用层：刀具 PHM

本节将展示基于 Web 的应用程序，其中，客户端包括一个 Web 浏览器，用户通过该浏览器访问刀具的 PHM 应用程序服务。图 8.11 展示了应用程序的用户界面（UI），左侧是车间管理、设备管理、统计分析和员工管理等服务模块。此外，此处将用于切削工具的 PHM 模块作为示例。主屏幕显示刀具信息，包括其所属设备的 ID 和名称、刀具的 ID、名称、额定寿命和使用寿命。

同时，刀具的剩余寿命通过百分比堆积条形图展示，可以帮助用户更直观地了解刀具的状态。用户可以通过 ID 或刀具名称进行搜索，以显示指定刀具的信息，并使用相应的“操作”按钮来监控、维护或查看刀具的历史故障。

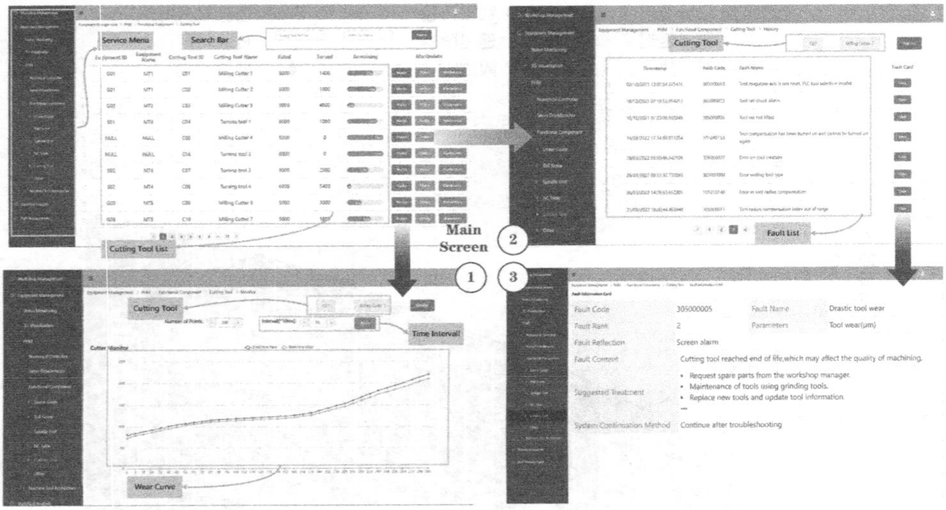

图 8.11　应用程序的用户界面（UI）

图 8.11 中，工具的 PHM 提供 3 个主要功能模块，区域①展示监控服务。通过在搜索字段中搜索刀具 ID 或名称，用户可以在页面底部查看刀具磨损图。区域②向用户显示指定刀具的历史故障列表，包括故障时间戳、故障代码和故障名称。点击“查看”按钮，用户可以看到相关的故障信息卡。故障信息卡显示在区域③中，以“刀具严重磨损”为例。刀具磨损阈值已被确定为事件的触发条件。当刀具的磨损达到阈值时，数控系统通过 PLC 提供故障代码“305000005”，屏幕报警，客户端提示操作者“刀具达到使用寿命，可能影响加工质量”，并给出建议的处理方法，以帮助操作员快速处理故障，防止进一步的损坏。

8.4　本章参考文献

[1] ZAMORA-IZQUIERDO A F, MIGUEL A , SANTA, et al. Smart Farming IoT Platform Based on Edge and Cloud Computing[J], Biosyst. Eng. 2019 (177): 4-17.

[2] TANG H, LI C, BAI J, et al. Dynamic Resource Allocation Strategy for Latency-critical and Computation-intensive Applications in Cloud－edge Environment[J]. Comput. Commun. 2019(134): 70-82.

[3] QI Q, ZHAO D, LIAO T W, et al. Modeling of Cyber-physical Systems and Digital Twin Based on Edge Computing, Fog Computing and Cloud Computing Towards Smart Manufacturing[J]. ASME 2018 13th Int. Manuf. Sci. Eng. Conf. MSEC 2018, 2018 (1).

[4] YANG C, LAN S, WANG L, et al. Big Data Driven Edge-cloud Collaboration Architecture for Cloud Manufacturing: A Software Defined Perspective[J]. IEEE Access. 2020(8): 45938-45950.

[5] ZHANG J, DENG C, ZHENG P, et al. Development of An Edge Computing-based Cyber-physical Machine Tool[J]. Robot. Comput. Integr. Manuf. 2021(67): 102042.

[6] LOU P, LIU S, HU J, et al. Intelligent Machine Tool Based on Edge-Cloud Collaboration[J]. IEEE Access, 2020(8): 139953-139965.

[7] WANG L, WU C, FAN W. A Survey of Edge Computing Resource Allocation and Task Scheduling Optimization[J]. 系统仿真学报, 2021 (33): 509-520.

[8] KANG Y, HAUSWALD J, GAO C, et al. Neurosurgeon: Collaborative Intelligence Between the Cloud and Mobile Edge[J]. ACM SIGPLAN Not. 2017 (52): 615-629.

[9] HALAAS A, SVINGEN B, NEDLAND M, et al. A Recursive MISD Architecture for Pattern Matching[J]. IEEE Trans. Very Large Scale Integr. Syst. 2004 (12): 727-734.

[10] LUO W, HU T, YE Y, et al. A Hybrid Predictive Maintenance Approach for CNC Machine Tool Driven by Digital Twin[J]. Robot. Comput. Integr. Manuf. 2020 (65): 101974.

[11] SUN H, ZHANG J, MO R, et al. In-process Tool Condition Forecasting Based on A Deep Learning Method[J]. Robot. Comput. Integr. Manuf. 2020 (64): 101924.

第 9 章　工业生产线三维检测与交互算法

9.1　相关研究

随着自动化技术的发展，视觉检测算法被广泛应用于智能化生产线，以提高自动化水平。视觉检测算法可用于生产线异常检测、机械臂加工、质量分拣等环节。近年来，视觉检测算法在图像领域有极大的发展[1-2]，但是由于二维目标检测算法仅能分类目标的像素坐标，缺乏物理世界参数信息，所以在三维场景的实际应用中存在一定的局限性[3]。

三维目标检测算法旨在识别三维场景中的目标物体，并且获取目标物体的位置及姿态等几何信息，目前算法大致分为两类：基于神经网络的算法和基于特征描述的算法。基于神经网络的算法在检测准确性和实时性方面有待进一步发展，以 DSS[4]、3D-SSD[5]为代表的三维空间卷积算法，将三维空间栅格化，利用图像卷积的思想完成网络的搭建，但是三维卷积产生了大量空卷积计算量，并且点云自身的缺陷也导致在精度上不如人意。以 F-PointNet[6]为代表的基于彩色图像和点云的双通道卷积网络融合算法，通过 2D 检测网络的结果，以及 2D-3D 的对应关系来确定点云目标区域，虽然提高了检测精度和效率，但网络结构复杂，且参数类似于“黑箱”，人工很难解析高维参数并针对专用场景约束进行优化。基于特征描述的算法应用较为广泛，旨在寻找模型点云和场景点云中特征点的对应关系，常用的有 FPFH 等算法[7]，但是在杂乱背景和噪声环境中，仍有抗干扰能力不强的问题，表现在传统的特征匹配算法往往存在大量伪对应关系。Linemod 算法[8]综合了二维 RGB 梯度与三维法向量特征，但在实际应用中仍需要精细配准。生产线由专用化的机械、微电子、传感器系统等组成，但往往检测算法相对独立，不利于指导工件检测环节的约束与优化。随着生产各环节之间的内在关联与约束在生产任务中的地位越发突出，急需结合设计环节中已有先验信息模型的检测分析算法，将通用性算法转化为特定生产线的专用性算法。

以数字孪生[9]驱动的检测算法相比传统算法有以下优势：一方面可将工件数据库、传感器标定数据、产线结构等信息作为指导，促进检测算法和设备的匹配、改进设计缺陷、降低设计冗余、减少伪对应关系等；另一方面，反馈的信息可以通过生产线数字孪生平台呈现，不再是抽象的数据，而是可读性强的直观数据或影像，进一步作用于生产线的控制。

本节提取了被测工件数字模型的特征描述构建数字孪生体，在特征描述的基础上优化传统的最近邻特征匹配算法，引入霍夫投票机制，在生产线孪生空间中寻找标志点，以筛选剔除特征匹配后的伪对应关系，提高工件类别、位置、姿态等状态变量的检测准确率与稳健性，实现算法与检测设备、工件模型和生产线环境的融合，优化产品生产质量管控过程。

9.2　问题描述与方案

目前，基于三维特征描述的方法需要从大量点云数据中提取物体的局部特征。三维检测技术一般分为两个环节。一是在场景中识别被测物的类别标签，二是定量计算被测物体的位置姿态矩阵。

因此，检测任务分为两个任务模块，第一个是获取场景 $S(P_1,P_2,P_3,\cdots,P_i)$ 中可能存在的候选模型 $M(p_1,p_2,p_3,\cdots,p_j)$，第二个是获取每个候选模型可能的姿态假设 $H(h_1,h_2,h_3,\cdots,h_k)$。若只采用关键点的位置，则需要至少 3 个特征对 (δ_m,δ_s)、$(\varepsilon_m,\varepsilon_s)$、$(\theta_m,\theta_s)$，能计算场景与一个候选模型之间的变换关系，其中 (δ_m,δ_s), $(\varepsilon_m,\varepsilon_s)$, (θ_m,θ_s) 为 3 组在模型和场景中的对应点坐标。若同时采用关键点的位置和法向量 $\delta_m,\delta_s,\boldsymbol{N}_m,\boldsymbol{N}_s$，则至少需要 2 个特征对才能计算一个变换关系，$\boldsymbol{N}_m,\boldsymbol{N}_s$ 为点对的法向量。若采用局部坐标系，则只需 1 个特征对 v_m,v_s 即可实现变换关系的计算。

在生产线中存在机械臂与装配运输操作，使得工业检测从 3 个自由度扩展到 6 个自由度。三维场景中包含大量局部特征，每个局部特征对应一个高维描述向量，一个确定的位置姿态需要确定六维向量（$x,y,z,\alpha,\beta,\gamma$），其中有 3 个平移自由度，3 个旋转自由度，构造多维参数空间进行广义霍夫变换计算存在效率低下的问题。需要指出的是，特征对应关系既包含正确的，也包含错误的。为精确计算假设，需要采用有效的方法从包含错误特征点对的集合中尽可能准确地获取场景与模型之间的变换关系。因此，需要从模型数据中提取描述性强的特征，并构建向量投票空间。利用上述局部坐标系的算法，可以减少传统算法的特征维度、计算量，提高匹配的精确性。

本节针对传统检测算法中特征匹配存在大量伪对应关系和参数空间维度高、计算量大的问题，引入数字孪生技术建立特征描述的物理模型：在静态的离线环节提取工件点云方向直方图特征（Signatures Histogram of Orien Tations，SHOT）[10]的特征点和局部坐标系，将工件的数字模型质心作为标志点，将计算投票向量作为特征描述模型。在动态在线环节中构造孪生的霍夫投票空间，通过投票机制计算局部极大值位置，再由绝对定向等后处理，得出位置姿态的平移旋转向量。数字孪生平台可以通过虚拟现实技术呈现生产线实时物理状态，这种转化方式使得生产过程更加直观。

9.3 数字孪生模型

数字孪生模型是被测物理实体中局部坐标特征描述和生产线实体物理环境的数字孪生体，将被测物抽象成数字模型，为检测环节提供所需的先验信息，基于生产线实体环境的孪生空间为检测添加约束。数字孪生模型由图 9.1 中的几个部分组成。

（1）离线模型：特征提取环节构建静态性能的物理模型。通过工件点云模型提取 SHOT 特征点，建立基于局部坐标系的特征描述，作为检测模板内置于数据库中。

（2）在线模型：检测阶段，将霍夫投票机制作为动态模型。传感器深度数据通过标定参数进行点云转化，提取场景点云的特征描述，与模板数据匹配检测。

（3）在后处理和假设验证阶段，对投票空间进行非极大值抑制，对投票点极大值对应的点对进行最小二乘法计算绝对定向，ICP 精确迭代后提高了平移旋转计算的准确性。

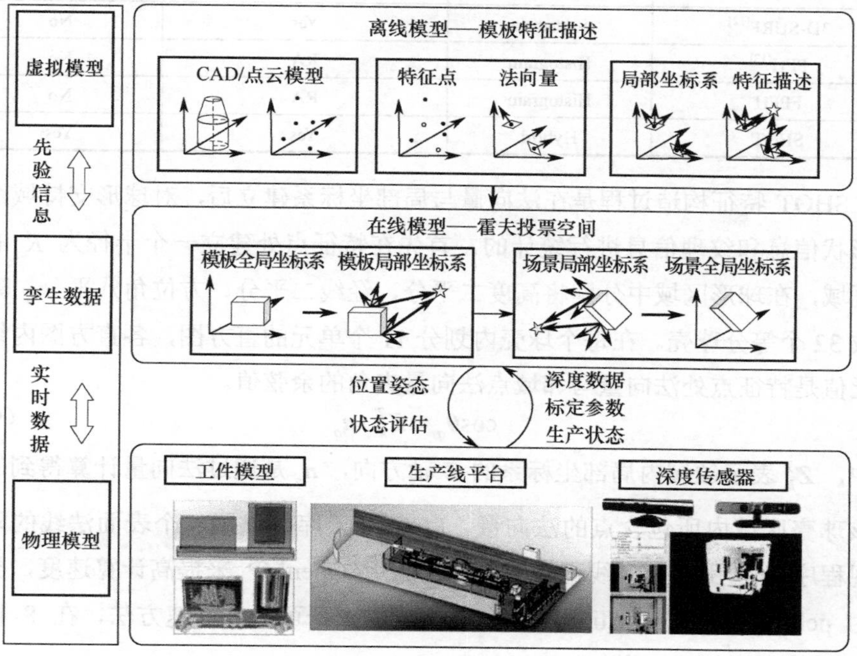

图 9.1　数字孪生模型的设计框架

9.3.1　离线静态模型

在三维目标检测中，点云的特征描述占据了重要地位，特征点可进行匹配以达到物体检测的目的，此过程需借助特征描述。选取的特征点的稳健性、描述性、旋转不变性等将决定检测算法是否能准确完成识别、匹配等任务。研究表明[11]，局部特征描述与全局描述相比，具有旋转不变性、尺度不变性，更能准确地检测目标物体。

1. 离线静态模型

局部坐标系（Local Reference Frame，LRF）对特征描述符至关重要，本节选取 SHOT 特征，充分结合了直方图（Histogram）和标签（Signature）两种特征的优势，且具有独特的局部坐标系，有良好的噪声稳健性、尺度不变性、旋转不变性等。表 9.1 所示为特征点类型及作用对比。

表 9.1　特征点类型及作用对比

方　法	类　别	独特局部坐标系	图像信息
3D-SURF[12]	Signature	Yes	No
PFH[13]	Histogram	RA	No
FPFH	Histogram	RA	No
SHOT	Hybrid	Yes	Yes

SHOT 特征构造过程是在法向量与局部坐标系建立后，对球形支持域结构内形状信息和纹理信息进行统计的。首先在特征点处建立一个半径为 R 的球形区域，在球形区域中分别将高度二平分、经线二平分、方位角八平分，离散化成 32 个等分球壳。在每个球壳内划分 11 个单元的直方图，各直方图内统计单元值是特征点处法向量与邻域点法向量夹角的余弦值。

$$\cos\boldsymbol{\theta}_q = \boldsymbol{Z}_k^T \cdot \boldsymbol{n}_q \tag{9-1}$$

其中，$\boldsymbol{Z}_k^T$ 表示领域内局部坐标系的 Z 轴方向，$\boldsymbol{n}_q$ 是通过法向量计算得到的，是该球壳区域内所包含点的法向量。PCL 点云库提供了一个表面法线的附加实现程序，使用多核/多线程开发规范，利用 OpenMP 来提高计算速度，类命名为 pcl::NormaleEstimationOMP，使其成为一个可选的提速方法，在 8 核系统中，可以提速 6～8 倍。

在得到点云模型与场景的描述后，通过初始特征点匹配方法获取两者之间特征点对应关系。常采用基于 KD-Tree 搜索的 FLANN[14]算法，该算法有较高的匹配速度，再通过匹配阈值筛选得到模型与场景的初始对应集合。但是，当场景中有与目标物体特征描述近似的特征时，初始对应点集合存在大量伪对应关系。

在表 9.2 的匹配结果中，正确匹配占比仅有 19.5%。针对该问题，将工件的特征描述存储为静态物理模型，在动态检测环节引入三维霍夫投票机制，以减少伪对应关系。

表 9.2　传统检测算法正确匹配关系占比

项　目	点云数量	特征提取数量	正确匹配占比（%）
目标	5379	288	19.5
场景	96682	2503	

2. 局部特征描述

在目标物体模板的 SHOT 特征点上建立局部坐标系，计算每个特征点到标志点的局部坐标并将其作为投票向量，标志点取模板点云的质心。

将目标模板 M 的特征点记为 $\boldsymbol{F}_i^M$，局部坐标系记为（$\boldsymbol{L}_{i,x}^M,\boldsymbol{L}_{i,y}^M,\boldsymbol{L}_{i,z}^M$），模型质心记为 $\boldsymbol{C}^M$，场景特征点记为 $\boldsymbol{F}_i^s$。在模型全局坐标系下，将特征点到质心的向量作为投票向量 $\boldsymbol{V}_{i,G}^M = \boldsymbol{C}^M - \boldsymbol{F}_i^M$，为了使投票向量在不同坐标系下具有旋转平移不变性，应该将投票向量转换到局部坐标系中，如式（9-2）所示：

$$\boldsymbol{V}_{i,L}^M = \boldsymbol{R}_{G,L}^M \cdot \boldsymbol{V}_{i,G}^M \tag{9-2}$$

其中，$\boldsymbol{V}_{i,L}^M$ 为投票向量局部坐标，$\boldsymbol{R}_{G,L}^M$ 为全局坐标系到局部坐标系的转换矩阵。G 和 L 分别表示全局坐标和局部坐标，上标 M 和 S 分别表示模型和场景。目标模板的数字孪生体的组成以（$M,\boldsymbol{F}_i^M,\boldsymbol{V}_{i,L}^M$）形式内置于检测算法数据库中。

9.3.2　在线动态投票环节

1. 构造投票空间

深度传感器获得的空间点云三维坐标值是由深度图像素值根据标定转换模型计算得到的，先建立相机量值传递模型[15]。

$$\boldsymbol{V}_{\boldsymbol{k}}(\boldsymbol{u}) = \boldsymbol{D}_{\boldsymbol{k}}(\boldsymbol{u})K^{-1}\dot{\boldsymbol{u}} \tag{9-3}$$

其中，$\boldsymbol{u}$ 为深度图的某个像素坐标，$\boldsymbol{V}_{\boldsymbol{k}}(\boldsymbol{u})$ 为对应像素的三维坐标，$\boldsymbol{D}_{\boldsymbol{k}}(\boldsymbol{u})$ 为深度图像，K 为相机的内参数，通过相机标定获取，$\dot{\boldsymbol{u}}$ 为 $\boldsymbol{u}$ 的齐次坐标。

利用相机量值传递模型可以将深度图中的点映射到三维空间中，通过遍历的方式计算所有目标对应的深度图中的坐标值，将每个坐标值转换成三维空间坐标，最终组合成点云文件。以点云场景的范围建立栅格化的孪生空间，确定投票空间范围，栅格分辨率决定位置姿态计算的量化误差与复杂度。

2. 霍夫投票机制

针对前文中匹配出现伪对应关系的问题，引入三维霍夫投票机制[16]，完成点云场景多目标的识别。如果要确定场景中目标物体的位姿，就要确定 6 个参数，即 6DOF（平移参数和旋转参数），因此，理论上需要构造 2 个三维霍夫空间，计算量会随着维数的上升而呈指数级增长。但是借助局部坐标系的唯一性，只引用一个三维投票空间即可完成目标的识别与姿态估计。

如图 9.2 所示的离线阶段和在线阶段关系图，两者是通过霍夫投票机制关联的，即在获得了模型和场景之间的大量对应关系后，对场景中的标志点的位置进行投票。由于投票向量是在局部坐标系中计算的，所以这些特征也具有平移和旋转不变性。投票后取得标志位置的极大值后，再将局部坐标转化到全局坐标系中。

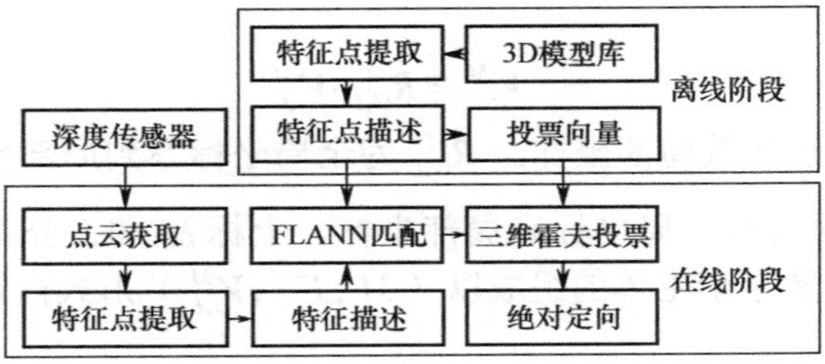

图 9.2　离线阶段和在线阶段关系图

图 9.3 表示将孪生模型中的投票向量按照初始匹配的结果，在孪生空间中进行投票，每个匹配关系对应一次投票。

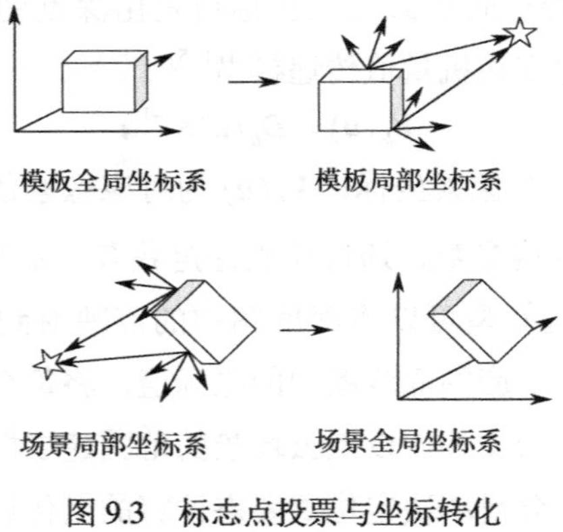

图 9.3　标志点投票与坐标转化

特征点与局部坐标系建立了模板与场景之间的坐标转化关系，因为模板中某特征点的局部坐标和场景中对应特征点的局部坐标是一致的，所以 $\boldsymbol{V}_{i,L}^{S}=\boldsymbol{V}_{i,L}^{M}$。在计算标志点局部坐标后，将其转化到全局坐标系中：

$$\boldsymbol{V}_{i,G}^{S}=\boldsymbol{R}_{LG}^{S}\cdot\boldsymbol{V}_{i,L}^{S}+\boldsymbol{F}_{i}^{S} \tag{9-4}$$

即可在孪生空间中得到标志点可能存在的位置分布，投票分数越高的位置标志点的确信度就越高。

3. 后处理环节

后处理环节，在孪生投票空间中运用快速排序法寻找最大极值点。若实际空间中存在多个目标，则在投票空间中会对应相应数量的极大值点。我们可以先通过绝对定向法求解位置姿态矩阵，再通过精确配准与假设验证定量评价检测结果。

1）非极大值抑制

针对投票空间中极大值不集中或多个实例混叠的情况，需要对投票空间进行高斯滤波，汇聚邻域内的票数，这样得出的结果更为准确。设定分数阈值，将分数大于特定阈值的位置作为对象的质心。

2）绝对定向

对给定的一组对应关系，需要确定模型和场景之间的 6DOF 变换。给定一个假设，问题可以通过绝对方向在封闭解决方案中计算旋转平移矩阵。给定一组 n 个精确对应关系 $c_1=\{\boldsymbol{p}_{1,m},\boldsymbol{p}_{1,s}\},\cdots,c_n=\{\boldsymbol{p}_{n,m},\boldsymbol{p}_{n,s}\}$，得到旋转矩阵 $\boldsymbol{R}$ 和平移向量 $\boldsymbol{T}$ 为：

$$\operatorname{argmin}\sum_{i=1}^{n}\left\|\boldsymbol{p}_{i,s}-\boldsymbol{R}\cdot\boldsymbol{p}_{i,m}-\boldsymbol{T}\right\|^2 \tag{9-5}$$

向量的推导由最小二乘法估计得到最优解。

3）ICP 精确配准姿态

精确配准一般指 ICP（Iterative Closest Point）算法[17]，主要用于已经初始匹配的点云需要提升精度的情况。ICP 算法是常见的位姿估计算法，但是其对初始姿态的要求很高，否则容易陷入局部最优解，需要借助全局的初始点云配准。迭代最近点算法的原理如下。

（1）将初始匹配后的场景，以及模型点云 P' 和 Q 作为精确配准的初始点集。

（2）对模型点云 P' 中的每个点 $\boldsymbol{p}_i$，在场景点云 Q 中寻找距离最近的对应点 $\boldsymbol{q}_i$，作为该点在模型中的对应点，建立一组初始对应关系。

（3）使用方向向量阈值排除错误点对。

（4）优化旋转矩阵 $\boldsymbol{R}$ 和平移向量 $\boldsymbol{T}$，使各对应点对之间的欧氏距离均方误差最小。

（5）将源点云 P' 点乘上一步得到的旋转和平移矩阵，得到转化后的点云 P''，计算欧氏距离误差。设定某阈值 ε 和最大迭代次数 $N_{\max}$，若迭代次数大于 $N_{\max}$ 或误差小于阈值 ε，则迭代结束，否则重复上述步骤，直至满足收敛条件。

4）全局假设验证

假设验证是在特征描述匹配之后剔除位置姿态假设中的 FPs（False Positive），保留 TPs（True Positive）的过程，全局假设验证算法[18]使用模拟退火法求解优化聚集点对集合，确定场景中对象假设的实例，减少误报的数量。

4．算法实现

算法实现流程如图 9.4 所示，将前台和检测算法与后台的模板数据结合起来，在虚拟空间中进行目标位置的投票和位置姿态计算。在离线阶段提取模型文件的 SHOT 特征点，根据局部坐标系计算特征描述，存储为静态的特征孪生模型。在动态环节，在孪生空间中进行投票，以检测模板在场景中的标志位置。通过最小二乘法计算绝对定向，最后利用 ICP 迭代的结果验证位置姿态的假设。

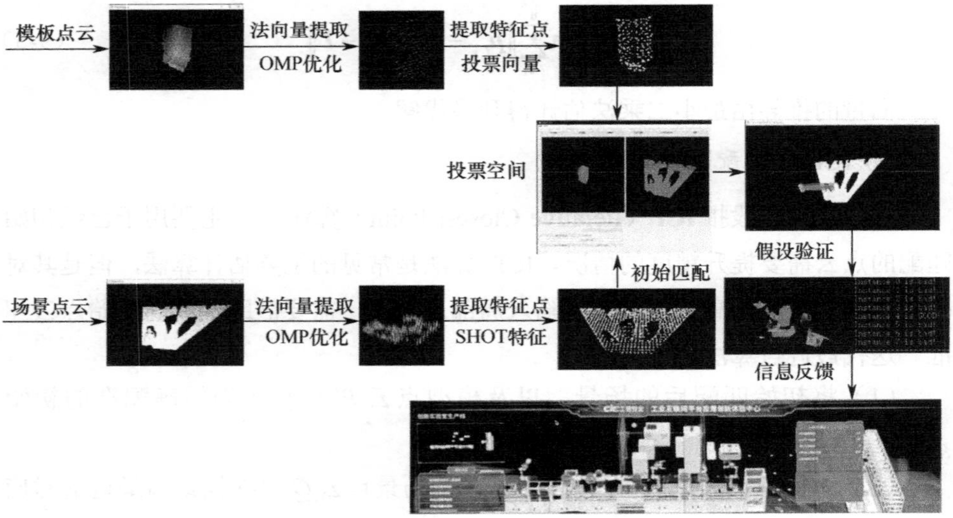

图 9.4　算法实现流程

9.4　实验与验证

9.4.1　实验平台

生产线硬件平台主要包括立体仓库区域、自动化生产线区域及设备区域。自动化生产线区域的末端是成品检测环节。成品检测环节对加工完成的产品进行类别与位置姿态检测，包括是否有漏装、错装，以及各部件的相对位置姿态是否正确。成品经过检测后，根据不同的检测结果及下线需求，分为 3 种情况。

（1）合格成品直接送出：六轴机器人抓取合格成品，并将其放置于出料输送线上，经出料窗口送出。

（2）合格成品入库：六轴机器人从缓存工作台上将合格成品的托盘搬下，放置于 AGV 上，由 AGV 送至立体仓库，进行入库操作。

（3）不合格品回收：六轴机器人从托盘上抓取不合格品，并将其放置于不合格料箱内，待全部生产完成后，由工人统一回收处理。

在这个过程中，数字大屏可实时显示检测数据。软件主体为基于 Unity3D 的三维可视化方案，可以综合三维建模、虚拟现实、编程控制等，内置生产线的设计参数与生产状态数据，为孪生模型提供编程接口，并可有效反馈检测结果，并将其转化为生产线控制信号。

9.4.2　实验结果与分析

实验中深度传感器采用微软 Kinect2[19]设备，该设备获取的深度图的分辨率为 512pix×424pix，先对模型和场景点云进行采样，根据重建点云的分辨率，分别设置局部坐标系计算半径、SHOT 特征计算半径，匹配群集大小和霍夫变换阈值。

在检测平台上放置随机数量和种类的不同工艺品，检测目标类别与摆放姿态。实验中，将模型物体附加上平移与旋转，定量测试正确的特征匹配占比与检测准确率。

图 9.5 为模型在场景中的检测结果。图 9.6 为模板工艺品中关键点提取和

关键点匹配情况。

图 9.5　模型在场景中的检测结果

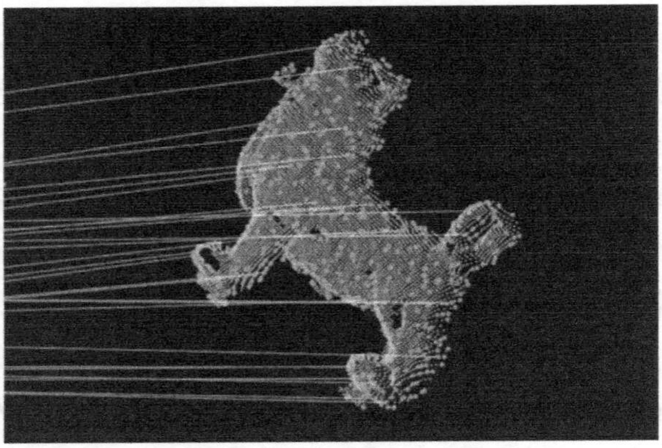

图 9.6　模板工艺品中关键点提取和关键点匹配情况

从表 9.3 可以看出，在相同条件下，本章提出的算法在特征点匹配的精确性和检测识别率方面优于其他算法，传统算法中伪对应关系过多，导致识别率较低，而改进的算法在离线和在线环节通过三维霍夫投票机制进一步筛选出正确的匹配关系，有效地提高了识别率。

表 9.3　三维检测实验结果

目标点云	SHOT+FLANN		LineMod+ICP		FPFH+RANSAC		SHOT+3D HoughVoting	
	正确匹配占比/%	识别率/%	正确匹配占比/%	识别率/%	正确匹配占比/%	识别率/%	正确匹配占比/%	识别率/%
1	42.5	49	46.8	52	76.0	81	89.8	97
2	41.4	45	53.6	58	79.6	88	89.2	96
3	47.1	53	54.6	64	77.7	82	88.3	96
4	49.2	54	45.2	53	77.4	81	89.4	95

（续表）

目标点云	SHOT+FLANN		LineMod+ICP		FPFH+RANSAC		SHOT+3D HoughVoting	
	正确匹配占比/%	识别率/%	正确匹配占比/%	识别率/%	正确匹配占比/%	识别率/%	正确匹配占比/%	识别率/%
5	49.6	58	45.7	48	79.4	80	93.4	93
6	41.2	42	54.8	62	79.8	84	91.4	97
7	49.2	52	50.3	51	78.7	85	88.6	96
8	40.6	41	46.8	55	75.8	77	91.3	94
均值	45.1	49.2	49.7	55.3	78.0	82.2	90.1	95.5

从平移与旋转的稳健性分析特征点匹配的正确匹配占比，将模型模板围绕 Z 轴旋转不同的角度，从 0° 到 180°，测试引入三维霍夫投票机制后，各算法的正确匹配占比。

由图 9.7 可以得出结论，在引入三维霍夫投票机制后，相比直接使用传统的匹配算法，伪对应关系下降明显，正确的对应关系占据大多数匹配关系，并且算法在角度有变化时表现得更加稳定，故检测算法在 6DOF 检测中具有良好的旋转不变性表现。

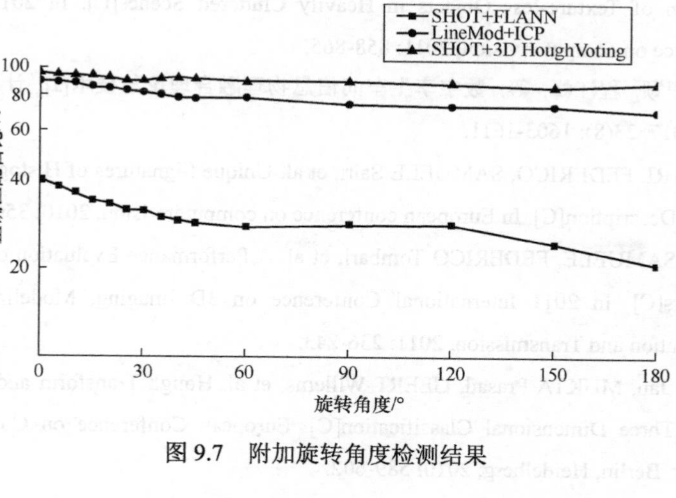

图 9.7　附加旋转角度检测结果

9.5　本章参考文献

[1] HE Kaiming, GEORGIA Gkioxari, PIOTR Dollar, et al. Mask R-CNN [C]. In Proceedings of the IEEE international conference on computer vision, 2017: 2961-2969.

[2] REDMON, JOSEPH, ALI Farhadi. Yolov3: An Incremental Improvement[J]. arXiv Preprint, 2018: 1804.

[3] 李宇杰，李煊鹏，张为公. 基于视觉的三维目标检测算法研究综述[J]. 计算机工程与应用, 2019: 1-17.

[4] SONG Shuran, XIAO Jianxiong. Deep Sliding Shapes for Amodal 3D Object Detection in Rgb-d Images[C]. In Proceedings of the IEEE Conference on Computer Vision and Pattern Recognition, 2016: 808-816.

[5] LI Liu, OUYANG Wanli, WANG Xiaogang, et al. Deep Learning for Generic Object Detection: A Survey[J]. arXiv preprint, 2018: 1809.

[6] QI Charles R, LIU Wei, WU Chenxia, et al. Frustum Pointnets for 3D Object Detection From Rgb-d Data[C]. In Proceedings of the IEEE Conference on Computer Vision and Pattern Recognition, 2018: 918-927.

[7] RUSU, RADU Bogdan, NICO Blodow, et al. Fast Point Feature Histograms (FPFH) for 3D Registration[C]. In 2009 IEEE International Conference on Robotics and Automation, 2009: 3212-3217.

[8] HINTERSTOISSER, STEFAN, STEFAN Holzer, et al. Multimodal Templates for Real-time Detection of Texture-less Objects in Heavily Cluttered Scenes[C]. In 2011 international conference on computer vision, 2011: 858-865.

[9] 陶飞，程颖，程江峰，等. 数字孪生车间信息物理融合理论与技术[J]. 计算机集成制造系统, 2017, 23(8): 1603-1611.

[10] TOMBARI, FEDERICO, SAMUELE Salti, et al. Unique Signatures of Histograms for Local Surface Description[C]. In European conference on computer vision, 2010: 356-369.

[11] SALTI, SAMUELE, FEDERICO Tombari, et al. A Performance Evaluation of 3D Keypoint Detectors[C]. In 2011 International Conference on 3D Imaging, Modeling, Processing, Visualization and Transmission, 2011: 236-243.

[12] KNOPP Jan, MUKTA Prasad, GEERT Willems, et al. Hough Transform and 3D SURF for Robust Three Dimensional Classification[C]. European Conference on Computer Vision. Springer, Berlin, Heidelberg, 2010: 589-602.

[13] WAHL Eric, ULRICH Hillenbrand, GERD Hirzinger. Surflet-pair-relation Histograms: a Statistical 3D-shape Representation for Rapid Classification[C]. Fourth International Conference on 3-D Digital Imaging and Modeling, IEEE, 2003: 474-481.

[14] MUJA Marius, DAVID G Lowe. Fast Approximate Nearest Neighbors with Automatic Algorithm Configuration[J]. VISAPP, 2009, (2): 331-340.

[15] NEWCOMBE, RICHARD A, SHAHRAM Izadi, et al. Kinectfusion: Real-time Dense Surface Mapping and Tracking[C]. In The IEEE International Symposium on Mixed and Augmented Reality, 2011(11): 127-136.

[16] TOMBARI, FEDERICO, LUIGI Di Stefano. Hough Voting for 3D Object Recognition Under Occlusion and Clutter[J]. IPSJ Transactions on Computer Vision and Applications, 2012 (4): 20-29.

[17] 陈学伟, 朱耀麟, 武桐, 等. 基于 SAC-IA 和改进 ICP 算法的点云配准技术[J]. 西安工程大学学报, 2017, 31(3): 395-401.

[18] ALDOMA Aitor, FEDERICO Tombari, LUIGI Di Stefano, et al. A Global Hypotheses Verification Method for 3D Object Recognition[C]. European Conference on Computer Vision. Springer, Berlin, Heidelberg, 2012: 511-524.

[19] FANKHAUSER Peter, MICHAEL Bloesch, DIEGO Rodriguez, et al. Kinect V2 for Mobile Robot Navigation: Evaluation and Modeling[C]. 2015 International Conference on Advanced Robotics (ICAR). IEEE, 2015: 388-394.

第 10 章　面向工业实时操作系统的人工智能芯片测评技术

10.1　相关研究概述

随着人工智能热潮迅速席卷全球，作为人工智能时代技术核心的人工智能芯片（Artificial Intelligence Chip）变得炙手可热，人工智能芯片的应用遍布数据中心、移动终端、安防、自动驾驶，以及智能家居等众多领域。《2020 上半年中国人工智能芯片行业研究报告》[1]中指出，2019 年全球人工智能芯片市场规模为 110 亿美元，预计 2025 年将达 726 亿美元。但是，对于如何衡量和评价人工智能芯片的性能，全球范围内尚未建立完善的基准测评体系。因此，芯片制造厂商在人工智能芯片的开发过程中不得不承担部分芯片测评工作，这无疑增加了芯片开发的成本，人工智能芯片使用者也无法根据自身需求选取最适用于其场景的底层芯片。缺少成熟的人工智能芯片测评体系，是制约人工智能芯片的发展的一个重要原因。

10.1.1　人工智能芯片的分类

人工智能芯片是智能设备中专门用于处理人工智能应用中大量计算任务的模块，它是所有智能设备必不可少的核心器件[2]。人工智能芯片包含两个领域的内容：一是计算机科学领域（软件），研究如何设计高效的智能算法；二是半导体芯片领域（硬件），研究如何把智能算法有效地在硅片上实现，变成能与配套软件相结合的最终产品。

人工智能芯片按照应用场景可分为云端（服务器侧）和移动端（边缘侧）两类。按照芯片功能可分为训练和推理两类。按照技术架构可分为通用处理器、专用处理器和可重构处理器三类。

通用处理器是基于冯·诺依曼架构体系构造的，常见的有 CPU、GPU 和 DSP。冯·诺依曼架构是一种存储与计算分离的架构，存在不少架构限制。CPU 具有很强的通用性，以提供复杂的控制流而闻名，但是对人工智能芯片而言，深度神经网络算法的运行过程几乎不需要控制，数据流才是计算的主要部分，因此 CPU 的并行计算处理能力并不高。此外，处理器本身的频繁读取操作还会带来大量的访问与存储功耗问题。与 CPU 相比，GPU 的处理器架构拥有数量庞大的算数逻辑单元（Arithmetic Logic Unit，ALU），使其在大规模并行计算过程中能够充分发挥优势，在模拟大型人工神经网络的场景下，GPU 架构更具有优势。如图 10.1 所示为 CPU 与 GPU 架构。

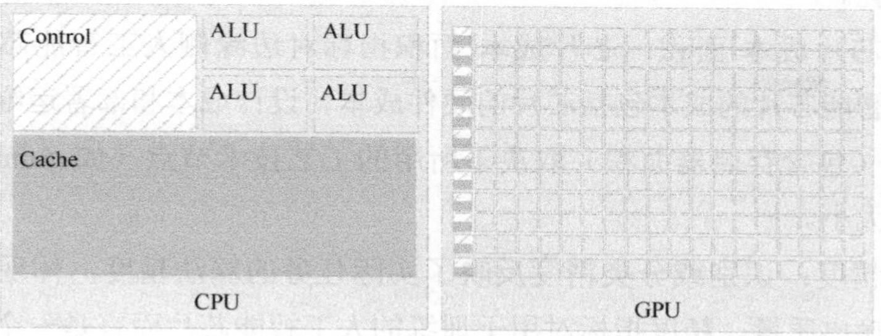

图 10.1　CPU 与 GPU 架构

专用处理器是指专用集成电路（Application Specific Integrated Circuit，ASIC），ASIC 芯片是定制的专用人工智能芯片，它针对特定的计算网络结构，采用硬件电路的方式实现。在网络模型算法和应用需求固定的情况下，算法的“硬件化”带来了高性能、低功耗等突出优点，但缺点也十分明显。一方面，ASIC 芯片的开发需要很高的成本和较长的周期，另一方面，ASIC 芯片一旦开始批量生产，就无法改变硬件架构。由于人工智能领域算法和模型的更新速度很快，所以 ASIC 芯片的开发者需要承担较大的商业风险。

可重构处理器是基于可配置处理单元的处理器，借助处理器自身实时动态配置来改变存储器与处理单元之间的连接，从而实现软硬件协同设计。深度神经网络具有结构多样、数据量大、计算量大等特点，可重构处理器允许硬件架构和功能随软件而变化，既具备通用处理器的灵活性，又具备专用处理器的低功耗和高性能，为人工智能芯片带来了极高的灵活性和极大的适用范围，可以满足人工智能芯片“软件定义芯片”的特性要求，符合人工智能芯片未来的发展趋势。

10.1.2 人工智能芯片的衡量和评价指标

对于不同应用场景的人工智能芯片，衡量和评价的指标完全不同。用于云端服务器的人工智能芯片追求低时延和低功耗，更关注精度、处理能力、内存容量和带宽；而边缘设备则需要功耗低、面积小、响应时间短、成本低、安全性高的人工智能芯片。人工智能芯片的衡量和评价指标[2]应该覆盖以下 8 类。

（1）时延：时延指标对边缘侧人工智能芯片非常重要，特别是 5G 边缘计算和自动驾驶领域，对人工智能芯片提出了低时延、高性能的要求。

（2）功耗：功耗不仅包括芯片中计算单元的功耗，还包括片上和片外存储器的功耗。

（3）芯片成本/面积：芯片成本/面积指标对边缘侧人工智能芯片十分重要。人工智能芯片的成本包括芯片的硬件成本、设计成本和部署运维成本。裸片的面积（包含存储器面积）取决于所用的工艺技术节点（如 5nm）及片上存储器的大小。

（4）精度：识别或分类精度反映了实际任务的算法精度，体现了人工智能芯片的输出质量。精度指标对用于训练的人工智能芯片而言是一个非常重要的指标，直接影响了推断的准确率。

（5）吞吐量：吞吐量对用于训练和推理的云端人工智能芯片来说是最重要的衡量指标之一。吞吐量表示单位时间能够有效处理的数据量，吞吐量除了用每秒操作数来定义，还可定义为每秒完成多少个完整的卷积，或者每秒完成多少个完整的推理。

（6）热管理：随着单位面积内的晶体管数量不断增加，芯片工作时的温度急剧升高，需要有“暗硅”设计和考虑周全的芯片热管理方案。暗硅是指芯片在工作时，其中的一部分区域必须保持断电，以符合热量耗散约束条件。为了达到足够好的散热效果，除了可以加入暗硅设计，还可以考虑微型水管、制冷机、风扇叶片、碳纳米管等新型芯片冷却技术[3]。

（7）可扩展性：可扩展性是指人工智能芯片具有可以通过扩展处理单元及存储器来提高计算性能的架构。可扩展性决定了是否可以将相同的设计方案部署在多个领域（如在云端和边缘侧），以及系统是否可以有效使用不同大小的 DNN 模型。

（8）灵活性：灵活性是指人工智能芯片对不同应用场景的适用程度，即芯片所使用的架构和算法对不同的深度学习模型和任务的适用性。

10.1.3　人工智能芯片的测评方法

人工智能芯片的测评方法有两种，分别是基于架构层面的测评方法和基于应用层面的基准测试。

基准测试是一种常用的性能指标测试方式。完整的基准测试应包含一套全面、公平的深度学习神经网络芯片测评指标，以及一套完整、公开的深度学习神经网络芯片测评方法。基准测试不仅可以真实反映人工智能芯片的使用情况、引入评估和选型的标准，还可以对人工智能芯片的架构定义和优化指引方向，是人工智能芯片测评中最重要的部分。

由于人工智能芯片衡量和评价指标的复杂性，因此人工智能各种各样的应用、算法、体系结构、电路和器件均对建立这一基准提出了巨大的挑战。基准测试的技术难点主要在于以下 3 个方面[4]。

（1）具有普适性的最佳测试指标难以建立。从通用芯片设计领域的经验可以得知，很难找到普适的最佳器件、架构或算法。例如，在冯・诺依曼架构中，CMOS 器件相比新兴器件往往表现得更为出色，但在非布尔架构中，一些新兴器件的表现更佳。

（2）其他操作对人工智能芯片测试结果造成的影响。除了基本的计算，一个公平的基准测试必须考虑诸如输入、输出和存储器访问等其他操作带来的性能损失和功耗，这一点对非冯・诺依曼硬件来说尤其困难。

（3）基准测试对算法迭代的包容性。在人工智能领域，不论是理论研究还是应用需求，都在不断引入新的算法，如神经网络的结构和计算模型，一个完善的基准测试必须考虑算法迭代跟进的问题。

10.2　人工智能芯片测评研究现状

10.2.1　架构层面的测评研究现状

从架构层面来说，目前国内外对人工智能芯片架构的测评方法还比较少。国内外的测评方法主要有麻省理工学院及英伟达的研究人员开发的专门的架构层面人工智能芯片评价工具 Accelergy 和 Timeloop。Accelergy 主要用于评估架构的能耗，如基于处理单元的数量、存储器容量、片上连接网络的连接数量及长度等参数进行评估。而 Timeloop 是一个 DNN 的映射工具及性能仿真器，根据输入的架构描述，评估人工智能芯片的运算执行情况。通过架构级的人工智能芯片测评方法，可以实现不同架构的芯片之间公平的比较。

10.2.2 应用层面的测评研究现状

从应用层面来说，国内外提出的对人工智能芯片的基准测试方法较为丰富。国外目前的基准测评方法主要有苏黎世理工大学的 AI Benchmark、哈佛大学的 Fathom、斯坦福大学的 DAWNBench、AI 计算基准评测组织 MLPerf 的 MLPerf 基准测试等。国内目前对人工智能芯片的测评方法主要有中国人工智能产业发展联盟的 AIIA DNN Benchmark、百度的 DeepSpeech、小米的 Mobile AI Benchmark、中国科学院计算技术研究所智能计算机研究中心的 NPUBench，以及清华大学、鹏城实验室、中国科学院计算技术研究所联合提出的 AIPerf 基准测试等，具体如表 10.1 所示。

表 10.1　国内外主要的测评方法

方　法	研 发 者	简　　介
AI Benchmark[5]	苏黎世理工大学	AI Benchmark 注重人工智能芯片的数据处理能力，现已被广泛应用于智能手机的“跑分”[6]，AI Benchmark 包括 46 个人工智能和计算机视觉测试，测评了人工智能芯片性能的 100 多个不同方面，包括速度、精度、初始化时间等，可用于评估和解决不同人工智能任务时不同方法的性能
Fathom[7]	哈佛大学	Fathom 神经网络模型套件中包括 8 款神经网络模型，Fathom 提出了一套方法分析这 8 款神经网络模型的运算操作组成与相似度，进而量化了神经网络硬件或系统的好坏
DAWNBench[8]	斯坦福大学	DAWNBench 是一组端到端深度学习培训和推论的基准套件，提供了一组常见的深度学习工作量，用于量化不同优化策略、模型架构、软件框架、云和硬件的培训时间、培训成本、推理延迟和推理成本

（续表）

方　法	研 发 者	简　介
MLPerf[9]	MLPerf	2018 年，AI 计算基准评测组织 MLPerf 成立，发布了一套用于测量和提高机器学习软硬件性能的通用基准测试方法 MLPerf，MLPerf 分为模型训练和推理两个方面，包含图像分类、目标检测、语音识别等模型，MLPerf 借鉴了 Fathom 项目在评价中使用的多种不同的机器学习任务，以保证基准具有足够的代表性，同时借鉴了 DAWNBench 使用的对比评价指标，以保证公平性
DeepSpeech[10]	百度	2016 年，百度深度学习研究院提出了一款深度学习神经网络芯片的基准测试集 DeepSpeech，DeepSpeech 将神经网络分解成不同的基本运算，为每个基本运算配置了参数，对不同硬件平台上深度学习基本运算进行基准测试
BenchIP[11]	中国科学院等	2017 年，中国科学院计算技术研究所、寒武纪、科大讯飞、京东、锐迪科、AMD 联合提出智能处理器基础测试集 BenchIP，这是一种用于测评智能处理器的基准套件和方法，测评范围包括 CPU、GPU、神经网络加速器等各种硬件平台
NPUbench[12]	中国科学院计算技术研究所智能计算机研究中心	2018 年，中国科学院计算技术研究所智能计算机研究中心提出了一种面向神经网络处理器的性能基准测评套件 NPUbench，NPUbench 基准测评工具中包含 8 种神经网络模型、4 种数据集、2 个评估指标，其中，用于评估神经网络处理单元性能的指标分别是性能指标（MAC/s）和功耗指标（MAC/s/W）
Mobile AI Benchmark [13]	小米	神经网络框架基准测试工具 Mobile AI Benchmark 是一种端到端的基准测试工具，可用于测试人工智能芯片上不同神经网络框架中模型的运行时间
深度学习处理器基准测试评测指标与方法（ITU-T F.748.11）[14]	ITU	2020 年，ITU 基于 AIIA DNN Benchmark 发布了的全球首个 AI 基准测试评测标准——深度学习处理器基准测试评测指标与方法（ITU-T F.748.11），提出了 AI 处理器/加速器在完成以深度学习为代表的人工智能任务时的基准测试框架，涵盖训练任务、推理任务的基准测试评估指标，基准测试指标包括时间、吞吐量、能效比和准确率等
MAPS[15]	地平线	2020 年，地平线提出了一种芯片性能评测方法 MAPS，该方法通过可视化和量化的方式，在合理的精度范围内，以“快”和“准”两个维度评估芯片对数据的平均处理速度
AIPerf[16]	清华大学、鹏城实验室、中国科学院计算技术研究所	2021 年，Ren 等人提出了一种端到端基准测试套件 AIPerf，该方法基于自动机器学习（AutoML）算法，可以实时生成深度学习模型，对不同规模机器有自适应扩展性，可检验系统对通用 AI 模型的使用效果

10.2.3 测评研究综合分析

虽然基于应用层面对人工智能芯片的基准测评方法更为丰富，但是这类测评主要是靠运行一些常见的神经网络或其中使用较多的基本运算来进行评价的，有一定的局限性。以 Fathom 和 DeepBench 为例，Fathom 虽然提出了一套比较完整的方法来对网络模型进行比较，但是在测评深度学习神经网络芯片时，Fathom 并没有对反卷积、下采样等其他类型的神经网络进行分析，且提供的测评指标只有延迟时间，并不适用于深度学习神经网络芯片的全面测评。DeepBench 的局限则在于其只用基本运算作为测评工具，但实际上神经网络中层与层之间是需要进行数据传输的，相互之间联系紧密，将神经网络分解成单独的基本运算来作为测试集，并不能反映深度学习神经网络芯片在整个神经网络结构上的性能。

从测评角度来看，人工智能芯片要兼顾架构级、算法级、电路级在各种工作负载情况下都能保持最佳性能和能效是非常困难的，因此，人工智能芯片的最优设计方法是跨越这 3 个层级进行“跨层”设计，这样可以对各种参数和主表进行总体的权衡。

10.3 未来研究趋势

10.3.1 加强架构层面的测评研究

建立公正、全面的深度学习神经网络芯片测评体系目标，不应局限在建立测试集对人工智能芯片运行神经网络的能力进行测评，更应在芯片架构层面对人工智能芯片开展基准测试。可以通过收集一组架构级功能单元，确定定量和定性的优值（Figures of Merits，FoM），开发测量 FoM 的统一方法[4]。

在架构层面，人工智能芯片的测评体系的建立需要定义具有可量化参数的通用功能单元，这些单元应包括但不限于以下 4 个方面：①神经网络中所用到的卷积、池化和激活函数等功能；②在架构级别上，操作/秒/瓦特和吞吐量等指标；③神经形态器件的定量参数，包括调制精度（如阻抗水平）、范围

（如开关率）、线性度、不对称性及变异性等；④算法准确度，准确度一直以来都是人工智能应用的一个关键考虑因素。

10.3.2　建立灵活的测评方法研究

未来，面向不同场景的使用需求，针对人工智能芯片的 8 个评价指标采用多目标优化的方式，建立灵活的测评体系，为芯片供应商和需求商提供灵活的针对特殊场景的人工智能芯片选型参考。

10.3.3　开展基于新兴器件的测评研究

当前大部分人工智能芯片是基于传统的硅基 CMOS 电路设计和制造的，人工智能芯片的测评研究大部分也是以此展开的。此类芯片受冯·诺依曼架构、暗硅等的影响，在发展上受到很大限制。随着新兴器件的日益成熟，人工智能芯片的测评研究也应着眼于未来，积极开展针对基于模拟计算和存内计算（一种将计算单元直接集成到内存中的计算模式）、以非易失性存储器为基本架构的人工智能芯片的测评研究。

10.4　本章参考文献

[1] 艾媒咨询. 2020 上半年中国人工智能芯片行业研究报告[R]. 2020.

[2] 张臣雄. AI 芯片前沿技术与创新未来[M]. 北京：人民邮电出版社, 2021.

[3] PRACHI Patel. 冷却芯片的 4 种新方法[J]. 科技纵览, 2015 (12): 12-13.

[4] 北京未来芯片技术高精尖创新中心. 人工智能芯片技术白皮书[R]. 2018.

[5] AI-Benchmark 官网.

[6] IGNATOV A， TIMOFTE R， KULIK A , et al. AI Benchmark: All About Deep Learning on Smartphones in 2019[C]// 2019 IEEE/CVF International Conference on Computer Vision Workshop (ICCVW). IEEE, 2020.

[7] Fathom 官方文档.

[8] Stanford DAWN. DAWNBench: An End-to End Deep Learning Benchmark and Competition[J]. 2020.

[9] MLPerf Git hub 主页.

[10] DeepBench Git hub 主页.

[11] 杜子东. 寒武纪: 智能处理器和基准测试集[J]. 人工智能, 2018 (2): 72-81.
[12] NPUbench 官网.
[13] mobile-ai-bench Git hub 主页.
[14] ITU-T F.748.11-2020. Metrics and Evaluation Methods for A Deep Neural Network Processor Benchmark (Study Group 16)[S]. 2020.
[15] 地平线. MAPS 的魅力: 一张图领会读“芯”术. 2020.
[16] REN Z, LIU Y, SHI T, et al. AIPerf: Automated Machine Learning as An AI-HPC Benchmark[J]. 2020.

结 束 语

随着工业 4.0 和智能制造的飞速发展，工业实时操作系统作为支撑关键工业应用的核心软件平台，其重要性日益凸显。本书对工业实时操作系统的关键技术进行了全面研究，探讨了其设计原理、实时调度、安全性保障，以及与其他工业控制系统的集成等关键领域，分析了工业实时操作系统关键技术、发展趋势及安全现状，提出了工业实时操作系统的低功耗调度算法、面向工业实时操作系统的可靠性协同优化调度算法、工业实时操作系统多核处理器低功耗调度算法、工业实时操作系统低功耗数据清洗算法、面向工业实时操作系统的边缘计算检测算法，以及基于云边协同的工业实时操作系统任务卸载方法，此外，进一步提出了工业生产线三维检测与交互算法与面向工业实时操作系统的人工智能芯片测评方法等，并通过实验验证了上述方法的可行性及有效性。

本书的研究成果不仅有助于深入理解工业实时操作系统的核心原理和技术难点，而且为工程师和研究人员提供了实践指导和参考，推动了工业实时操作系统在复杂工业环境中的应用与发展。然而，工业实时操作系统的研究仍面临诸多挑战。随着物联网、云计算、边缘计算等新技术的发展，工业实时操作系统需要不断适应新的计算模式和应用场景，以满足日益增长的实时性、可靠性和安全性要求。未来，我们期待在实时调度算法、系统容错机制、安全性增强技术等方面取得更多突破，推动工业实时操作系统向更高性能、更智能化、更安全可靠的方向发展。

希望本书的出版能够激发更多学者和工程师对工业实时操作系统关键技术的研究兴趣，共同推动这一领域的技术进步和产业发展。同时，我们也期望本书能成为连接理论与实践的桥梁，为工业实时操作系统的应用和发展贡献智慧和力量。

反侵权盗版声明

举报电话：（010）88254396；（010）88258888

传　　真：（010）88254397

E-mail：　dbqq@phei.com.cn

通信地址：北京市万寿路 173 信箱

　　　　　电子工业出版社总编办公室

邮　　编：100036

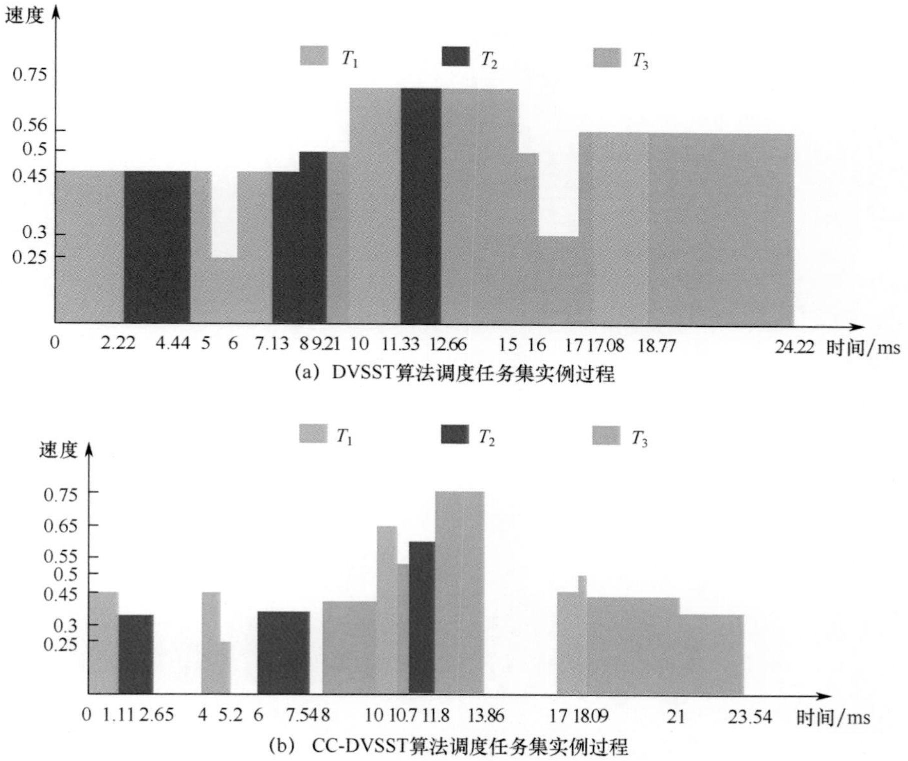

(a) DVSST算法调度任务集实例过程

(b) CC-DVSST算法调度任务集实例过程

图 3.4　DVSST 算法和 CC-DVSST 算法调度任务集实例过程

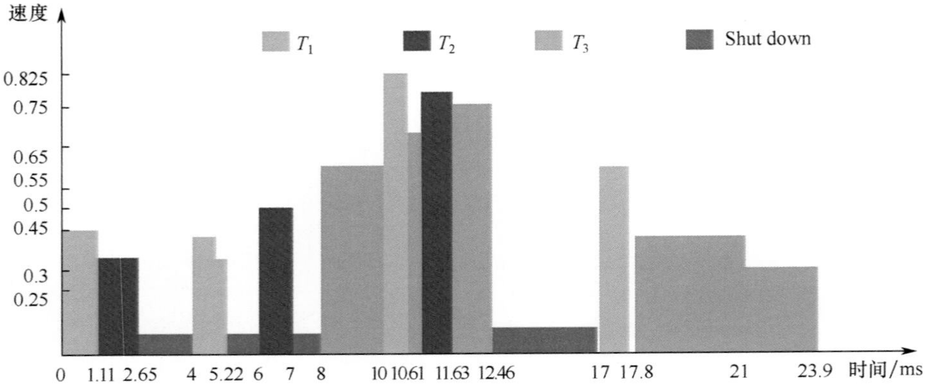

图 3.5　DVSSTSTA 算法调度任务集实例过程

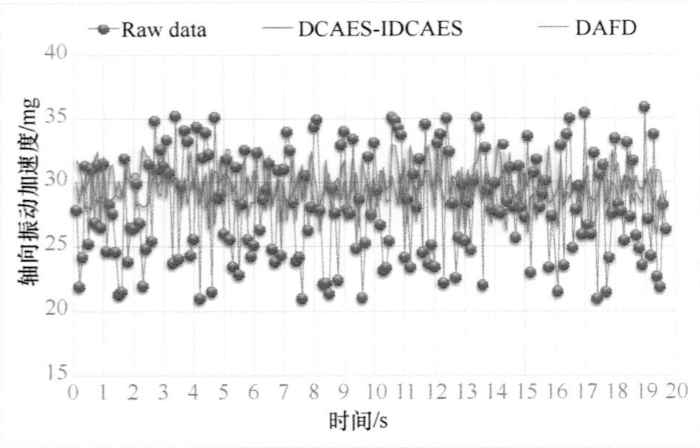

(a) A组轴向振动加速度波形

图 6.6　正常状态和异常状态下的主轴振动加速度波形

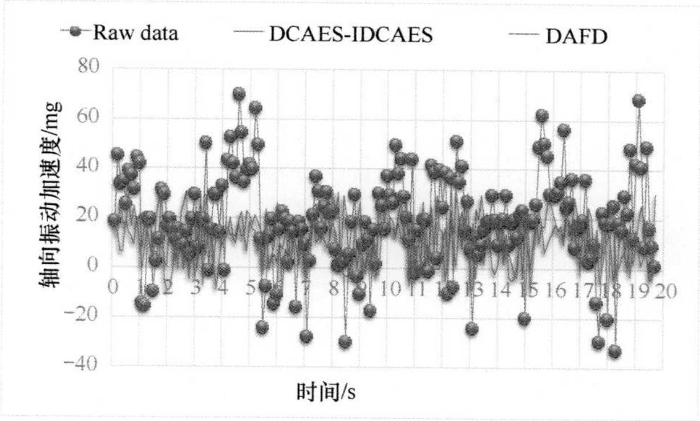

（b）B组轴向振动加速度波形

图 6.6　正常状态和异常状态下的主轴振动加速度波形（续）

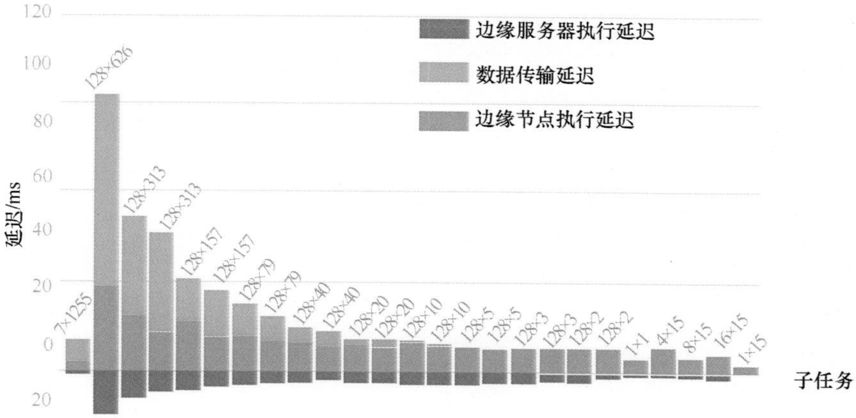

图 8.9　每个子任务的执行延迟、数据传输延迟、边缘节点执行延迟和输出数据维度

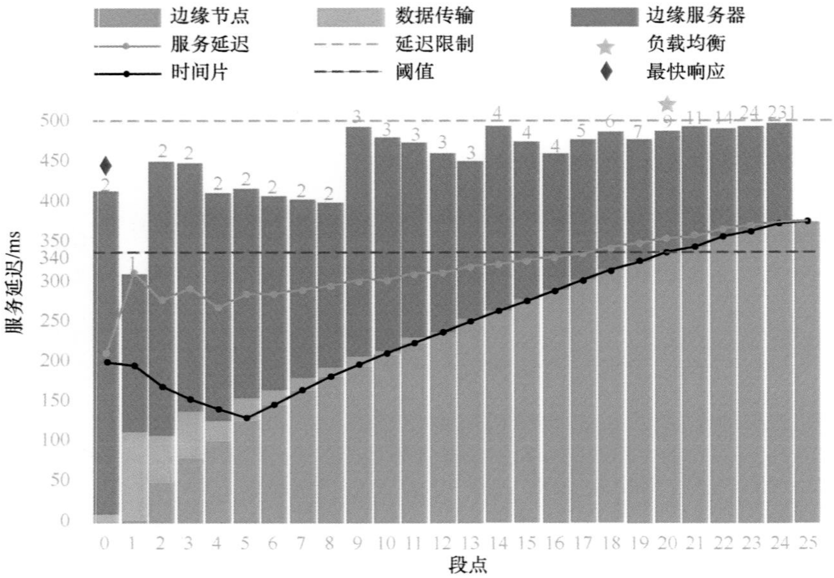

图 8.10　卸载段点